妫水河流域生态修复示范工程生态环境效益监测与评估

王利军　高晓薇　石维新　等　著

科学出版社

北京

内 容 简 介

本书在妫水河生态环境调查与评价的基础上，运用模型定量分析流域水质水量耦合关系，借助工程安全评价方法，对已实施的妫水河系列生态修复示范工程开展生态效益评估。本书共分 8 章，主要包括：妫水河生态监测和生态基流模拟计算、妫水河及其支流水质水量优化配置和调度工程生态监测、妫水河上游流域水土保持生态修复工程生态监测、妫水河水循环系统修复示范工程生态监测、八号桥大型仿自然复合功能湿地示范工程生态监测、妫水河世园会与冬奥会水质保障与流域生态修复集成示范等内容。

本书可供水利工程、水生态、水资源与环境等方面的专家、学者以及相关院校、科研人员参考。

审图号：京 S(2024)041 号

图书在版编目(CIP)数据

妫水河流域生态修复示范工程生态环境效益监测与评估／王利军等著.—北京：科学出版社，2025.1
ISBN 978-7-03-069202-3

Ⅰ.①妫… Ⅱ.①王… Ⅲ.①生态恢复–生态效应–环境监测–延庆区 ②生态恢复–生态效应–环境工程–评估–延庆区 Ⅳ.①X171.4

中国版本图书馆 CIP 数据核字（2021）第 111738 号

责任编辑：杨逢渤／责任校对：樊雅琼

责任印制：徐晓晨／封面设计：无极书装／封扉题字：王治国

科 学 出 版 社 出版
北京东黄城根北街 16 号
邮政编码：100717
http://www.sciencep.com

北京九州迅驰传媒文化有限公司印刷
科学出版社发行 各地新华书店经销

*

2025 年 1 月第 一 版 开本：787×1092 1/16
2025 年 1 月第一次印刷 印张：24 3/4
字数：600 000
定价：298.00 元
（如有印装质量问题，我社负责调换）

《妫水河流域生态修复示范工程生态环境效益监测与评估》编写委员会

主编单位　　北京市水利规划设计研究院

主　　　编　　王利军　　高晓薇　　石维新

执 行 主 编　　高晓薇

技术负责人　　高晓薇　　王利军　　殷淑华　　林　海　　魏　征
　　　　　　　姜群鸥　　战　楠

编写组成员　　王利军　　高晓薇　　石维新　　林　海　　殷淑华　　魏　征
　　　　　　　王文冬　　刘江侠　　刘来胜　　刘学欣　　姜群鸥　　战　楠
　　　　　　　李　冰　　赵慧明　　刘学燕　　高路博　　高鑫磊　　黄炳彬
　　　　　　　王伟叶　　龙元源　　吴炼石　　王惠萍　　侯旭峰　　来　远
　　　　　　　张　颂　　侯　德　　刘冀宏　　程金花　　吴　茜　　潘　岩
　　　　　　　李　铮　　魏尊莉　　宫晓明　　王电龙　　武少伟　　娄运平
　　　　　　　蔡婷婷　　赵　佑　　焦振寰　　刘艳婷　　迈晓婷　　颜一农

序

应王利军先生之邀，为其新书《妫水河流域生态修复示范工程生态环境效益监测与评估》作序，我内心充满了忐忑和不安。一方面，我对水文水利领域的知识仅停留在浅尝辄止的阶段，生怕自己说错了话，误导他人；另一方面，在我看来，作序是一件颇为尴尬的事情。通常请两类人为书作序：一类是德高望重的官家，另一类是学识渊博的大家。而我，既非官家，也非大家，虽算是相关领域的大同行，但并算不上深入专业的小同行。

当我花了大半天时间阅读到这本书的一半时，仿佛置身于"十三五"期间"国家最大专项水专项"的工作场景中。那些点滴往事，历历在目，仿佛就在眼前。我立刻放下书，情不自禁地写下这段文字，以表达我内心对于那一段时光的感激和感慨。

本书的诞生源于妫水河在时代的重托下，面对 2022 年冬奥会和 2019 年北京世界园艺博览会的成功申办，延庆区亟须解决水环境治理的难题。为此，国家特别设立了"妫水河世园会及冬奥会水质保障与流域生态修复技术和示范"项目，旨在应对永定河及其支流妫水河生态流量不足、水质污染以及流域生态系统退化等问题。我有幸担任"水专项"京津冀板块的负责人，亲身经历了项目策划、指南编制、招标组织、过程监督指导以及最终成果验收的全过程。

本书所涉及的妫水河承载着沉甸甸的历史责任，因为它与永定河息息相关，而永定河正是孕育北京湾的母亲河。妫水河作为永定河一级支流官厅水库的两条入库河流之一，与另一条洋河共同承担着重要的水资源供给任务。官厅水库在中国环境保护史上具有里程碑意义，因为它的污染治理问题催生了中国第一个环保机构的成立，即 1971 年的官厅水库水源保护领导小组办公室（简称"官办"）。这一机构的设立标志着中国环境保护事业的起步。

众多环保专家和行业人士一直期待着官厅水库能够恢复成为清洁水源地的那一天。这个过程将类似于泰晤士河从污染严重、生物绝迹到经过治理后重新焕发生机的历程，将成为国家流域治理的经典案例，集中体现了国家流域治理的理念。

历史的责任感，让致力于这条河流重新焕发出昔日的光彩的人，得以为子孙后代留下一个美好的环境遗产。"妫水河世园会及冬奥会水质保障与流域生态修复技术和示范"独立课题承担单位是北京市水利规划设计研究院，王利军先生作为课题负责人可能当时还没有意识到在这一特殊历史时期将成为这一特殊任务的承担者。

同时，作为课题的总负责人，我深知在技术层面上课题所面临的挑战之艰巨。在这个时期，延庆区所有的污水处理厂都严格执行北京市地标 A 的最严格排放标准，然而，妫水河仍然面临着劣 V 类水质的问题，水质改善工作进入了攻坚阶段。

因此，课题组开展了一系列创新性的研究活动。通过在妫水河上游流域实施水土保持和生态修复技术，解决了农业面源污染问题；通过构建分布式湿地群，利用水循环解决了城市面源污染问题，并进行了系统的水体治理和修复。此外，还首次提出了仿自然大型复合功能型湿地水质保障技术，包括洋河八号桥湿地，以确保水质安全。

在这一系列措施的基础上，课题组充分发挥水利部门的优势，考虑采用水质水量优化配置和调度技术。在年度的一些特殊阶段，通过白家堡水库调水解决了水质保障的最后一公里问题。为此，永定河经历了漫长的污染治理及生态修复过程，最终在课题结束时妫水河和洋河均实现水质稳定在地表水 III 类的水质标准，长期保持下去官厅水库水源地功能有望恢复。这种通过国家意志进行全流域水体生态修复的举措，将与泰晤士河从遭受污染到通过治理重新焕发生机的过程一样，载入中国流域治理的史册。

实际上，这些技术的结合，包括城市污水处理厂的建设、农业和城市面源污染的控制、水生态修复和建设以及水质水量调度等，正是验证了京津冀区域水专项组提出的超净排放体系构建的最大理论成果。

纵观全书，作者不仅组织了相关领域的科研院所对课题进行全面研究，还开展了研究关键技术在示范工程中的应用效果和生态环境效益监测与评估工作，并将成果整理成书。这样的书籍在科研领域中实属罕见。该书的出版凝聚了课题组成员多年的智慧和心血，他们秉持着严谨求实、不断进取的科学精神，将示范工程的生态环境效益监测成果精炼总结成书，为示范工程的长期监测以及类似项目的监测与评估提供了宝贵的借鉴。

科学的发展日新月异，期待作者能够继续深入研究，取得更大的突破。同时，也热切期望广大读者能够继往开来，勇往直前，将我国的生态环境研究与监测评估工作推向更加科学有效的崭新阶段。

于清华园

二〇二四年十一月二十六日

前　言

水体污染是我国水环境面临的最突出的问题之一。据 2007 年《中国环境状况公报》称：全国七大水系总体为中度污染，其中，珠江、长江总体水质良好，松花江为轻度污染，黄河、淮河为中度污染，辽河、海河为重度污染。为加强大江大河和重要湖泊生态保护治理，切实改善水环境质量，我国从 20 世纪 80 年代开始，通过立法、中长期规划、专项行动、科学研究等措施，不断加大治理力度，取得了一定成效。2022 年，七大流域及西北诸河、西南诸河和浙闽片河流水质优良（Ⅰ~Ⅲ类）断面比例为 90.2%，同比上升 3.2 个百分点；劣Ⅴ类断面比例为 0.4%，同比下降 0.5 个百分点，水环境质量得到显著提升。

水体污染控制与治理科技重大专项（以下简称"水专项"）是《国家中长期科学和技术发展规划纲要（2006—2020 年)》中 16 个重大科技专项之一，旨在解决制约我国社会经济发展的水污染重大瓶颈问题，构建我国流域水污染治理技术体系和水环境管理技术体系，为重点流域污染物减排、水质改善和饮用水安全保障提供强有力科技支撑。"水专项"是迄今为止水环境领域科研项目层次最高、参与人数最多、影响最为深远的科技攻关计划。

水专项与我国国民经济发展规划同步，一共经历了三轮集中科技攻关。2006~2010 年的"十一五"期间，重点治理淮河、海河、辽河、太湖、滇池、巢湖、松花江、三峡库区、长江上游、黄河中上游、南水北调水源及沿线等流域，实施重点流域水污染治理专项工程。2011~2015 年的"十二五"期间，重点是围绕辽河、海河、淮河、太湖、滇池、巢湖等重点流域开展科技攻关和工程示范。2016~2020 年的"十三五"期间，项目重点聚焦到京津冀区域和太湖流域，立足解决京津冀一体化和太湖流域面临的重大水环境水安全问题，带动京津冀核心区和太湖流域水环境质量实现根本性转变。

"十三五"期间，正值北京 2022 年冬奥会和 2019 年北京世界园艺博览会场馆建设和环境治理的关键时期。位于长城脚下的延庆区，作为两大赛事的举办地，自然成了世界目光关注的焦点。

然而，由于延庆区地处官厅水库之滨，为保障官厅水库的水源、水质，多年来，区域发展受到严重制约，经济相对落后。延庆区尽管为此做出了很大努力，但面对即将于 2019 年举办的世园会、2022 年举办的冬奥会，区内水环境现状与国际赛事要求还有很大差距。

妫水河，作为延庆区的母亲河，承担了世园会水源、水质保障的功能，同时也是冬奥会水环境治理的重点。为此，国家专门设立了"妫水河世园会及冬奥会水质保障与流域生态修复技术和示范"独立课题，针对永定河及其一级支流妫水河河道生态流量匮乏、水体污染物超标、流域生态系统健康退化等突出问题，开展了水质水量优化配置和调度技术、水土保持生态修复技术及仿自然大型复合功能型湿地水质保障技术等方面的体系化研究，山水林田湖草（沙）系统治理，实现"绿水青山就是金山银山"。

"妫水河世园会及冬奥会水质保障与流域生态修复技术和示范"独立课题共建设有妫水河及其支流水质水量优化配置和调度、妫水河上游流域水土保持生态修复、妫水河水循环系统修复、八号桥大型仿自然复合功能型湿地等 4 个示范工程，以及妫水河世园会与冬奥会水质保障与流域生态修复集成 1 个综合示范区。北京市水利规划设计研究院作为该独立课题承担单位，牵头组织相关领域的科研院所，结合自身优势，使科研课题和示范工程设计有机结合，兑现了科研工作者将科研成果转化为工程实践的庄严承诺，实现了将科研成果写在祖国大地上的宏伟愿景，体现了科研工作者服务社会的崇高价值，为世园会和冬奥会的成功举办做出了突出贡献。

开展科研项目示范工程生态环境效益监测和评估，对于验证科研技术路线是否正确、关键技术在示范工程中的应用效果以及综合示范区生态环境效益具有重要意义。《妫水河流域生态修复示范工程生态环境效益监测与评估》全书共分八章，系统介绍了生态监测的方法和手段、生态基流监测与模型验证、水质水量优化配置和调度协同分析、面源污染与治理空间格局分析、河流受损生境质量综合评价、低温仿自然复合功能型湿地生境构建以及综合示范区生态效果评估等内容，对于生态环境研究方向的科研工作者具有很好的参考价值。

　　本书在编写过程中得到了各子课题承担单位和课题组人员的大力支持和配合。在本书即将付梓出版之际，谨向课题组全体成员及参编人员表示祝贺！

　　由于作者知识水平有限，书中不足之处在所难免，敬请广大读者批评指正。

作　者

二〇二四年十一月

目 录

第 1 章 研究区概况

1.1 自然地理与社会经济概况

1.1.1 自然地理概况

1.1.1.1 地理位置

妫水河流域位于北京市延庆区，空间范围为东经 115°44′11″~116°21′90″，北纬 40°15′12″~40°38′50″。妫水河是永定河的一级支流，起自延庆区四海镇大吉祥村，自东向西横贯延庆盆地，经过四海镇、刘斌堡乡、香营乡、永宁镇、井庄镇、大榆树镇、沈家营镇、延庆镇，在下屯乡大路村北入官厅水库。妫水河干流全长为 74.3km，流域面积为 1062.9km²，占延庆区面积的 53.3%。妫水河流域地理位置如图 1-1 所示。

1.1.1.2 地形地貌

延庆区北、东、南三面环山，西邻官厅水库，中部凹陷形成山间盆地。流域内山脉统称军都山，属燕山山脉，海拔一般为 700~1000m。山脉大致走向为北东与东西向，由中部北起佛爷顶，经九里梁形成自然分水岭，分水岭以西为山前平原区，以东为山后区。境内海拔 1000m 以上高峰有 80 余座，其中海坨山为北京市第二高峰，海拔为 2241m。大庄科乡旺泉沟东南大庄科河（怀九河）出境处为境内最低点，海拔约为 300m。

东北部山地西高东低，平均海拔 1000m 左右；南部山地地势较低，属低山区，岩性以花岗岩岩类为主，山势缓和，谷地较宽，但干旱缺水，植被稀疏，

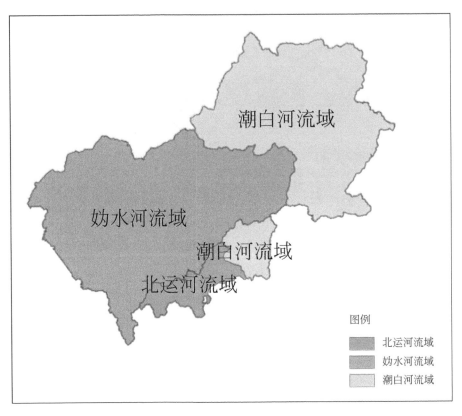

图 1-1 妫水河流域地理位置示意图

水土流失严重。

山前盆地边缘地带海拔一般为 600～700m，地面坡度较陡，自然坡降 1/50，冲沟发育。延庆盆地为一缓倾斜洪水冲积平原，海拔 500m 左右，盆地长 35km，宽 15km，全部为第四系堆积所覆盖，中部地势平坦开阔，局部有丘陵点缀。地势呈东北高，西南低，自然坡降 1/100～1/1000，由东北向西南倾斜，盆地最低处在官厅水库妫水河入口处，海拔 475m 左右。山地与平原之间过渡急剧，界限清晰。在山麓地带许多洪积扇连接起来形成洪积扇裙，其中以北山前的古城、张山营洪积扇带发育最为典型，其次为康庄、井庄一线的洪积扇带。在洪积扇的扇缘和盆地中心的妫水河冲积平原交替处，分布有积水洼地，另外在康庄、古城风口地带有风沙地展布。

盆地东部和南部丘陵，相对高度为 20～100m 左右，土层薄，含碎石。南部山前区的八达岭、西二道河、井庄一带为黄土质次生坡洪积地貌，地层深厚、立性明显，冲沟发育，切割破碎。延庆区地面高程分布如图 1-2 所示。

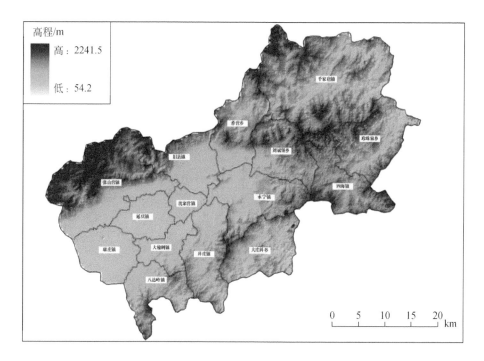

图 1-2　延庆区地面高程分布图

1.1.1.3　地质构造

延庆区褶皱主要分布在燕山期陆缘活动带褶皱第二亚构造层,后吕梁—印支期地台盖层褶皱第二亚构造层蓟县系岩层中以及第一亚构造层长城系地层中有少量分布。区域内断裂较发育,多为压性断裂及推测性一般断裂,集中于区域内的西部、中部和南部。大断裂有位于西部的近东西走向的大王庄—郭家堡推测断裂,贯穿北京市北东走向的沿河城—南口—琉璃庙压性大断裂经过本区东南部分地区。

第四纪以来由于受新构造运动的影响,地层在断裂带的运动下一直强烈下陷,形成延庆断陷盆地,从山前到盆地中心成带状分布着坡积裙、洪积台地或洪积扇、河流阶地。盆地内的妫水河、桑干河和大洋河河道宽展,心滩发育,河漫滩宽达 1~2km。

1.1.1.4　气候气象

延庆区属大陆季风气候区,是温带与中温带、半干旱与半湿润的过渡地带。由于海拔较高，地形呈口袋形向西南开口，故大陆季风气候较强。四季分明，冬季干冷，夏季多雨，春秋两季冷暖气团接触频繁，对流异常活跃，天气与气候要素波动大，多风少雨。全区多年平均降水量为 452mm；多年平均气温 8.7℃，7 月份平均气温 23.2℃，1 月份平均气温为 -8.8℃，最高气温 39℃，最低气温 -27.3℃。年无霜期平原区为 180 ~ 190 天，山区为 150 ~ 160 天。冻土深 1m 左右。

延庆区多年地表水水量极不稳定，降水量年际、年内变化大且地域分布也不均衡。年内降水主要集中在 6 ~ 9 月，这 4 个月降水量占全年降水量的 70% ~ 80%，春季降水量只占年降水量的 10% ~ 15%，可谓十年九春旱。延庆区雨量站分布如图 1-3 所示。据延庆站降水资料，1959 ~ 2017 年延庆区多年平均降水量为 452.1mm。降水东部山区多于西部川区，山区多年平均降水量为 557mm，是全区多年平均降水量的 1.23 倍。延庆区 1980 ~ 2013 年平均降雨量等值线如图 1-4 所示。

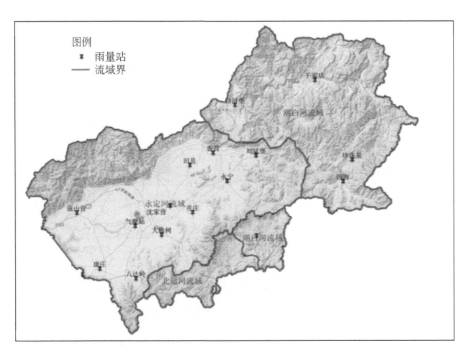

图 1-3　延庆区雨量站分布图

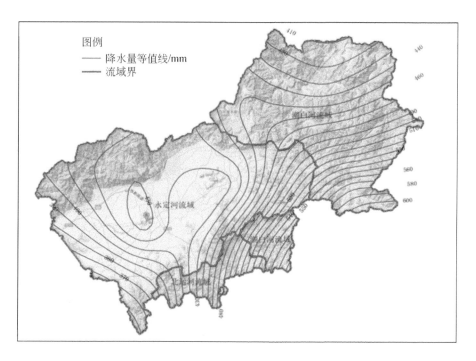

图 1-4　延庆区 1980～2013 年平均降雨量等值线图

1.1.1.5　土壤植被

（1）土壤

延庆盆地整体的土壤环境质量优良。土壤含氟、含砷量少，平原 95% 区域的土壤质量达到国家 I 级土壤环境质量标准。目前，平原的土壤环境质量适合建设无公害、绿色和有机食品生产基地。延庆盆地土地资源的利用，受其所处的地形影响，有着明显的空间分布特征。盆地面积大、地势平坦，土层深厚、土质好，水源条件好，种植业发展条件优越；山麓地带的洪积扇土层质地、灌排条件良好，是各种果树的优良生产区；面积广阔的低山区、中山区、深山区山清水秀，人口密度相对较低，耕地资源分散，为发展林业、林产品、干果产品和马铃薯、玉米等多种农作物良种繁育及优质中药材种植，提供了优越的资源环境条件，也给休闲旅游农业提供了丰富的景点选择余地。

（2）森林植被

妫水河流域盆地、河川、沟谷部分台地的植被为栽培植物，其余山区大部分为针叶林、阔叶林、针阔混交林、杂灌木及草本群落。全区林木绿化率为

74.5%，森林覆盖率为56.63%，城市绿化覆盖率68%。

（3）土地利用

基于2017年妫水河流域土地利用类型图GIS统计分析，妫水河流域土地利用类型主要为林地，林地面积为457.56km²，占全流域土地面积的42.84%；流域内耕地面积为374.76km²，占全流域土地面积的35.1%；其余类型土地利用占比分别为草地11.20%、建筑用地8.25%、水域和未利用土地2.61%。土地利用类型分布见图1-5。

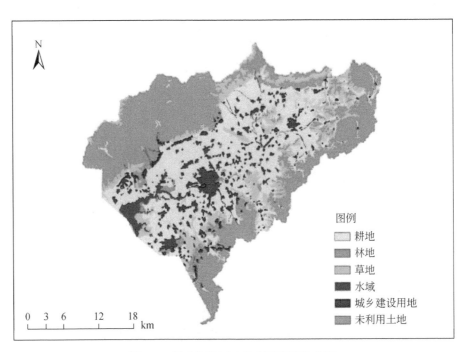

图1-5　妫水河流域土地利用类型分布图

1.1.1.6　洪涝灾害

由于延庆区的自然地理条件，每年汛期由于雨量多或降水强度大，水势凶猛，易出现山洪暴发，河水陡涨，洪水和泥石流冲毁村庄、农田，伤亡人畜，中断道路交通、通信、电力等事件，造成巨大损失。延庆盆地因受水库蓄水位影响，自排能力低，地下水位长期较高易造成涝渍灾害。

延庆地区洪灾大部分是由暴雨洪水所致，故其时空分布规律与暴雨洪水基本一致。延庆地区洪灾发生年际变化悬殊，历史上一般情况是大洪水年份，大面积受灾。有时会连年发生，特别是在20世纪50年代中期，洪灾隔年发生一次。

据 1420 ～ 1939 年的 520 年不完全统计，共发生洪灾 32 次。1949 ～ 1999 年，发生大小洪涝灾害的年份共 24 年，平均 2.1 年一次，累计受灾面积 62.78 万亩[①]次。其中，因山洪暴发，水冲沙压成灾面积达 1000 亩以上的有 9 次；涝灾成灾面积达万亩以上的有 8 次；造成泥石流灾害的有 5 次。

妫水河流域大部分是山区和丘陵区，沟壑纵横，冲沟发育，水土流失面积大，遇大雨，各沟汊的河水汇集到妫水河，水位上涨后淹没耕地、冲倒树木。1964 年大洪水，沿妫水河两岸的庄稼和树木大部分被洪水冲倒。

1.1.2　社会经济概况

1.1.2.1　社会人口

2019 年末，延庆区户籍总数 145 474 户，其中，农业户 70 386 户。户籍人口为 289 093 人，常住人口为 35.7 万人，其中常住外来人口为 4.5 万人，占常住人口的 12.6%。常住人口中，城镇人口为 21.3 万人，占常住人口的 59.7%。常住人口出生率为 8.22‰，死亡率为 5.84‰，常住人口自然增长率为 2.38‰。

截至 2010 年 11 月，延庆区共有 36 个民族，常住人口中，汉族人口为 30.6 万人，占 96.4%，各少数民族人口合计为 1.1 万人，占 3.6%。各少数民族中，人口排名前四位的依次是满族、蒙古族、回族和朝鲜族，这四个民族的人口为 1.0 万人，占少数民族人口的 90.9%，这一特点与北京市少数民族排名基本一致，北京市少数民族排前四位的是满族、回族、蒙古族和朝鲜族。从所占比例看，少数民族人口所占比例低于北京市（4.1%）0.5%，低于全国（8.5%）4.9%。

1.1.2.2　经济状况

2019 年，延庆区下辖 3 个街道 11 个镇 4 个乡，分别为百泉街道、香水园

---

① 1 亩 ≈ 666.67 m^2

街道、儒林街道3个街道；延庆镇、康庄镇、八达岭镇、永宁镇、旧县镇、张山营镇、四海镇、千家店镇、沈家营镇、大榆树镇、井庄镇11个镇；刘斌堡乡、大庄科乡、香营乡、珍珠泉乡4个乡。政府驻儒林街道。

2019年，延庆区地区生产总值1 952 859万元，按不变价计算，比2018年增长7.1%。其中，第一产业增加值74 073万元，下降7.2%；第二产业增加值509 725万元，增长10.0%；第三产业增加值1 369 061万元，增长6.9%。三次产业结构由2018年的4.3∶25.7∶70.0变化为3.8∶26.1∶70.1。按常住人口计算，人均地区生产总值54 702元。

（1）第一产业概况

2019年，延庆区农林牧渔业总产值188 684.3万元，比2018年下降5.5%。粮食产量58 564t，比2018年下降18.9%；蔬菜产量66 412t，增长13.7%；出栏生猪21 789头，下降79.1%；出栏家禽159.2万只，下降25.5%；牛奶产量32 603.3t，下降17.9%；禽蛋产量12 126.0t，下降56.5%；干鲜果品产量11 945.6t，增长10.3%。

（2）第二产业概况

a. 工业

2019年，延庆区规模以上工业总产值比2018年增长19.3%。其中，电气机械和器材制造业产值528 599.0万元，增长59.3%；非金属矿物制品业产值169 856.1万元，下降10.1%；纺织服装、服饰业产值77 641.2万元，下降19.4%；燃气生产和供应业产值30 198.1万元，增长61.4%；电力、热力生产和供应业产值21 425.9万元，下降47.8%。

b. 建筑业

2019年，延庆区建筑业资质企业建筑业总产值452 692.5万元，比2018年增长1.4%。房屋施工面积240.3万 m²，比2018年下降39.9%。

（3）第三产业概况

2019年，延庆区总消费1 972 813万元，比2018年增长10.9%。从内部结构看，服务性消费额912 562万元，增长14.7%；社会消费品零售总额1 060 251万元，增长7.8%。社会消费品零售总额中，限额以上单位零售额366 437万元，增长2.9%；限额以下单位零售额693 814万元，增长10.6%。商品交易市场成交额108 577万元，增长0.8%。

2019 年，延庆区 A 级及主要旅游景区景点接待游人 1703.5 万人次，比 2018 年增长 6.0%；旅游收入 109 084.3 万元，下降 0.1%。休闲农业与乡村旅游接待游人 465.4 万人次，下降 10.2%，旅游收入 35 714.9 万元，下降 6.5%。

2019 年，延庆区银行存款余额 5 409 457 万元，比 2018 年增长 5.7%。银行贷款余额 1 992 571 万元，比 2018 年增长 20.5%。

2019 年，延庆区实际利用外资额 2299 万美元，比 2018 年增长 1.5 倍。全年外贸进出口总额 18 516 万美元，增长 36.6%。其中，出口总额 14 435 万美元，增长 55.9%。

1.1.2.3 社会事业

（1）教育事业

2019 年，延庆区共有小学 28 所，招生 2343 人，在校生 12 700 人，毕业生 2014 人。普通中学 21 所，招生 3028 人，在校生 8638 人，毕业生 2584 人。职业中学 1 所，招生 157 人，在校生 657 人，毕业生 477 人。幼儿园 50 所，在园幼儿 7610 人。

（2）医疗卫生

2019 年，延庆区共有医疗卫生机构 333 个，卫生技术人员 2743 人。其中，执业医师和执业助理医师 1193 人，注册护士 1054 人。全区卫生机构实有床位 1102 张。

（3）文化事业

2019 年，延庆区共有区级以上重点文物保护单位 127 处，文化娱乐场所 47 处。文化馆 1 个，组织文艺活动 365 次。图书馆 1 个，图书总藏数 70.7 万册。

（4）体育事业

2019 年，延庆区共有体育场馆 9 个。运动学校 1 所，在校学员 73 人。全年参加市级比赛 21 次，获得奖牌 34 枚。组织区级体育比赛 41 次，共 2.4 万人参加了比赛。

（5）社会保障

2019 年，延庆区参加养老保险人数达到 101 893 人，比 2018 年增长

3.6%；参加城乡居民基本医疗保险人数达到 132 546 人，增长 4.0%，参加职工基本医疗保险人数达到 126 497 人，增长 3.2%；参加工伤保险人数达到 91 224 人，增长 2.0%；参加失业保险人数达到 83 743 人，增长 5.1%；参加生育保险人数达到 83 199 人，增长 5.4%。

2019 年，延庆区居民人均可支配收入 36 482 元，比上年增长 7.7%，人均生活消费性支出 24 652 元，增长 7.1%。其中，城镇居民人均可支配收入 48 701 元，增长 8.4%，人均生活消费性支出 31 422 元，增长 7.5%。全区居民恩格尔系数为 25.0%，提高 1.3 个百分点。其中，城镇居民恩格尔系数为 23.8%，提高 0.9 个百分点。城镇居民人均住房建筑面积 38.98m²。

2019 年，延庆区城镇登记失业人员就业人数 4115 人，城镇登记失业人员就业率为 62.62%。年末全区城镇实有登记失业人数 2341 人，比 2018 年末减少 324 人。城镇登记失业率为 3.2%，比 2018 年下降 0.43 个百分点。

（6）区域交通

延庆区是北京市北部重要的交通枢纽，城乡道路四通八达。2018 年末全区公路里程达到 1833.4km，比 2018 年末减少 0.9km。

京包铁路、城郊铁路 S2 线、客货运输方便。目前，京张城际铁路已正式开通运营，与北京市区通勤只需几十分钟。

京藏（八达岭）高速公路、京新高速公路、110 国道、省道 S216 线、省道 S323 线等从区内通过。兴延高速公路已通车，大大缩短了抵达北京主城区的时间。

1.1.3 水资源及其开发利用概况

1.1.3.1 水资源概况

（1）水资源量

2016 年延庆区地表水资源量为 1.63 亿 m³（其中，自产地表水资源量为 0.3 亿 m³，入境水资源量 1.33 亿 m³），地下水资源量 0.65 亿 m³；全区水资源总量为 2.28 亿 m³。人均（不含入境水）水资源量为 301m³，人均（含入境水）水资源量为 721m³。

（2）水库蓄水动态

2016 年白河堡水库、古城水库、佛峪口水库可利用来水总量为 11 949.47 万 m³，比 2015 年的 7369.71 万 m³ 增加了 4579.76 万 m³；出库水量为 12 776.33 万 m³，比 2015 年的 8668.62 万 m³ 增加了 4107.71 万 m³。2016 年延庆区部分水库运用情况如表 1-1 所示。

表 1-1 2016 年延庆区部分水库运用情况表 （单位：万 m³）

水库名称	类型	总库容	年末库容	本年度累计入库总量	本年度累计出库总量
白河堡水库	中型	9 060	4 518	10 110	10 774
古城水库	小（Ⅰ）型	852	602.75	1 448.55	1 606.65
佛峪口水库	小（Ⅰ）型	205	111.23	390.92	395.68
合计		10 117	5 231.98	11 949.47	12 776.33

截至 2016 年末，白河堡水库、古城水库、佛峪口水库蓄水总量为 5231.98 万 m³，比 2015 年末的 4179.13 万 m³ 增加了 1052.85 万 m³。

（3）地下水资源

全区共有水位观测井 26 眼，专用出水量观测井 2 眼，5 日观测井 26 眼，分布在 11 个乡镇，26 个村。除山区千家店 1 眼观测井外，其余均分布在川区。2016 年全区地下水平均埋深 18.72m，与 2015 年地下水 18.68m 相比，地下水位下降了 0.04m。

全年水位上升的观测井有 12 眼，上升幅度最大的是西拨子观测井，水位上升 1.68m；水位下降的有 14 眼，其中下降幅度最大的是旧县 2 号观测井，水位下降 1.15m。全年水位变幅最大的观测井是西拨子观测井，变幅为 15.26m；水位变幅最小是柳沟观测井，变幅为 0.2m。2007～2016 年全区观测井平均水位埋深情况如图 1-6 所示。

1.1.3.2 水资源开发利用情况

（1）供水量

2016 年全区总供水量 5588.44 万 m³，比 2015 年减少 281.95 万 m³。其中，地表水供水量为 235.95 万 m³，占供水总量 4.2%；地下水供水量为 4427.92 万 m³，占供水总量的 79.3%；再生水供水量为 924.58 万 m³，占供水总量的 16.5%。用再生水代替常规水资源，用于园林绿化和河湖生态补水，有效降低

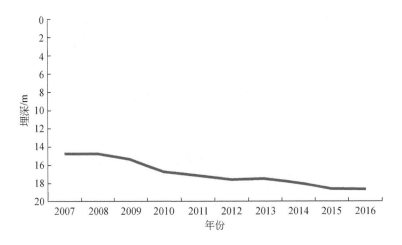

图 1-6　十年全区观测井平均水位埋深情况

常规水资源的开采数量。2016 年延庆区供水量分类图如图 1-7 所示。

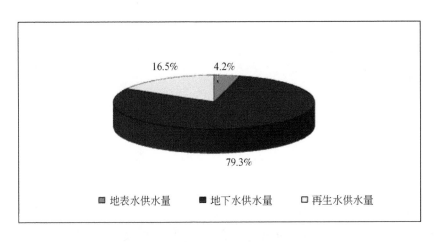

图 1-7　2016 年延庆区供水量分类图

（2）用水量

2016 年全区总用水量为 5588.44 万 m³，比 2015 年减少 281.95 万 m³。全区用水总量呈现下降趋势，其中生活用水、城镇环境用水占比呈上升趋势，农业用水占比呈下降趋势。

2016 年全区生活用水 1195.86 万 m³（城镇生活用水 532.57 万 m³，农村生活用水 663.29 万 m³），占总用水量的 21.4%；公共服务用水 608.01 万 m³，占总用水量的 10.9%；工业用水 222.47 万 m³，占总用水量的 4%；农业用水 2359.8 万 m³（水浇地 1 万 m³，菜田 1026.15 万 m³，设施农业 675 万 m³，林果业 185.7 万 m³，养殖业 470.95 万 m³），占总用水量的 42.2%；城镇环境用水 1202.3 万

m³，占总用水量的 21.5%。2016 年延庆区用水量分类图如图 1-8 所示。

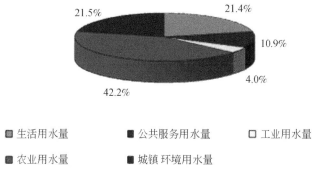

图 1-8　2016 年延庆区用水量分类图

随着用水结构和产业结构调整，农业用水量得到有效控制，同时由于气候影响加之社会经济的快速发展和城镇化进程的加快，生活用水量呈逐年上升趋势。

（3）废污水总量和处理量

随着延庆新城发展，城区规模逐步扩大，污水排放量逐年上升，2016 年全区污水排放总量为 1635 万 m³，与上一年度污水排放总量 1610 万 m³ 相比，增加 25 万 m³，增幅 1.55%。

全区共拥有 100 座规模不等的污水处理设施，设计总处理能力为 6.2 万 m³/d，年实际处理量为 1346 万 m³。全区污水集中处理率为 82.3%，城区生活污水集中处理率为 97.6%，村镇生活污水集中处理率为 55.3%。

1.1.3.3　水污染治理情况

（1）水环境现状

妫水河穿越延庆城区，沿河两侧集中分布村镇、机关、学校和旅游景点，人类活动和污水排放造成了妫水河水质严重污染。妫水河的监测断面包括新华营断面、谷家营农场橡胶坝断面、京张公路桥断面。根据北京环保局 2006～2017 年的持续监测数据分析如图 1-9 所示，妫水河上段及下段的水质情况均呈恶化的趋势。

如图 1-9 所示：妫水河上段及下段的水质情况均呈恶化的趋势，妫水河河道上段水质为 Ⅱ～Ⅲ类，妫水河新城段水质常年在 Ⅳ类～劣 Ⅴ类，官厅水库入口断面水质已处于地表水环境质量标准的劣 V 类。

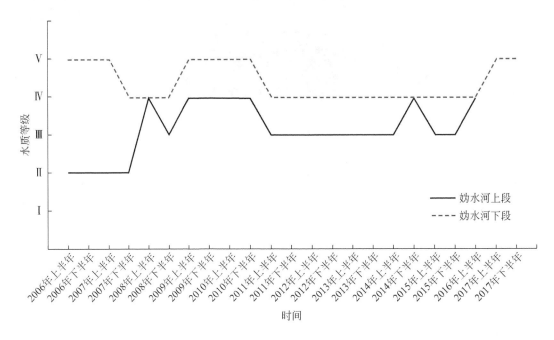

图 1-9　妫水河 2006～2017 年水质变化情况

如图 1-10～图 1-12 所示，谷家营断面水质没有明显的好转趋势，水质基本均为 Ⅳ 类或 Ⅴ 类，2005～2017 年主要超标的指标是 COD、氨氮和总磷；2016 年，新华营断面水质为 Ⅳ 类，氨氮、总磷超标，随着下游水量的增加，京张公路桥断面水质恢复为 Ⅱ 类；流经延庆中心城区，到达谷家营断面前，妫水河水质恶化为Ⅳ类，超标的指标主要为 COD、高锰酸盐指数和生化需氧量。

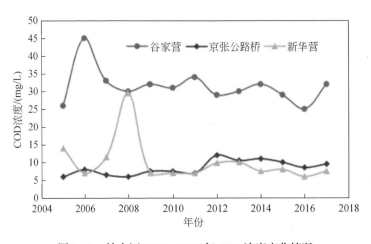

图 1-10　妫水河 2005～2017 年 COD 浓度变化情况

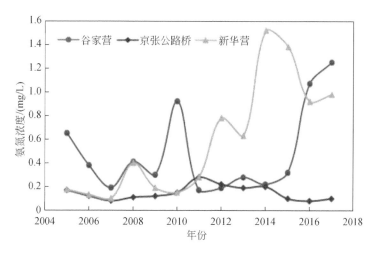

图 1-11 妫水河 2005～2017 年氨氮浓度变化情况

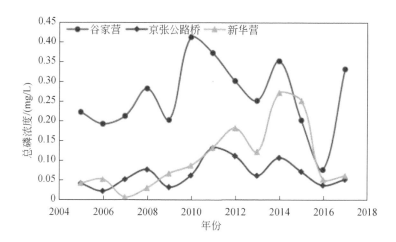

图 1-12 妫水河 2005～2017 年总磷浓度变化情况

（2）水生态状况

作为典型的北方缺水河流，妫水河生境脆弱，特别是城区段受人为干扰强烈，水生植物群落退化严重。随着延庆社会经济的快速发展，水土资源的过度开发以及全球气候变化，加剧了流域生态状况的恶化。2017 年调查结果显示：妫水河现有水生植物 12 科 12 属 14 种，其中，挺水植物 6 种（占比 42.9%），沉水植物 6 种（占比 42.9%），浮叶植物 1 种（占比 7.1%），漂浮植物 1 种（占比 7.1%）。不同河段水生植物群落结构存在显著差异。浮游动物有 4 门 22 属 88 种，其中原生动物种类最多，为 42 种，主要以轮虫和原生动物为主，浮游动物平均细胞密度和生物量分别为 5041.58 个/L 和 2.88mg/L。

（3）污染源解析

a. 点源污染物分布调查与评价

根据污染源追根溯源报告，妫水河总共有83个排水口，分布如图1-13所示。其中，雨水口56个，混合排污口5个，生活排污口22个（图1-14）。连续排口15个，间歇式排口68个。沿岸排口基本上已经实现雨污分流，河道水环境总体较好，无黑臭现象，水质正常。

图1-13　妫水河排口分布图

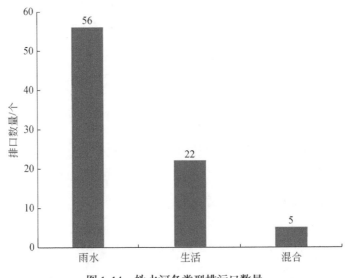

图1-14　妫水河各类型排污口数量

b. 非点源污染负荷产生量调查与评价

妫水河流域非点源污染现状根据《北京市延庆区统计年鉴2017》采用Johnes输出系数模型估算。妫水河流域非点源污染负荷产生量空间分布如图1-15所示。结果表明，示范区COD、氨氮、总氮、总磷的非点源污染负荷产生量分别为4928.4t/a、482.74t/a、1029.74t/a、131.43t/a，各乡镇详细结果如表1-2所示。

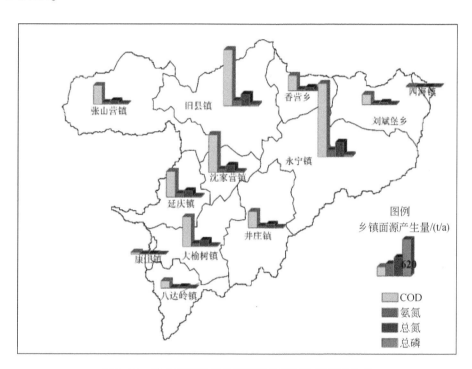

图1-15 妫水河流域非点源污染负荷产生量空间分布

表1-2 妫水河流域非点源污染负荷 （单位：t/a）

行政区	COD	氨氮	总氮	总磷
八达岭镇	124.16	12.06	25.76	3.27
大榆树镇	499.32	51.72	107.14	13.08
井庄镇	274.31	28.74	61.59	7.05
旧县镇	940.94	89.99	196.82	25.55
康庄镇	29.81	2.90	6.31	0.74
刘斌堡乡	177.78	18.29	40.63	4.50
沈家营镇	639.20	56.60	126.11	17.00
四海镇	3.37	0.42	0.82	0.09
香营乡	255.74	22.64	53.65	6.61

续表

行政区	COD	氨氮	总氮	总磷
延庆镇	431.41	59.89	105.41	11.19
永宁镇	1233.26	110.48	244.18	33.72
张山营镇	319.10	29.01	61.32	8.63
总计	4928.4	482.74	1029.74	131.43

c. 控制单元污染物排放分析

河长制控制单元划分。为考虑评估水体对应的汇水区内汇水特征、水环境功能的空间差异性，以及考核断面分布、行政区划等要素的不同，在充分体现水陆统筹原则的基础上，将汇水区内不同水环境功能区/水功能区的水域向陆域延伸，同时结合河长制河长责任区段，将妫水河流域重点研究区域细化为若干个控制单元，以实现空间上的责任分担，便于实施和开展针对性治理措施。妫水河流域共划分为44个控制单元，控制单元名称采取的命名规则为"序号+河流+行政单位"。具体划分结果如表1-3、图1-16所示。

表1-3　控制单元划分结果

序号	控制单元名称	河流	行政区名称	面积/km²	镇级河长 姓名	职务
1	1-古城河-张山营	古城河	张山营镇	54.74	—	书记　镇长
2	2-妫水河-张山营	妫水河	张山营镇	3.97	—	书记　镇长
3	3-三里河-张山营	三里河	张山营镇	5.97	—	书记　镇长
4	4-西拨子-康庄	西拨子河	康庄镇	2.70	陈某某　张某某	书记　镇长
5	5-小张家口-八达岭	小张家口河	八达岭镇	6.40	—	书记　镇长
6	6-西拨子-八达岭	西拨子河	八达岭镇	26.37	—	书记　镇长
7	7-妫水河-井庄	妫水河	井庄镇	9.32	曲某某　刘某	书记　镇长
8	8-妫水河-井庄	妫水河	井庄镇	11.72	曲某某　刘某	书记　镇长
9	9-宝林寺-井庄	宝林寺河	井庄镇	4.86	曲某某　刘某	书记　镇长
10	10-西二道-井庄	西二道河	井庄镇	28.85	曲某某　刘某	书记　镇长
11	11-小张家口-井庄	小张家口河	井庄镇	28.72	曲某某　刘某	书记　镇长

序号	控制单元名称	河流	行政区名称	面积/km²	镇级河长 姓名	镇级河长 职务
12	12-五里坡-旧县	五里坡沟	旧县镇	8.55	—	书记 镇长
13	13-西龙湾河右支一旧县	西龙湾河右支一河	旧县镇	18.49	—	书记 镇长
14	14-西龙湾-旧县	西龙湾河	旧县镇	23.00	—	书记 镇长
15	15-妫水河-旧县	妫水河	旧县镇	5.20	—	书记 镇长
16	16-古城河-旧县	古城河	旧县镇	36.10	—	书记 镇长
17	17-西龙湾-旧县	西龙湾河	旧县镇	19.67	—	书记 镇长
18	18-妫水河-大榆树	妫水河	大榆树镇	9.93	辛某某 赵某某	书记 镇长
19	19-妫水河-大榆树	妫水河	大榆树镇	4.99	辛某某 赵某某	书记 镇长
20	20-西拨子-大榆树	西拨子河	大榆树镇	14.99	辛某某 赵某某	书记 镇长
21	21-小张家口-大榆树	小张家口河	大榆树镇	14.30	辛某某 赵某某	书记 镇长
22	22-妫水河-延庆	妫水河	延庆镇	9.17	郭某某 张某某	书记 镇长
23	23-三里河-延庆	三里河	延庆镇	14.72	郭某某 张某某	书记 镇长
24	24-妫水河-延庆	妫水河	延庆镇	10.97	郭某某 张某某	书记 镇长
25	25-妫水河-延庆	妫水河	延庆镇	4.84	郭某某 张某某	书记 镇长
26	26-妫水河-延庆	妫水河	延庆镇	4.44	郭某某 张某某	书记 镇长
27	27-小张家口-延庆	小张家口河	延庆镇	3.28	郭某某 张某某	书记 镇长
28	28-古城河-沈家营	古城河	沈家营镇	5.83	郭某某 王某某	书记 镇长
29	29-妫水河-沈家营	妫水河	沈家营镇	23.74	郭某某 王某某	书记 镇长
30	30-妫水河-香营	妫水河	香营乡	36.16	李某某 李某某	书记 乡长
31	31-妫水河-刘斌堡	妫水河	刘斌堡乡	65.34	崔某某 程某某	书记 乡长
32	32-周家坟-永宁	周家坟沟	永宁镇	18.82	葛某 陈某某	书记 镇长
33	33-三里墩-永宁	三里墩沟	永宁镇	17.05	葛某 陈某某	书记 镇长
34	34-三里墩-永宁	三里墩沟	永宁镇	23.15	葛某 陈某某	书记 镇长
35	35-妫水河-永宁	妫水河	永宁镇	10.26	葛某 陈某某	书记 镇长
36	36-孔化营-永宁	孔化营沟	永宁镇	43.76	葛某 陈某某	书记 镇长
37	37-妫水河-四海	妫水河	四海镇	3.41	张某某 马某某	书记 镇长

序号	控制单元名称	河流	行政区名称	面积 /km²	镇级河长	
					姓名	职务
38	38-古城河-张山营	古城河	张山营镇	3.11	— —	书记　镇长
39	39-五里坡-张山营	五里坡沟	张山营镇	34.14	— —	书记　镇长
40	40-西拨子-八达岭	西拨子河	八达岭镇	7.26	— —	书记　镇长
41	41-妫水河-永宁	妫水河	永宁镇	24.09	葛某　陈某某	书记　镇长
42	42-妫水河-永宁	妫水河	永宁镇	6.55	葛某　陈某某	书记　镇长
43	43-西二道-大榆树	西二道河	大榆树镇	4.39	辛某某　赵某某	书记　镇长
44	44-妫水河-大榆树	妫水河	大榆树镇	11.29	辛某某　赵某某	书记　镇长

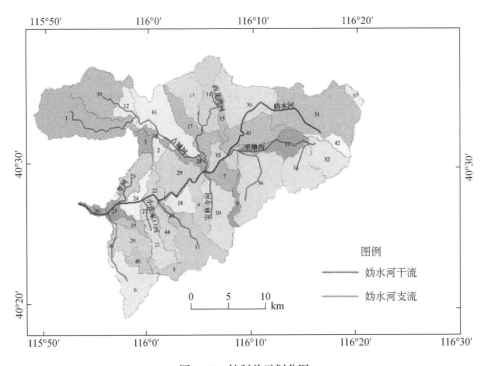

图 1-16　控制单元划分图

点源污染物排放量及构成。妫水河点源污染负荷中，COD 共 416.95t/a，其中城区、镇级和村级污水处理厂的各占 53%、37% 和 10%；氨氮共 24.08t/a，其中城区、镇级和村级污水处理厂的各占 45%、32%、23%；总氮共 208.61t/a，其中城区、镇级和村级污水处理厂的各占 52%、37% 和 11%；总磷共 4.31t/a，其中城区、镇级和村级污水处理厂的各占 51%、36% 和 13%。具体信息见表 1-4。

表1-4 妫水河流域点源污染负荷 （单位：t/a）

名称	COD		氨氮		总氮		总磷	
	负荷	占比	负荷	占比	负荷	占比	负荷	占比
城区污水处理厂	219	53%	10.95	45%	109.5	52%	2.19	51%
镇级污水处理厂	154.03	37%	7.70	32%	77.03	37%	1.54	36%
村级污水处理厂	43.92	10%	5.43	23%	22.08	11%	0.58	13%
合计	416.95	100%	24.08	100%	208.61	100%	4.31	100%

非点源污染物入河量及构成。采用 SWAT 模型和 PLOAD 模型，计算得到各控制单元非点源污染负荷，见表 1-5。

表1-5 妫水河流域各控制单元非点源污染负荷 （单位：kg/a）

序号	COD	氨氮	总氮	总磷
1	24 960.79	192	1 324.875	431.326 9
2	5 902.559	24.4	120.027 4	45.156 14
3	7 062.774	48	174.628 9	63.013 42
4	3 386.597	49.8	93.936 91	33.171 6
5	4 031.564	19	159.234 9	53.583 38
6	28 379.51	149.8	746.279 5	266.723 4
7	8 773.554	87.2	281.344 9	97.003 87
8	13 064.26	131	381.610 4	133.495 7
9	2 233.411	13	119.025 9	38.733 82
10	24 941.59	163.8	808.793	279.107 5
11	23 215.33	116.4	763.099	263.074
12	3 915.24	60.2	208.947 7	67.989 02
13	16 844.56	254	548.606	188.580 6
14	20 872.85	313	672.637 9	231.609 8
15	5 476.03	86.8	164.978 8	57.304 96
16	36 585.37	469.8	1 071.542	375.053 4
17	22 066.37	289	613.154 8	216.202
18	10 575.72	142	306.408	107.558 8

续表

序号	COD	氨氮	总氮	总磷
19	10 624.27	91.6	180.246 4	70.526 65
20	21 038.03	219.8	460.514 9	170.141 3
21	15 194.21	190.4	429.566	151.444 2
22	15 287.21	231.6	327.677 6	121.587 9
23	27 826.81	377.2	518.534 8	198.303 9
24	28 598.85	213.6	381.571 8	160.241 1
25	11 545.72	102.6	167.919 2	68.704 66
26	7 756.074	122.4	149.477 9	56.632 6
27	7 254.669	76.8	115.996	46.185 61
28	7 714.286	131.8	176.320 9	64.666 51
29	35 552.76	697	830.625 1	302.179 6
30	35 878.67	371.2	1 083.636	376.931 2
31	44 385.81	336.2	1 914.648	637.06
32	9 203.899	152.2	477.638 8	155.869 9
33	16 104.1	195.8	523.932 2	180.952 6
34	13 321.31	220	625.131 9	206.003 7
35	13 229.19	140.4	330.993 3	119.216 2
36	32 905.15	487.4	1 204.305	408.130 9
37	1 655.361	8	82.850 87	27.099 34
38	3 846.072	20.2	91.978 72	33.460 49
39	15 649.15	119.8	835.160 3	271.750 9
40	5 314.018	23.2	187.804 2	64.130 27
41	29 882.5	381.8	778.639 1	277.683 3
42	3 048.501	69.4	161.991 9	52.731 98
43	5 683.981	81.8	146.314	52.248 76
44	14 785.21	137.4	363.669 8	131.778 2

　　不同控制单元污染物分布特征。基于上述对重点区域点源污染负荷与非点源污染负荷的分析与计算，得出妫水河流域不同控制单元的污染负荷，见表1-6。污染负荷空间分布见图1-17～图1-20。

表1-6　妫水河流域不同控制单元污染负荷　　　　　　（单位：kg/a）

序号	控制单元名称	COD	氨氮	总氮	总磷
1	1-古城河-张山营	24 960.8	192.0	1 324.9	431.3
2	2-妫水河-张山营	5 902.6	24.4	120.0	45.2
3	3-三里河-张山营	7 062.8	48.0	174.6	63.0
4	4-西拨子-康庄	3 386.6	49.8	93.9	33.2
5	5-小张家口-八达岭	4 031.6	19.0	159.2	53.6
6	6-西拨子-八达岭	28 379.5	149.8	746.3	266.7
7	7-妫水河-井庄	8 773.6	87.2	281.3	97.0
8	8-妫水河-井庄	13 064.3	131.0	381.6	133.5
9	9-宝林寺-井庄	2 233.4	13.0	119.0	38.7
10	10-西二道-井庄	24 941.6	163.8	808.8	279.1
11	11-小张家口-井庄	23 215.3	116.4	763.1	263.1
12	12-五里坡-旧县	3 915.2	60.2	208.9	68.0
13	13-西龙湾河右支-旧县	16 844.6	254.0	548.6	188.6
14	14-西龙湾-旧县	20 872.8	313.0	672.6	231.6
15	15-妫水河-旧县	5 476.0	86.8	165.0	57.3
16	16-古城河-旧县	36 585.4	469.8	1 071.5	375.1
17	17-西龙湾-旧县	33 046.4	839.0	6 103.2	326.2
18	18-妫水河-大榆树	10 575.7	142.0	306.4	107.6
19	19-妫水河-大榆树	10 624.3	91.6	180.2	70.5
20	20-西拨子-大榆树	21 038.0	219.8	460.5	170.1
21	21-小张家口-大榆树	15 194.2	190.4	429.6	151.1
22	22-妫水河-延庆	15 287.2	231.6	327.7	121.6
23	23-三里河-延庆	27 826.8	377.2	518.5	198.3
24	24-妫水河-延庆	248 198.9	11 193.6	110 181.6	2 360.2
25	25-妫水河-延庆	11 545.7	102.6	167.9	68.7
26	26-妫水河-延庆	7 756.1	122.4	149.5	56.6
27	27-小张家口-延庆	7 254.7	76.8	116.0	46.2
28	28-古城河-沈家营	7 714.3	131.8	176.3	64.7
29	29-妫水河-沈家营	35 552.8	697.0	830.6	302.2
30	30-妫水河-香营	35 878.7	371.2	1 083.6	376.9
31	31-妫水河-刘斌堡	44 385.8	336.2	1 914.6	637.1

序号	控制单元名称	COD	氨氮	总氮	总磷
32	32-周家坟-永宁	9 203.9	152.2	477.6	155.9
33	33-三里墩-永宁	42 454.1	1 515.8	13 703.9	441.0
34	34-三里墩-永宁	13 321.3	220.0	625.1	206.0
35	35-妫水河-永宁	13 229.2	140.4	331.0	119.2
36	36-孔化营-永宁	32 905.2	487.4	1 204.3	408.1
37	37-妫水河-四海	1 655.4	8.0	82.9	27.1
38	38-古城河-张山营	3 846.1	20.2	92.0	33.5
39	39-五里坡-张山营	15 649.1	119.8	835.2	271.8
40	40-西拨子-八达岭	5 314.0	23.2	187.8	64.1
41	41-妫水河-永宁	29 882.5	381.8	778.6	277.7
42	42-妫水河-永宁	3 048.5	69.4	162.0	52.7
43	43-西二道-大榆树	5 684.0	81.8	146.3	52.2
44	44-妫水河-大榆树	14 785.2	137.4	363.7	131.8

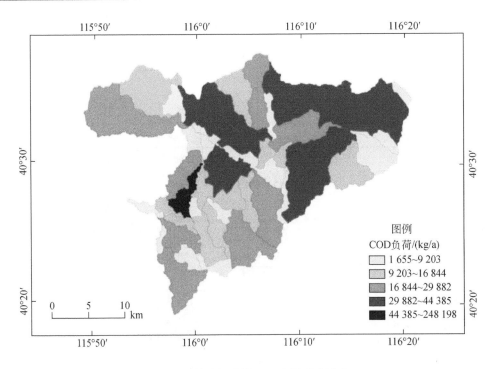

图 1-17　妫水河流域 COD 污染负荷分布

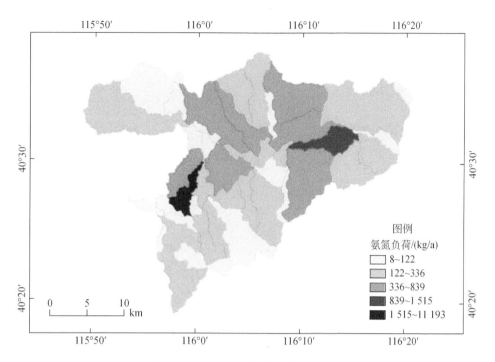

图1-18 妫水河流域氨氮污染负荷分布

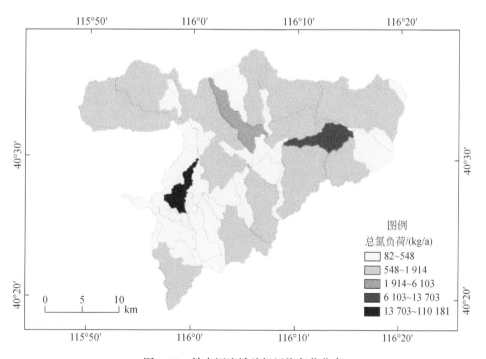

图1-19 妫水河流域总氮污染负荷分布

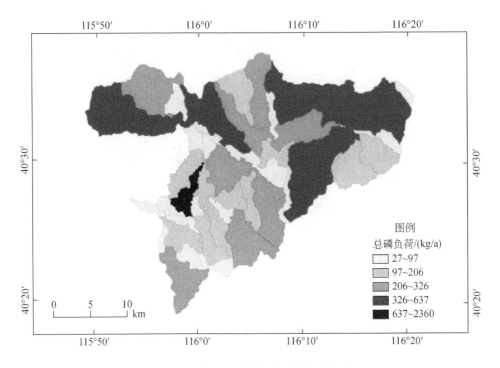

图 1-20　妫水河流域总磷污染负荷分布

1.1.4　水生态环境存在问题

1.1.4.1　区域水资源极度短缺，生态基流无法保障

妫水河是典型的北方缺水型河流，从 1999 年开始北京市持续干旱，年均降水量为 449mm，2009 年仅为 315.4mm，降水减少导致妫水河的来水量锐减。妫水河非雨季主要由夏都缙阳污水处理厂再生水补给，补给量约为 3 万 m³/d。妫水河农场橡胶坝至南关桥段水体流动性差，水体几乎处于静止状态。自从 2003 年开始，为了保障北京市饮用水的需要，将延庆区境内的白河堡水库的优质水调往密云水库，妫水河从此失去了水源补充。2003 年以前，妫水河基流平均为 0.75m³/s，而 2014 年平均基流只有 0.14m³/s，汛期出现断流达 30次。在妫水河主河道和 18 条支流中，目前只有妫水河、三里河常年有水，其余支流基本无水。妫水河东大桥水文站 2000 ~ 2017 年径流量变化如图 1-21所示。

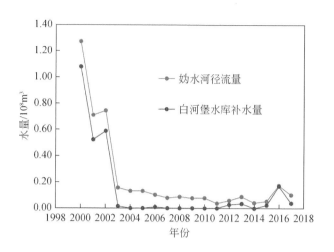

图 1-21　妫水河东大桥水文站 2000～2017 年径流量变化

1.1.4.2　水污染形势严峻，与河流功能定位极不匹配

妫水河流域水污染形势严峻，面源污染占比 38%，点源 57%，内源 5%。妫水河两侧集中分布着村镇、机关、学校和旅游景点，也是延庆城区所在地，生产生活活动引起的垃圾和面源污染问题突出。农民为了提高作物产量，大量使用化肥、农药，使用的化肥、农药大量残留在土壤中，在雨期通过地表径流直接对妫水河产生污染，影响了水源安全。近几年妫水河流域的谷家营断面水质已处于地表水环境质量标准的 V 类，与国务院印发的《水污染防治行动计划》（简称"水十条"）要求的 III 类水质目标要求相差甚远。

1.1.4.3　水生态系统退化严重，生态脆弱性加剧

妫水河来水量不足加剧了其生态系统脆弱性，河岸及浅滩区水生植物稀少。①水系连通性差。部分河道由于多年无水，河道形态已无法辨认，被道路、建筑物截断，不能与主河道连通，水资源无法互济，不能有效利用；不能有效地促进水环境的净化作用发挥和自净能力提高，不利于形成良性循环的、健康的生态系统。②河道生态系统严重退化，生态服务功能下降，湿地自净功能降低。妫水河流域内仅妫水河新城段和三里河进行过生态治理，但由于治理理念落后、管理不善等原因，目前这两处河段均存在植被配置单一、湿地水质净化功能低下和景观功能退化等问题。其余河道植被杂乱，且存在违建、垃圾

侵占等现象。③水生植物残体清理不彻底，新城段水体富营养化严重。在江水泉公园和东、西湖等水域中，为改善水质，种植了大量芦苇等净水植物，但没有完全收割清理，植物腐败后回到水体中，水中污染物长期积聚，在较高的温度和充足的光照下，藻类繁殖速度大大增加，导致水体富营养化加重。

针对妫水河流域面临的问题，基于妫水河流域水环境功能区划要求，结合河长制的推行，加强流域水质目标管理，完善流域污染物控制制度，进一步提升流域水环境监管和水质保障手段。

1.2 治理沿革

1.2.1 妫水河下游段综合治理工程

1991年，延庆（当时为延庆县）对妫水河延康公路桥至京张公路桥段长约3.4km的河道进行了疏挖、治理。治理标准为10年一遇洪水设计，20年一遇洪水筑堤，使行洪能力大大提高。1994年又在延康公路桥上游河段开挖了妫水湖，并结合湖区综合开发，美化了城镇，改善了当地投资环境，带动了城区东南部经济的发展。延康公路桥下游河段为官厅水库库区，在近20年中，由于官厅水库一直低水位运行，严重影响了延庆西部地区发展。为贯彻落实《21世纪初期（2001—2005年）首都水资源可持续利用规划》《延庆县"十五"水利发展计划》，带动延庆西部地区的发展，经县委县政府多次会同有关部门研究决定，对妫水河下游河段进行综合治理，河道治理范围自延康公路桥向下游约8km，靠近城区段河道两岸约2km采用硬性护砌，并将河道滩地挖除，增大城区段水面面积。根据官厅水库多年运行情况并考虑与上游妫水湖橡胶坝、花园橡胶坝形成梯级开发之势，河道正常蓄水位确定为477m（北京高程），从而确定挡水建筑物挡水高度为5m，为尽可能降低工程造价，挡水建筑物采用充水橡胶坝，考虑到目前橡胶坝高坝技术还不完善，最后确定坝高为4m，并将闸室底板抬高1m，回水至上游妫水湖橡胶坝下游，水深为1.5m。

1.2.2 妫水河（四海镇大吉祥村～康庄镇大营村）治理规划

妫水河位于延庆区水源保护区范围，河道行洪主槽过流能力低，沿河村庄、乡镇存在受淹风险，跨河建筑物年久失修，缩窄河道且存在安全隐患；河道管理范围不明确，河道被侵占、过水断面缩窄等现象严重；并且城镇生活、产业污水基本未经处理即自然排放至沟渠水体，下段流经延庆新城，河道水质下降。

针对妫水河现存的沿河村庄、乡镇防护标准较低、存在受淹风险，跨河建筑物年久失修，缩窄河道且存在安全隐患，河道管理范围不明确、河道被侵占、过水断面缩窄等现象严重等问题，2016 年，延庆区开展妫水河（四海镇大吉祥村—康庄镇大营村）治理规划工作。

规划总体目标是以保证行洪安全和水源安全为目标，以明确山区河道两岸村镇安全为重点，合理明确河道管理范围，进行水源保护、水环境改善和生态修复，最终实现妫水河流域行洪安全有保障，地表水源可持续利用，生态环境良性循环，水土流失显著减少，集行洪安全与水源涵养保护为一体的山区河道。

规划具体目标包括：

1）确定河道管理范围，给洪水留有出路，合理布置拦、跨河建筑物，不影响河道防洪排水安全。

2）河道周边村镇得到有效防护，指导群众防御山洪灾害。

3）岸坡无损毁，绿化完好，河道水文形态得到保护并提升。

4）生产和生活污水达标排放，处理率达到 90% 以上。生活垃圾无害化处理率到达 100%，保持妫水河水质为国家地表水 II 类标准。

5）加强管理，通过现代信息手段对河道洪水位、洪峰流量及水质进行观测和监测，以保证河道实现"村安全、水安全"。

1.2.3 妫水河世园段水生态治理工程

为了保障世园会和冬奥会的顺利举行及达到建设美丽延庆、国家级生态县和绿色北京示范区等要求，2017 年，延庆区编制了《世园会水务保障方案》（以下简称《方案》）。

根据《方案》内容，为贯彻落实世园会"绿色生活，美丽家园"的主题，以打造湿地中的世园会为核心，通过规划建设多项水质改善及水生态工程，明显减少入河湖污染物。妫水河世园段水生态治理工程围绕世园会主会场水环境改善，依托现状河道，构建水生态系统、清淤底泥、治理初期雨水污染、改造现状农场橡胶坝、水质监测预警等工程，强化妫水河世园段水体自净功能，进一步提升水质，维护世园区优美水环境。

1.2.4　延庆新城北部水生态治理工程

延庆世园会核心水系是妫水河，外围支流为三里河、西拨子河，打造清洁优美水环境必然成为成功举办世园会的重要因素。延庆区最为突出的水环境问题集中在妫水河及周边，主要体现在西湖（世园区）和东湖水体污染（夏季水质为 V 类甚至劣 V 类），妫水河（新城）、三里河均为劣 V 类，水体主要污染物包括 BOD、COD、氨氮、总磷等；水体流动性差，水中污染物长期积聚，藻类繁殖速度增加，水体富营养化严重；世园区周边水系连通水平低，水域面积狭小，缺乏水生态景观功能及水生态经济外延等。

2017 年，延庆新城北部水生态治理工程围绕世园会主会场水环境改善，依托现状北线循环系统，建设潜流湿地、表流湿地及生态沟渠等工程，沟通世园会周边河湖水系，强化北部水循环系统水质净化功能，进一步提升水质，维护世园区优美水环境。

1.2.5　妫水河南部水系连通工程

2018 年开展的妫水河南部水系连通工程，是世园会水源保障主要工程措施，也是永定河生态走廊重要组成部分。工程范围涉及的渠道（河道）包括白河南干渠、妫水河、宝林寺河、西二道河、小张家口河、西拨子河及帮水峪河。宝林寺河、小张家口河及西拨子河。通过干渠上设置泄洪闸与之连接；妫水河通过干渠起点处的补水渠连接；西二道河从军都山渡槽下通过。

妫水河南部水系连通工程通过开展南干渠维修加固工程、水系连通工程及水生态环境工程，其中南干渠维修加固工程包含渠道维修加固、渠系建筑物维修加固、巡渠路硬化及电站电气系统改造等相关工程内容，使得妫水河南部水系得以连接贯通，整体生态环境将得到明显改善，为实现城市"宜居"提供了水环境条件，同时为延庆 2019 年世园会、2022 年冬奥会顺利开办创造良好的环境条件。

1.2.6　延庆区京津风沙源治理工程

2019 年实施的延庆区京津风沙源治理工程，根据延庆区流域治理进度规划，结合流域实际情况及治理投资计划，对张山营流域内生态环境破坏较重区域及规划治理重点区域进行综合治理。治理以水源保护为中心，以溯源治污突破口，构筑"生态修复、生态治理、生态保护"三道防线，按照功能区内生产、生活、生态空间分布，结合生态清洁小流域综合治理 21 项措施，针对小流域存在问题合理采取对应措施。

张山营小流域治理措施主要分布于域内的生态修复区、生态治理区和生态保护区，具体以生态治理区和生态保护区范围内的面源污染防控和水土流失治理为主要目标，按照生产空间、生活空间及生态空间的功能分区，依照"源头控制—过程拦截—末端治理"的治理思路，结合小流域现状、已有的治理成果以及正在进行的治理项目，针对小流域不足之处进行工程修复。其中，生产空间以农业面源污染的源头管控及局部精准措施拦截过滤治理为主；生活空间则结合地区"三年治污行动计划""新三年治污行动计划"逐步实施，在村庄污水得到合理收集治理的同时，对村庄人居环境进行改善，减少面源污染源；生态空间则主要对坡面、沟道等进行以生态环境保护措施为主的治理。

第 2 章 | 妫水河生态监测

2.1 生态监测的内容和作用

生态监测是生态系统层次的生物监测，是运用各种技术测定和分析生命系统各层次对自然或人为作用的反应或反馈效应的综合表征来判断和评价这些干扰对环境产生的影响、危害及其规律，为环境质量的评估、调控和环境管理提供重要科学依据的科学活动过程。

生态监测主要包括以下 5 方面的内容。

(1) 生态环境中非生命成分的监测

该监测包括对各种生态因子的监控和测试，既监测自然环境条件（如气候、水文、地质等），又监测物理、化学指标的异常（如大气污染物、水体污染物、土壤污染物、噪声、热污染、放射性等）。

(2) 生态环境中生命成分的监测

该监测包括对生命系统个体、种群、群落的组成、数量、动态的统计和监测，污染物在生物体中量的测试。

(3) 生物与环境构成的系统的监测

该监测包括对一定区域范围内生物与环境之间构成的系统组合方式、镶嵌特征、动态变化和空间分布格局等的监测，相当于宏观生态监测。

(4) 生物与环境相互作用及其发展规律的监测

该监测包括对生态系统的结构、功能进行研究。既包括监测自然条件下（如自然保护区内）的生态系统结构、功能特征的监测，也包括生态系统在受到干扰、污染或恢复、重建、治理后的结构和功能的监测。

(5) 社会经济系统的监测

人类在生态监测这个领域扮演着复杂的角色，它既是生态监测的执行者，又是生态监测的主要对象，人所构成的社会经济系统是生态监测的内容之一。

长期以来，生物监测属于环境监测的重要组成部分，是利用生物在各种污染环境中所发出的各种信息，来判断环境污染的状况，即通过观察生物的分布状况、生长、发育、繁殖状况、生化指标及生态系统工程的变化规律来研究环境污染的情况、污染物的毒性，并与物理、化学监测和医药卫生学的调查结合起来，对环境污染做出正确评价。

生态监测是一项涉及多学科、多部门、多角度、多目标的极其复杂的系统工程，生态监测的特点是专业性强、范围广、见效慢、费用高。在生态监测能力建设方面，要建立科学合理的投资机制，即不仅要注重仪器设备投资，还要充分考虑运行费用以及专业技术人员的专业素质，否则生态监测工作难以开展。

水生态是指环境水因子对生物的影响和生物对各种水分条件的适应。水生态监测则是对环境水因子的观察和数据收集，并加以分析研究，以了解水生态环境的现状和变化。对于河流健康生态系统健康评估的监测，重点需掌握水生态监测的相关内容。

传统的水文监测的许多项目都是水生态监测所需要开展的项目，如水位、流量、水质、水深、泥沙、河道断面地形测量等。近年来，水文系统根据经济社会发展的需求及水利部加强生态保护的要求，加强了水生态监测等工作。水生态监测与传统的水文水资源监测在监测目标、范围、项目、方式和频次等方面都有不同，具体有以下几点不同：

1）在监测目标上，水生态监测的目标是为了了解、分析、评价水体等的生态状况和功能，而水文水资源监测的目标是为了防洪减灾及水资源管理等方面的需要；

2）在监测范围上，水文水资源监测的范围重点在水体，而水生态监测的目标应包括水体及陆地上的植被等；

3）在监测项目上，水生态监测内容包含了水文水资源监测的项目，包括河流水文形态、生物、化学与物理化学质量要素；

4）在监测方式和频次上，新增的专门针对水生态监测的项目也与传统的水文水资源监测有所不同。

2000 年 10 月 23 日，欧洲议会与欧盟理事会（2000/60/EC 号令）通过了

《欧盟水框架指令》，成为欧盟水领域的行动法令。《欧盟水框架指令》划分了地表水生态状况，对河流、湖泊、过渡性水域和沿海水域生态状况进行了定义。其中，"良好状况"是指由于人类活动，地表水体类型的生物质量要素值显示出较轻的偏离，但基本符合未受干扰条件下的水体类型质量。

根据《欧盟水框架指令》（2000/60/EC号令），对于河流来说，其水生态监测主要包括三部分内容。

1）河流的生物质量要素（生物），包括：①浮生植物的组成与数量；②底栖无脊椎动物的组成与数量；③鱼类的构成、数量与年龄结构。

2）河流中支持生物质量要素的水文形态质量要素（水文），包括：①水文状况，主要指水量与动力学特征以及与地下水体的联系；②河流的连续性；③形态情况，主要指河流的深度与宽度的变化、河床结构与底层及河岸地带的结构等。

3）河流中支持生物质量要素的化学与物理化学质量要素（水质），包括：①总体情况，主要指热状况、氧化状况、盐度、酸化状况、营养状态等；②特定污染物，主要指由排入水体中的所有重点物质造成的污染，以及由大量排入水体中的其他物质造成的污染等。

2006年通过的《关于保护地下水免受污染和防止状况恶化的指令》（简称《欧盟地下水指令》）还提出了地下水良好状态的定义。

1）具有良好数量状况的地下水体：具有稳定的地下水水位，平均年抽取量不减少可用地下水资源量/平均年补给量；不会对地表水体和依赖于地下水的陆地生态系统产生负面影响；降低了盐水和其他物质入侵的风险。

2）具有良好化学状况的地下水体：符合水框架指令和地下水指令及相关指令的质量标准；不会对地表水体和相关陆地生态系统产生负面影响；没有盐水或其他物质入侵的迹象或影响。

《欧盟地下水指令》明确提出地下水监测结果必须用于以下方面：确定地下水体的化学状况和数量状况（包括对可用地下水资源进行评估）；帮助进一步开展地下水体特征鉴定；验证开展地下水特征鉴定的风险评估；估计成员国跨越国界的地下水体的流向和流速；为措施计划制定提供帮助；评估措施计划的效力；论证饮用水保护区和其他保护区目标的实现情况；鉴定地下水的天然质量包括自然趋势（基准）；确定人类活动引起的污染物浓度的变化趋势及其

扭转情况。

水资源监测是水生态管理和保护的重要基础工作。2010年初,水利部水文局组织专家,根据实行最严格水资源管理制度的要求,制定了《水资源监测实施方案(征求意见稿)》。制定水资源监测的方法如下:

1)地表水监测按对省界断面和对区市县行政区界控制断面分别进行布设。其中,在大江大河干流、流域内一级支流(或水系集水面积>1000km²)河流所涉及的省界、重要调水(供水)沿线跨省界跨流域的,以及水质污染严重的河流(或水系集水面积<1000km²水事敏感区域)所涉及的省界等应设置监测断面、开展监测;在省界断面中可以兼作为区市县界断面的、大江大河的二级支流(或河流集水面积>500km²)的、重要跨区市县界跨流域(水系)调水(供水)线路上或水系集水面积<500km²水事敏感区域所涉及的区市县界等应设置控制断面、开展监测。

一般情况下,对水位的监测应采用自动监测记录方法;流量测验主要采取巡测、自动测流等技术。当流量监测断面通过测流断面整治、单值化等技术处理能建立稳定可靠的水位流量关系时,尽量采取自动监测水位以推取流量的方法。

2)地下水监测应依托现有地下水监测站网,提高地下水自动监测能力。对于浅层地下水,长江以北地区每县(长江以南地区每地市)应选择3~5眼地下水监测井为控制代表井,并结合现有监测井,通过点与区域相结合的方法,实现对地下水位监督控制。对于深层承压水,长江以北地区每县(长江以南地区每地市)应选择1~3眼地下水监测井为控制代表井,并结合现有测井,通过点、区域和开采量结合方法,实现对承压水监控。对地下水超采区、大中型水源地、海水入侵区、大中城市建成区、大型调水工程沿线等特殊类型区应适当加密监控,满足地下水控采的要求。

一般情况下,对地下水开采量的监测,农业用水监测应采用典型监测与调查统计相结合的方法;工业和居民用水监测宜采用调查统计和综合分析方法,主要进行抽样监测与复核。

3)取用水量监测主要开展对农业、工业和居民用水的典型监测与调查,满足对取用水指标的监测监督考核要求。其中,农业取用水的监测,主要对全国大型灌区斗口以上取水口进行监测与水量复核,并对重要的中型灌区进行抽样监测与统计复核。

工业取用水的监测，主要对工业取水用户进行抽样监测与统计复核。对代表性七大高用水行业（火力发电、石油炼制、钢铁、纺织、造纸、化工、食品等）主要产品用水定额进行监测评价，对其用水量的供、用、耗、排等环节监测，开展水平衡测试分析。

居民用水的监测，重点针对居民用水习惯、用水器皿以及节水意识等进行抽样调查，抽样核查用水量（水表）。

4）水质监测按国家重要江河湖泊水功能区监测及国家重要饮用水水源地监测开展。其中，水功能区水质监测断面应按《水环境监测规范》要求进行布设。纳污总量控制断面应实现对所有重点入河排污口的有效控制，且所控制的纳污量应不小于该水功能区污染物入河总量的80%；监测断面应尽可能与水文测量断面重合。缓冲区监测断面布设需考虑省际河流的上下游或者左右岸关系。

饮用水水源地监测断面的布设中，对于河流监测断面，一般在水厂取水口上游100m处设置监测断面，同一河流有多个取水口，且取水口之间无污染源排放口的，可在最上游100m处设置监测断面，对于湖、库监测断面，原则上按常规监测点位采样，但每个水源地的监测点位至少应在2个以上，采样深度应在水面以下0.5m处。

2.2 生态监测的技术体系

生态监测技术体系应主要包括生态监测学基础理论体系、生态监测技术路线体系、技术规范体系、分析方法体系、质量评价体系、质量管理体系等六个体系。

2.2.1 建立生态监测学基础理论体系

加强生态监测学基础理论研究，要及时跟踪国内外生态监测新理论的发展动态，创建具有中国特色的生态监测学理论体系，组织编著具有中国特色的现代生态监测学教程。要深化生态监测的社会实践，研究在实践中出现的新情况、新问题，提炼实践中积累的新经验，并上升到理论，揭示生态监测的客观规律。认真研究国内外生态监测新技术的发展趋势，制定适合我国国情的生态监测技术发展战略和规划，确定重点领域和发展方向，颁布相应的全国生态监测现代化发展纲要，建立中国特色的生态监测理论和技术研究体系。

2.2.2　完善生态监测技术路线体系

确定环境空气、地表水、地下水、近岸海域、噪声、振动、固定污染源、生态、固体废物、土壤、生物、电磁辐射、光辐射、热辐射等环境因子的监测技术路线，明确在一定发展阶段的工作目标，筛选各环境因子的监测指标，选择切实可行的监测方法和手段，确定监测技术发展方向，指导生态监测事业发展，形成具有中国特色的生态监测技术路线体系。

2.2.3　完善生态监测技术规范体系

按照填平补齐的原则，全面清理、修订、编制包括空气、地表水、地下水、河流湖泊、土壤、生态、物理、污染源、固体废物、环境监测信息与统计、环境质量评价、质量保证与质量控制、污染事故与纠纷、监测仪器质量检定、建设项目"三同时"验收监测等 15 个方面的 70 个监测技术规范和技术规定，形成适应环境管理需要和与国际接轨的生态监测技术规范体系。

2.2.4　完善生态监测分析方法体系

建立和完善包括各环境因子和监测对象的分析方法标准体系，进一步修订完善包括水和废水、空气和废气、降水、土壤、固体废物、生物、放射性、噪声、振动、恶臭、热辐射、光辐射、电磁辐射等在内的监测分析方法标准，研究开发环境空气或固定源废气监测新方法，制定地表水或污水监测新方法，研究开发生物监测新方法，制定点源废水监测新方法，完善固体废物毒性鉴别试验新方法，构建标准化、规范化的生态监测分析方法体系。

2.2.5　建立生态环境质量评价技术体系

确定各环境要素及有关监测对象的监测指标体系，建立科学的评价方法和评价模式，研究开发直观的表征技术，提高生态环境质量评价整体水平。

1）提高生态环境质量现状分析的水平。科学、客观、准确地说清各环境要素的污染程度、主要污染区域以及影响生态环境质量的主要环境问题。

2）提高生态环境质量变化趋势分析和预测预报的水平。加强对全国及各流域、各区域、各海域在不同时段生态环境质量的变化趋势分析，说清生态环境质量的时空变化规律。提高预测预报能力，定量预测未来生态环境质量的整体变化趋势及各要素、各主要污染指标的浓度变化趋势。

3）加强综合评价方法和表征技术研究。建立和完善生态环境质量综合评价指标、标准、方法和技术体系，研究科学、简明、实用的评价方法，运用先进、形象、直观的表征技术，客观、准确、全面地评价生态环境质量状况。重点加强多介质环境评价方法学和生态环境安全风险评价方法学研究。选择先进适用的污染迁移扩散模型和地理信息系统，建立反映区域生态环境质量变化规律和发展趋势的环境质量评价模型。结合社会、经济、环境等综合数据库，建立基于生态环境质量，并包含社会、经济、自然、时空等相结合的综合分析评价模型。

2.2.6　健全生态环境监测质量管理体系

建立健全生态环境监测全过程的质量管理体系，包括规章制度等程序文件、质量保证与质量控制技术与方法。

1）进一步完善空气和废气、地表水和污水、土壤、生物等的生态环境监测手册，制定生态环境监测仪器质量检定、数据采集与传输的手册，编写生态环境监测标准库。

2）加强国际标准方法、统一方法、推荐方法的研究。加快国际标准方法转化采用的研究工作，分类转化 ISO、IEC 国际标准。

3）加强生态环境监测全过程 QAPQC 量化评价标准体系的研究。

4）加强自动监测、应急监测、流动监测等领域的 QAPQC 研究。

5）继续完善计量认证和持证上岗制度，开展实验室认证认可，确保监测数据的科学、准确、真实、有效。

2.3　生态监测的手段

早在 20 世纪 70 年代初期开始，遥感技术就逐渐应用于与水体有关的生态、环境的监测。随着遥感技术的快速发展，已逐步成为水生态监测主力军的自动监测技术和无线传感技术，与常规监测技术一起共同组成了水生态监测的技术体系。

湖泊水生态安全遥感监测的内容和方法，作为内陆水体的一个重要组成部分，一直是遥感学界关注的热点。随着遥感技术的发展以及水体光学特征研究的深入、反演算法的不断改进，湖泊水生态和环境的遥感分析从定性发展到了定量，定量算法不断成熟。目前可定量分析的参数主要包括悬浮物颗粒、叶绿素 a、浊度以及溶解性有机物等。

湖泊水体受人类活动的影响更为强烈，物质陆源较多，不同的湖泊，水质、物质组成等差异较大，近红外波段散射特性的变化具有很大的不确定性；湖泊水体面积一般较小，受陆地的影响，气溶胶变化较为强烈，而水体在近红外波段的信号很弱，难以准确测量。另外，湖泊中存在大面积的光学浅水，离水辐射除包含来自水体的贡献外，也包含来自湖底底质的贡献。因此高精度地获取近红外波段水体离水辐射的迭代关系存在很大困难，基于精确近红外迭代关系的大气校正方法也受到很大挑战。

水体中的悬浮物、浮游植物、黄色物质（CDOM）以及水体本身是影响水体光谱特征的主要物质。其光谱特征共同决定了水体的遥感影像特征，任一物质含量的变化都会引起水体光谱曲线的变化。因此，通过了解以上物质的光谱特征，就可以间接地从遥感影像中获取水体中污染物时空分布的信息。

水生态遥感可监测的除了以上外，其他的生态指标也有相应的研究。如溶解性有机碳（DOC）、水温、透明度、溶解氧（DO）、化学需氧量（COD_{Cr}）、五日生化需氧量（BOD_5）、总磷（TP）、总氮（TN）等。但这些指标难以从光谱特征中直接得到，一般是利用不同物质之间的相关关系进行遥感分析，间接地推求这些物质的含量。

目前，常用的遥感分析方法有 3 种：

（1）物理方法

利用遥感测量得到的水体发射率反演水体中各组分的特征吸收系数和后向散射系数，并通过水体中各组分浓度与其特征吸收系数、后向散射系数相关联，反演水体中各组分的浓度。

（2）经验方法

这是一种伴随着多光谱遥感数据应用而发展起来的方法。该方法通过经验或遥感数据、地面实测数据的相关性统计分析，选择最优波段或波段组合数据与地面实测参数值，通过统计分析得到算法，进而反演生态参数。

（3）半经验方法

这种方法是随着高光谱遥感技术在水生态、水环境中的应用而发展起来的。其根据非成像光谱仪或机载成像光谱仪测量水生态、水环境参数特征，选择估算水生态参数的最佳波段或波段组合，然后选用合适的数学方法建立遥感数据和水生态参数间的定量经验型算法。

其中，半经验方法以水色机理为基础，正演和反演相结合，通过生物—光学模型解释或模拟遥感数据，能够通过独立于遥感影像的野外数据进行校正，大大降低了对地面实测数据的依赖度，比较适合于湖泊水生态遥感监测。

随着水生态环境问题的日益突出，利用卫星遥感对水体进行水质监测的需求越来越迫切。遥感具有快速、大范围、周期性的特点，具有常规水质监测不可比拟的优越性，且新发射的高分辨率卫星为满足湖泊等内陆水体水质遥感监测提供了技术支持。这些卫星传感器在保证较高空间分辨率的同时，大大提高了光谱分辨率（如 Hyperion 的空间分辨率 30m，时间分辨率 16d，波谱分辨率 10nm），而一些新的水色遥感器在保证高辐射性能的前提下，大大提高了空间分辨率（如 MERIS、HY-1BCZI 等都有 250m 的波段设置），而传统的陆地卫星遥感器在保证高空间分辨率的情况下，普遍提高了信噪比，且加大了刈幅、缩短了重复周期（如 Landsat TM 设置了水体观测增益，我国的北京 1 号小卫星有约 600km 的刈幅），为水体水质参数遥感反演精度的提高打下了良好的技术基础和极有利的技术平台。

我国水生态环境遥感始于 20 世纪 90 年代，主要以经验/半经验算法为主，使用的卫星传感器以 Landsat TM/ETM 主。最近几年来，随着海洋和湖泊野外光学仪器的发展，湖泊生物光学模型的研究逐渐深入，为分析/半分析方法的应用和发展打下了坚实的基础。

2.4　妫水河生态调查与监测

2.4.1　监测现状

2.4.1.1　地表水监测现状

（1）水文监测现状

妫水河流域内只有一个水文监测站—东大桥水文站。该水文站控制流域集水面积 $732km^2$，主要监测项目为流量、流速、水位、水温、降水、蒸发、冰情等。

（2）雨量监测现状

妫水河流域已有雨量监测站 6 个：延庆区气象站、大榆树站、沈家营站、井庄站、永宁站、刘斌堡站，监测项目是降水量。

（3）地表水水质监测现状

妫水河水质监测点位东大桥水文站。已有点位监测项目应符合表 2-1 必测项目要求，同时也应根据不同功能水域污染物的特征，增加表 2-1 中某些选测项目（水环境监测规范 SL 219—2013）。

表 2-1　地表水监测项目

	常规项目	非常规项目
河流	水温、pH、溶解氧、高锰酸盐指数、化学需氧量、五日生化需氧量、氨氮、总磷、总氮、铜、锌、氟化物、硒、砷、汞、镉、六价铬、铅、氰化物、挥发酚、石油类、阴离子表面活性剂、硫化物、粪大肠菌群	矿化度、总硬度、电导率、悬浮物、硝酸盐氮、硫酸盐、氯化物、碳酸盐、重碳酸盐、总有机碳、钾、钠、钙、镁、铁、锰、镍。其他项目可根据水功能区和入河排污口管理需要规定

常规项目	非常规项目
水温、pH、溶解氧、高锰酸盐指数、化学需氧量、五日生化需氧量、氨氮、总磷、总氮、铜、锌、氟化物、硒、砷、汞、镉、六价铬、铅、氰化物、挥发酚、石油类、阴离子表面活性剂、硫化物、粪大肠菌群、氯化物、叶绿素a、透明度	矿化度、总硬度、电导率、悬浮物、硝酸盐氮、硫酸盐、碳酸盐、重碳酸盐、总有机碳、钾、钠、钙、镁、铁、锰、镍。其他项目可根据水功能区和入河排污口管理需要规定

(表头左侧竖写：湖泊水库)

2.4.1.2 地下水监测现状

（1）地下水水质监测现状

全区共有水位观测井 26 眼，专用出水量观测井 2 眼，五日观测井 26 眼，分布在 11 个乡镇，26 个村，除山区千家店 1 眼观测井外，其余均分布在川区。

地下水水质的主要监测项目主要包括两部分：一是 25 个常规项目，分别为 pH、总硬度、溶解性总固体、钾、钠、钙、镁、硝酸盐、硫酸盐、氯化物、重碳酸盐、亚硝酸盐、氟化物、氨氮、高锰酸盐指数、挥发酚、氰化物、砷、汞、镉、六价铬、铅、铁、锰、总大肠菌群；二是 22 个非常规项目，分别为色、嗅和味、浑浊度、肉眼可见物、铜、锌、钼、钴、阴离子合成洗涤剂、电导率、溴化物、碘化物、亚硝胺、硒、铍、钡、镍、六六六、滴滴涕、细菌总数、总 α 放射性、总 β 放射性。监测时满足必测项目要求，并根据地下水用途及情况选测各有关监测项目（水环境监测规范 SL 219—2013）。

（2）地下水水位监测现状

2007～2016 年全区观测井平均水位埋深情况如图 2-1 所示。

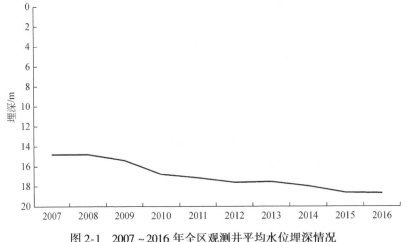

图 2-1 2007～2016 年全区观测井平均水位埋深情况

（3）气象监测现状

妫水河流域已有气象站 5 个，包括延庆气象站、沈家营站、井庄站、永宁站、刘斌堡站。主要监测气象要素是日最高和最低气温、雨量、风速、蒸发、日照时数等。

2.4.2　存在问题

我国的环境监测事业起步于 20 世纪 70 年代，伴随着人们对环境保护认识的深化和环保工作的需要逐步发展起来。目前环境监测的性质、地位、作用和环境监测站的职能没有法定化，缺乏规范全国环境监测工作的法律法规，生态环境监测缺乏统一的标准，国家仅在农业、海洋等方面研究制定了比较具体的技术规范。环境监测工作比较注重城市环境监测、工业污染源监测、环境质量监测，而忽视了生态环境监测。我国当前的生态监测主要限于污染生态监测，现有监测能力、技术与设备水平有限，监测基础薄弱，监测技术体系尚不完善，缺乏监测资质和质量监督机制，生态监测评价经验不多，对生态系统规律性认识不够，因此确定当前优先监测指标必须从实际出发，属于污染的生态指标仍为当前优先监测指标。同时，由于经济发展过快对生态环境形成压力影响的指标的监测，在当前亦显得十分迫切，需尽快列入优先监测指标。

对于妫水河的生态监测，目前尚缺少具体的系统的监测方案规划和有针对性的监测点位布设方法，没有针对现状情况下及将来的具体河段的河道特点和生态环境要求进行适当的点位设置和监测内容安排。已有的监测站点及其相应的监测内容，处于初步阶段，对于生态环境较好的自然景观河段，其监测站点相对比较丰富，基本可以满足要求，而对于河流生态需要进一步维持甚至破坏较为严重的城市景观河道和田园景观河道，现有监测能力比较薄弱，需要更进一步的规划。尤其是永定河绿色生态廊道综合治理与生态修复规划实施，对一级支流妫水河生态系统进行了较为彻底的修复，针对不同河段的特点设定有不同的规划目标和生态治理布局，妫水河目前的监测现状，尚不能满足"在生态修复过程中及完成后对其进行必要的生态环境监测研究，以观测妫水河生态建设发展的效果，确保妫水河河流生态系统健康"的要求。需要在原有监测设置的基础上针对永定河绿色生态廊道建设规划目标制定相应的监测方案，提出一套系统科学的监测体系，方可为整个永定河流域的生态治理提供有效的监测保障，为生态环境的评估提供依据。

2.5 示范工程生态监测

2.5.1 监测内容及点位

(1) 妫水河及其支流水质水量优化配置和调度示范工程

妫水河来水量不足加剧了其生态系统的脆弱性，河岸及浅滩区水生植物稀少。妫水河农场橡胶坝至南关桥段水体整体流动性较差，河湾处存在大量死水区，水体自净能力较差。针对妫水河水量不足和水质较差的情况，开展妫水河及支流水质水量优化配置和调度示范工程，保障妫水河生态基流。

具体监测内容包括：

1）流量监测。根据《河流流量测验规范》（GB 50179—2015）开展断面的流量监测，东大桥和东小营监测断面设置有标准的量水堰，通过远传式水位/流量自动监测仪监测断面流量变化。根据谷家营监测断面自动监测水位变化来推算流量的变化。

2）水质监测。为了考察调水后对妫水河水质的改善情况，特设计开展水质监测指标（非考核指标）监测，主要包括 COD_{Mn}、氨氮、总氮、总磷。监测点位为谷家营国控断面。水质采样方法参照《水质采样技术指导》（HJ 494—2009），由于谷家营断面水面宽大于 100m，水深大于 10m，应设置左中右三条垂线，每条垂线设置上中下三个采样点，每次同时段采集各采样点水样，混合后分析综合水样的水质。采水样时注意不可搅动沉积物，不能混入漂浮于水面上的物质，避开汛期影响等。水质测试方法见表 2-2。

表 2-2 水质测试方法

水质测试指标	测试方法
COD_{Mn}	《水质 高锰酸盐指数的测定》（GB 11892—89）
氨氮	《水质 氨氮的测定 水杨酸分光光度法》（HJ 536—2009）

水质测试指标	测试方法
总氮	《水质 总氮的测定 碱性过硫酸钾消解紫外分光光度法》（GB 11894—1989）
总磷	《水质 总磷的测定 钼酸铵分光光度法》（GB 11893—1989）

监测点位的设置参考国家环境保护总局组织编写的《水和废水监测分析方法》（第四版），遵循尺度范围原则、信息量原则和经济性、代表性、可控性及不断优化的原则，避开死水区、回水区、排污口处，尽量选择顺直河段、河床稳定、水平稳定、水面宽阔、无急流、无浅滩处。在妫水河干流共设置 3 个监测点，具体位置设置在东小营监测断面（116.119°E、40.506°N）、东大桥监测断面（116.001°E、40.461°N）和谷家营监测断面（115.884°E、40.450°N）。其中，东小营监测断面位于妫水河上段，古城河汇入妫水河之前，可用于评价妫水河断流情况；东大桥监测断面位于东大桥水文站，可将水文站的监测数据与第三方监测数据作对比，确保监测数据的可靠性；谷家营监测断面位于谷家营国控断面，同时监测水位及水质，可用于评价示范工程对于水质改善的贡献。监测断面位置如图 2-2 所示。

图 2-2　监测断面位置图

（2）妫水河上游流域水土保持生态修复工程

针对妫水河流域存在的水环境及水生态问题，根据妫水河面源污染控制要求，构建流域面源污染控制精准配置技术，并开展工程示范。生态监测的目的是为明确示范工程建设前后示范区土壤侵蚀与面源污染情况，通过采集水样、土壤样品等方式，对研究区河沟道水质、泥沙量进行分析，评估示范区技术达标情况，同时对比措施实施前后效果。

具体监测内容包括：降雨量、河道径流量、径流泥沙含量、沟道径流量、径流水质（总磷、氨氮、COD）。

设置土壤侵蚀模数指标第三方监测监测点1个，监测点设置在蔡家河沿岸示范工程末端（图2-3）。具体位置为40.506 010°N，115.919 164°E。

图2-3　土壤侵蚀模数指标监测点位置图

设置面源污染控制率指标第三方监测监测点1个，在张山营小河屯村果园沟道出口（图2-4），具体位置为40.508 369°N，115.927 259°E。

设置入河污染物削减率第三方监测监测点1个，监测点设置在蔡家河沿岸示范工程末端，与土壤侵蚀模数指标监测点位于同一位置（图2-5）。具体位置为40.506 010°N，115.919 164°E。

（3）妫水河水循环系统修复示范工程

该示范工程针对区域生态系统脆弱性强的问题，开展生态斑块修复与水质提升、河流-湿地群生态连通体系构建和河流景观功能提升技术工程示范。

图 2-4　面源污染控制率指标监测点位置图

图 2-5　入河污染物削减率监测点位置图

1）监测指标。

A—A′、B—B′、D—D 水质监测断面的监测指标为：总氮和总磷。E—E′生态监测断面的监测指标为：溶解氧、水生植物多样性指数（香农-维纳指数）、植物群落结构（植被总体覆盖度、种类、多度）。

2）监测断面。

水质监测断面：A—A′为考核断面；B—B′、D—D′断面为对照断面，生态监测断面：E—E′。示范工程监测断面设置如图 2-6 所示。

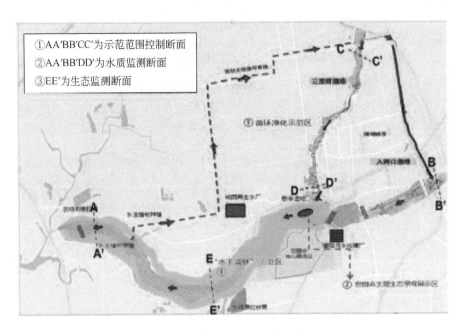

①AA′BB′CC′为示范范围控制断面
②AA′BB′DD′为水质监测断面
③EE′为生态监测断面

图2-6　示范工程监测断面示意图

（4）八号桥大型仿自然复合功能湿地示范工程

基于北方地区低温特点、水源地高标准要求，针对永定河河道污染来水水质波动大、氮磷污染物超标问题，结合自然湿地形态和生物多样性特征、人工湿地构建技术要点，同时借鉴生物脱氮除磷原理，综合集成除磷工艺优化、水位/流量调控等技术，重点突破氮磷污染物湿地净化技术瓶颈；集成耐低温植物配置、微生物菌群筛选、运行调控、基质材料保温等技术，破解北方地区仿自然湿地越冬运行难题，最终优化形成低温河流高标准水质保障仿自然湿地技术体系并示范，为永定河及冬奥会区域高标准水质目标要求提供技术保障。

1）监测指标：COD_{Cr}、COD_{Mn}、总磷、总氮、氨氮、溶解氧、pH、水温、流量。

2）监测点位。

示范工程监测点如图2-7所示。

点1：湿地总进水（115°31′48.60″E，40°21′19.39″N）；

点2：单元湿地进水（115°32′21.75″E，40°20′43.19″N）；

点3：湿地总出水（115°32′45.05″E，40°20′12.13″N）；

图 2-7　示范工程第三方监测点位示意图

试验区监测点如图 2-8 所示。

图 2-8　试验区第三方监测点位示意图

点 4：试验区进水（115°32′20.36″E，40°20′33.16″N）；

点 5：一级湿地单元出水（115°32′22.11″E，40°20′33.16″N）；

点 6：二级湿地单元出水（115°32′24.69″E，40°20′33.18″N）；

点 7：除磷湿地单元出水（115°32′31.34″E，40°20′33.33″N）；

点 8：试验区出水（115°32′44.95″E，40°20′32.96″N）；

2.5.2 监测方法及频次

2.5.2.1 监测方法

(1) 地表水监测

1) 定期现场测量和记录。采样前，均需要现场记录经纬度、时间、地点和采样方式。现场监测指标具体如下。

水体感官性状：依靠目测和嗅觉现场测量和记录。

水文：根据具体情况采用传统测法或者相对比较先进的电磁流量流速计现场监测流量、流速等。

水质：均采用便携式仪器监测 pH、温度、溶解氧、透明度、水位。采用便携式双路输入多参数数字化分析仪（HQ40D）现场测量 pH、温度、溶解氧等，设置 1 台。采用透明度盘（萨氏盘）现场简单地测量透明度，共 1 台。采用测绳或测钟等常用的简易方法测量水位。

2) 其他指标采用定期现场采集水样后带回实验室监测分析的方式，具体参见《水和废水监测分析方法》（第四版）中的相关规定。

3) 水文指标中降水量的测量，采用自动翻斗雨量计自动实现对降水量的实时在线监测和记录。蒸发量采用标准的 E601B 水面蒸发器自动定期测定和人工读数的方法。

(2) 地下水监测

1) 定期现场测量和记录。采样前，现场记录纬度、时间、地点和采样方式。分别采用测钟、pH 计现场测量地下水水位和 pH。

2) 其他指标均采用定期人工采样后实验室分析的方法，具体的监测分析方法参见《地下水环境监测技术规范》（HJ 164—2020）中的相关规定，优先选用国家或行业标准分析方法。

(3) 土壤监测

1) 定期现场测量和记录。采样前，现场记录纬度、时间、地点和采样方式。用测杆法对土壤深度进行深度探测，现场记录各采样点的土壤深度及土壤物理性状（如泥度状态、颜色、嗅、味、生物现象等）。

2）其他指标采用定期人工采样后实验室分析的方法，具体参见《土壤理化分析》和《土壤环境监测技术规范》（HJ/T 166—2004）。

（4）水生生物监测

1）定期现场测量和记录。采样前，现场记录纬度、时间、地点和采样方式；现场观测和记录水生植物生长情况。

2）水生生物种群数量和优势度等采用定期人工采样后实验室分析的方法，浮游植物、浮游动物、底栖大型无脊椎动物及水生维管束植物的监测参见《湖泊富营养化调查规范》。

（5）陆生生物监测

均采用定期人工采样后实验室分析的方法，陆生生物鉴定可参考《植物学》《动物学》《昆虫学》《鸟类学》。

2.5.2.2　监测频率

（1）地表水监测

地表水监测指标均采用定期采样的监测方式，每月 1 次，全年常规监测共 12 次；在此基础上，在水华易发的 6~8 月可根据情况适当加大监测密度；遇到突发性水污染事件，立即跟踪监测，监测范围与频次视具体情况而增加。每次采样 4~8 天完成样品分析。

（2）地下水监测

地下水监测指标均采用定期采样的监测方式；水位监测最少每月 1 次；水质每季度监测 1 次，全年监测 4 次；重金属一年监测 2 次，丰水期和枯水期各 1 次。

（3）土壤监测

土壤监测指标均采用定期采样的监测方式。其中，土壤机械组成、土壤类型和土壤质地监测 1 次以掌握相应情况即可；其他土壤物理、化学指标如含水量、有机质等在施工建成后第一年监测 1 次，作为本底值，以后每三年监测 1 次以进行变化对比分析。

（4）水生生物监测

水生生物采用定期采样分析方法，浮游植物的监测频率 6~9 月每月测 2 次，3~5 月每月测 1 次，10~次年 2 月测 1 次。浮游动物、底栖大型无脊椎动物每季度监测 1 次，全年共监测 4 次，监测时间尽量与浮游植物监测同时进行。浮游生物样品的采集时间以上午 8：00 ~ 10：00 为宜。水生维管束植物一年监测 1 次，在 6 月份监测。

（5）陆生生物监测

陆生生物仅在三家店拦河闸前设有监测点，其中植物群落每年监测 1 次，昆虫和鸟类每年监测 2 次，鸟类是在迁徙期（3 ~ 5 月和 9 ~ 11 月）和非迁徙期（6 ~ 8 月和 12 ~ 次年 2 月）各监测 1 次。以上各监测项目、方法及频次汇总见表 2-3。

表 2-3　监测项目、方法及频次汇总表

分类		监测项目	监测频率	监测方法	监测方式
地表水	水文	流速、流量、水位、水温、蒸发量、降水	1 次/月，12 次/年	《水文巡测规范》（SL 195—2015）《水面蒸发器》（GB/T 21327—2019）	降水和蒸发采用仪器自动测量和人工定期读数的方法。其他指标采用便携式仪器现场测量和记录
	感官	水体颜色、有无漂浮物、浑浊程度、水生植物及生长情况、水体有无异味		目测及嗅觉	现场记录
	水质	（1）常规指标：pH、SS、溶解氧、BOD_5、NH_3-N、PO_4^{3-}-P、NO_3^--N、NO_2^--N、挥发酚		《水和废水监测分析方法》（第四版）	pH、温度、溶解氧、透明度、水位采用便携式仪器现场测量和记录。其他指标采用人工采样后实验室分析
		（2）富营养化指标：COD_{Mn}、Chl-a、总氮、总磷、透明度			
		（3）卫生学指标：总大肠菌群			
地下水		（1）常规指标：水位、pH、NH_3-N、NO_3^--N、NO_2^--N、挥发酚、总氰化物、总硬度、氟化物、氯化物、硫酸盐、溶解性总固体、高锰酸盐指数	1 次/季度，4 次/年；其中重金属丰水期和枯水期各 1 次，2 次/年	《地下水环境监测技术规范》（HJ 164—2020）	水位和 pH 分别采用测钟和 pH 计现场测量和记录。其他指标采用人工采样后实验室分析。
		（2）卫生学指标：总大肠菌群			
		（3）重金属指标：Hg、Cr（Ⅵ）、Cd、Pb、As、Fe、Mn			

续表

分类		监测项目	监测频率	监测方法	监测方式
底泥	水体底泥	总氮、总磷、有机质、Hg、Cr、Cd、Pb、As、Cu、Zn，硫及硫化物			现场测量记录底泥深度及物理性状
土壤	河滨带土壤	物理项目：机械组成、类型、土壤质地、含水量、pH、盐度（以电导率计）。化学项目：有机质、碱解氮、速效磷、速效钾、剖面重金属（Hg、Cr、Cd、Pb、As、Cu、Zn）、有机氯农药	施工前测1次，建成后第一年测1次，以后每3年测1次	《土壤理化分析》；《土壤环境监测技术规范》（HJ/T 166—2004）	采用人工采样后实验室分析
生物	水生生物	浮游植物种类、数量和生物量	6～9月：2次/月，3～5月：1次/月，10～2月测1次	《湖泊富营养化调查规范》	现场测量记录水生植物生活情况。生物指标采用人工采样后实验室分析
	陆生生物	浮游动物和底栖生物种类、数量、生物量	1次/季度，4次/年	《植物学》《动物学》《昆虫学》《鸟类学》	人工采样后实验室分析方法
		水生维管束植物种类、数量、生物量	1次/年		
		河滨带植物、动物的组成、数量、种群特征，包括乔、灌、草群落及昆虫、鸟类等	植物监测年内1次/年。鸟类和昆虫2次/年。其中鸟类迁徙期非迁徙期各1次		

第3章 | 妫水河生态基流模拟计算

3.1 妫水河河道生态基流研究

生态基流测算可以使用 Tennant 法、90% 保证率最枯月平均流量法和改进月保证率设定法等传统水文学方法。本研究通过构建妫水河分布式水文模型，分析流域地表、地下水的交互关系，在兼顾水质变化情况的基础上，给出更为准确的生态基流测算结论。

3.1.1 Tennant 法

研究表明，多年平均径流量的 10% 是保持河流生态系统健康的最小流量，多年平均径流量的 30% 能为大多数水生生物提供较好的栖息条件。因此，根据表 3-1，以多年平均年径流量的 10% 作为保持河流生态系统健康的最小生态基流，即作为枯水期（10 月～翌年 3 月）生态基流；以多年平均径流量的 30% 作为大多数水生生物提供栖息条件的基本生态流量，即作为鱼类产卵期（4～9 月）生态基流。由此计算可得，妫水河枯水期生态基流为 0.042m^3/s，鱼类产卵期生态基流为 0.127m^3/s。

表 3-1 河道流量与河流生态健康关系

生态系统健康状况	枯水期（10 月～翌年 3 月）占年平均流量比例/%	鱼类产卵期（4～9 月）占年平均流量比例/%
最大	200	200
最佳流量	60～100	60～100
极好	40	60
非常好	30	50

生态系统健康状况	枯水期（10月~翌年3月） 占年平均流量比例/%	鱼类产卵期（4~9月） 占年平均流量比例/%
好	20	40
开始退化	10	30
差或最小	10	10
极差	<10	<10

同时，由于北方地区蒸发量较大，需考虑水域蒸发损失。根据延庆气象站蒸发量数据进行估算，妫水河 1986 ~ 2017 年枯水期平均蒸发损失按照 0.064m³/s 考虑，鱼类产卵期平均蒸发损失按照 0.304m³/s 考虑。因此，将蒸发损失和生态基流进行累加，最终确定枯水期最小河道生态流量为 0.106m³/s，鱼类产卵期生态流量为 0.431m³/s。

3.1.2　90%保证率最枯月平均流量法

《河流生态需水评估导则（试行）》（SL/Z 479—2010）提出，水质需水计算应遵照《水域纳污能力计算规程》（GB/T 25173—2010）执行，依据该规程河流水域纳污能力计算的设计水文条件为 90% 保证率最枯月平均流量或近 10 年最枯月平均流量。因此，本研究根据妫水河未补水系列最枯月平均流量，对多年最枯月平均流量进行频率分析，90% 保证率对应的流量即为所求，利用水文频率适线软件绘制妫水河东大桥水文站 1986 ~ 2017 年最枯月径流量频率曲线，如图 3-1 所示。90% 保证率生态基流为 0.023m³/s，加上妫水河平均蒸发损失 0.184m³/s，则 90% 保证率最枯月平均生态基流为 0.207m³/s。

3.1.3　改进月保证率设定法

参考查阅文献，在前人基础上对月保证率设定法进行改进，使得河流生态需水的最终结果受不同保证率年平均径流量、多年平均月径流量、不同保证率对应月径流量三个因素共同影响，其计算结果较为合理。因此，基于妫水河未

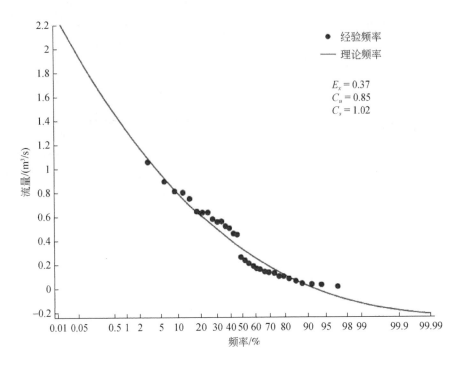

图 3-1　妫水河东大桥水文站 1986～2017 年最枯月径流量频率曲线

补水系列月平均径流量资料，本研究采用改进的月保证率设定法计算不同保证率年份的生态基流，具体步骤如下。

根据系列水文资料对各月天然径流量进行排序，假设经过排序的系列月天然径流量如表 3-2 所示。表中 $Q_{i,j}$ 表示 i 保证率下第 j 月的月径流量；$Q_{i,\text{ave}}$ 表示 i 保证率下的年平均径流量；$Q_{\text{ave},j}$ 表示第 j 月的多年平均月径流量；$Q_{\text{ave},\text{ave}}$ 表示多年平均年径流量。

表 3-2　经过排序的月天然径流量

项目	1	...	$j-1$	j	$j+1$	...	12	年平均径流量
...	...	...	...	...	...	...	...	...
$i-1$	$Q_{i-1,1}$	...	$Q_{i-1,j-1}$	$Q_{i-1,j}$	$Q_{i-1,j+1}$	...	$Q_{i-1,12}$	$Q_{i-1,\text{ave}}$
i	$Q_{i,1}$	...	$Q_{i,j-1}$	$Q_{i,j}$	$Q_{i,j+1}$	...	$Q_{i,12}$	$Q_{i,\text{ave}}$
$i+1$	$Q_{i+1,1}$	...	$Q_{i+1,j-1}$	$Q_{i+1,j}$	$Q_{i+1,j+1}$	...	$Q_{i+1,12}$	$Q_{i+1,\text{ave}}$
...	...	...	...	...	...	...	...	...
月平均径流量	$Q_{\text{ave},1}$	...	$Q_{\text{ave},j-1}$	$Q_{\text{ave},j}$	$Q_{\text{ave},j+1}$	...	$Q_{\text{ave},12}$	$Q_{\text{ave},\text{ave}}$

设 i 保证率下第 j 月的某一推荐流量等级（k）的河道生态需水量为 $R_{i,j,k}$，

则根据月保证率设定法：

$$R_{i,j,k}=\begin{cases}Q_{i,\text{ave}}W_k(Q_{i,j}>Q_{i,\text{ave}}W_k)\\Q_{i,j}(Q_{i,j}\leqslant Q_{i,\text{ave}}W_k)\end{cases} \qquad (3\text{-}1)$$

根据式（3-1）计算得到的不同保证率逐月河道生态需水量可能出现小于月平均径流量10%的情况，进一步修正：

$$R_{i,j,k}^{*}=10\%Q_{\text{ave},j}\left[1+\frac{Q_{i,j}(W_k-10\%)}{100Q_{\text{ave},\text{ave}}}\right] \qquad (3\text{-}2)$$

由式（3-1）和式（3-2）可算出不同保证率年份平均生态基流如表3-3所示，不同保证率年份不同需水等级下妫水河生态基流的年内分布见图3-2。

表3-3　不同保证率年份逐月生态需水量　　　（单位：亿 m³/a）

生态需水等级	极好	非常好	好	中	最小
90%	0.034	0.023	0.016	0.012	0.007
80%	0.052	0.035	0.024	0.019	0.008
70%	0.062	0.044	0.030	0.022	0.008
60%	0.073	0.050	0.034	0.025	0.009

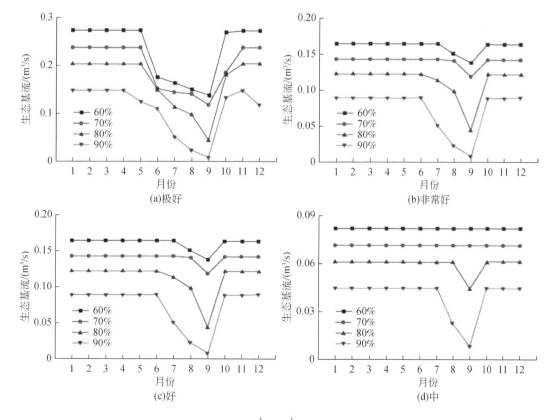

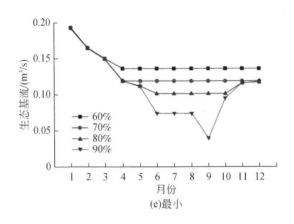

(e)最小

图 3-2　妫水河不同生态需水等级下不同保证率逐月生态基流

从图 3-2 可知河流逐月生态基流随着保证率降低而降低，在"极好""非常好"生态需水等级下，妫水河不同保证率年份 1~4 月、10~12 月差异性较小，5~9 月急剧下降，9 月后开始再次凸显；在"好""中"生态需水等级下，60% 和 70% 保证率呈现平稳状态，主要受控于多年平均径流量，80% 和 90% 保证率在 8~9 月出现下降趋势，主要受控于多年平均月径流量；在"最小"生态需水等级下，不同保证率年份逐月生态需水呈现不同的变化规律，60% 和 70% 保证率在 1~3 月较高，在 4~12 月呈现平稳状态，90% 保证率在 9 月前一直处于下降状态，主要受控于当月径流量。

为了进一步评价改进月保证率法的合理性，将 Tennant 法、90% 保证率最枯月平均流量法、改进月保证率设定法的计算结果进行对比，采用"极好"生态需水等级下 90% 保证率的计算结果，而"极好"生态需水等级下不同月份呈现明显的变化。因此，按照妫水河枯水期和鱼类产卵期进行划分，计算可得妫水河"极好"生态需水等级下 90% 保证率枯水期和鱼类产卵期生态基流分别为 $0.140\mathrm{m^3/s}$、$0.077\mathrm{m^3/s}$。根据延庆气象站 2017~2020 年蒸发量数据进行估算，未补水月份枯水期平均蒸发损失按照 $0.047\mathrm{m^3/s}$ 考虑，鱼类产卵期平均蒸发损失按照 $0.173\mathrm{m^3/s}$ 考虑。因此，基于改进月保证率设定法计算妫水河枯水期和鱼类产卵期生态流量分别为 $0.187\mathrm{m^3/s}$ 和 $0.250\mathrm{m^3/s}$。

妫水河东大桥水文站生态基流计算结果见表 3-4，90% 保证率最枯月平均流量法所算生态流量为 $0.207\mathrm{m^3/s}$，介于 Tennant 法和改进月保证率设定法中枯水期和鱼类产卵期的生态流量，三种计算结果均合理。

表 3-4 妫水河东大桥水文站生态流量计算结果 （单位：m³/s）

计算方法	Tennant 法		90%保证率最枯月平均流量法	改进月保证率设定法	
	枯水期	鱼类产卵期		枯水期	鱼类产卵期
生态流量	0.106	0.431	0.207	0.187	0.250

因此，以三种计算方法所算最大值为妫水河枯水期和鱼类产卵期生态基流量，以 0.207m³/s 为妫水河枯水期生态基流，以 0.431m³/s 为妫水河鱼类产卵期生态流量。另外，由于 Tennant 法计算结果是基于近 32 年径流量数据，而改进月保证率设定法计算结果是基于近 15 年未补水系列年份径流量数据，由此可得出妫水河鱼类产卵期生态基流呈现明显的缩减趋势，与目前妫水河水资源欠缺、部分河段断流的现状相符。并且通过现场监测调研，目前东大桥水文站枯水期生态流量为 0.10m³/s，丰水期流量为 0.27m³/s，与所算生态基流量存在差距。

3.1.4 分布式模型计算方法

采用改进分布式水文模型进行生态基流计算，其原则是采用流量过程中径流成分较稳定的那部分流量，作为河道的基本流量。当径流量大于或等于这个值时，生态环境还能维持基本的生存标准；一旦径流量小于这个值，河道及两岸的生态环境将遭受破坏。基于改进分布式水文模型计算生态流量，其思路主要为对经过校准和验证的 SWAT 模型进行生态基流计算，得到研究区各生态需水类型所需的流量等数据，并采用基流分割方法估算生态基流。水文学中生态基流的确定，一般是对径流过程进行分割，得到河道地下水退水曲线，该曲线则被认定为基流过程线（虚线 ABD），详见图 3-3，分离点（B 点）对应的流量是直接径流消退、深层地下水开始补给河道径流的临界点。

为计算生态基流，情景分析步骤为：

1）通过降雨频率分析，得到典型丰水年、平水年和枯水年。选定 2008 年是丰水年，1999 年是平水年，1997 年是枯水年。

2）情景模拟。利用不同水文年型的降水量资料进行模拟（经查文献多以 10%~20%降水情景时，能够得出生态基流量），因此选择 10%、20%、

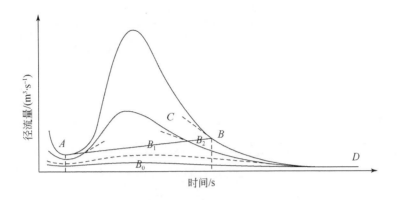

图 3-3　地下径流分割示意图

30%、100% 降水量资料进行 4 种情况模拟，获取典型断面的径流量资料。

3）整理与分析模拟得到的数据，计算典型断面的生态基流。根据不同水文年型一定比率的降水量，模拟得到径流和基流数据。东大桥不同情景下逐月径流过程和基流过程详见图 3-4。由图 3-4 可知，由多年平均降水量的 10% 情景模拟得到的径流过程和基流过程完全重合，说明河道径流量完全由地下水补给，生态系统可能会恶化甚至遭受破坏。20% 降水量情景模拟得到的径流稍微大于基流，说明在此情景下的降水量开始能够产生一定量的直接径流，在丰水季节径流比基流稍大，在枯水季节则完全由地下水补给，基本达到径流过程线与基流过程线既重合又在丰水季节开始分离的临界流量过程；在 6～7 月出现了基流与径流的分离点，可认为该分离点对应的流量即为最小生态流量。多年平均降水量的 30% 情景模拟得到的径流过程比基流过程稍大，并且在分离点

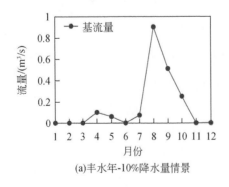

(a)丰水年-10%降水量情景

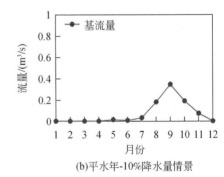

(b)平水年-10%降水量情景

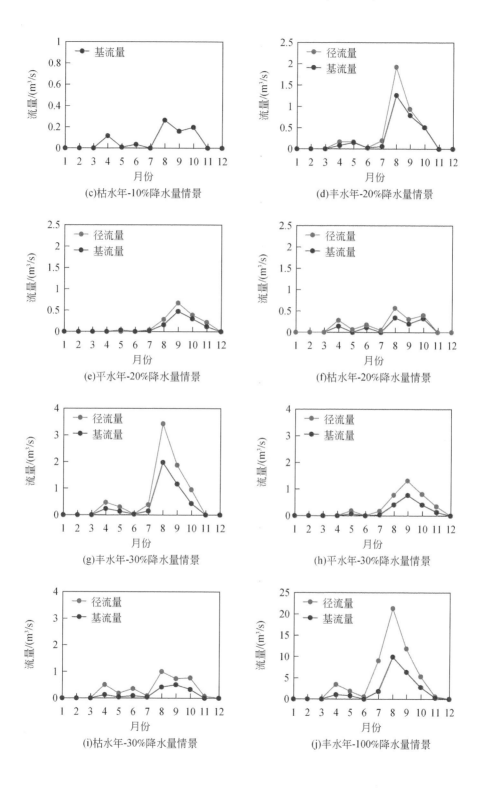

(c)枯水年-10%降水量情景

(d)丰水年-20%降水量情景

(e)平水年-20%降水量情景

(f)枯水年-20%降水量情景

(g)丰水年-30%降水量情景

(h)平水年-30%降水量情景

(i)枯水年-30%降水量情景

(j)丰水年-100%降水量情景

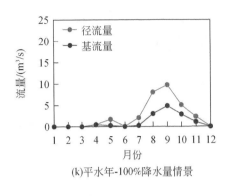
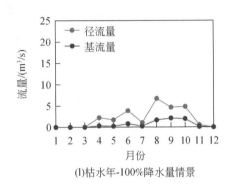

(k)平水年-100%降水量情景　　　　　　(l)枯水年-100%降水量情景

图 3-4　不同降水量情境下东大桥断面径流和基流变化过程

出现之后，对应的流量比降水量 20% 情景模拟结果计算的最小结果大，由于降水量的增加，径流量开始明显大于基流量，分离点对应的流量也随之增大。

根据选择依据，选定 20% 降雨情景条件，各水文年型径流稍大于基流，基本达到径流过程线与基流过程线重合但又在丰水季节开始分离的临界流量过程，丰水年、平水年和枯水年不同水文年的生态基流分别为 $0.71\text{m}^3/\text{s}$、$0.47\text{m}^3/\text{s}$ 和 $0.34\text{m}^3/\text{s}$。

3.1.5　考虑满足水质要求的生态流量计算

采用 EFDC 一维河道模型对妫水河道水量和水质工况现状进行模拟，将地下水补给量及地表水补给量按照支流交叉口概化条件进行设置，设计白河堡水库调度水量从 0 增加至 $2\text{m}^3/\text{s}$，其中在 $[0, 0.8]$ m^3/s 范围内，设置间隔 $0.05\text{m}^3/\text{s}$，一共 17 个情景；在 $[0.8, 2]$ m^3/s 范围内，设置间隔 $0.2\text{m}^3/\text{s}$，一共 6 种情景。城西再生水水厂可调度水量约为 1095 万 m^3/a，不同水源水质情况如表 3-5 所示。

表 3-5　不同水源水质情况　　　　　　　　　（单位：mg/L）

水质指标	外调水	再生水	地表水	"水十条"标准
COD_{Cr}	15.0~17.6	12.1~15.0	14.5~27.5	20
氨氮	0.67~0.79	0.2~0.6	0.38~1.24	1
总磷	0.04~0.10	0.04~0.11	0.09~0.22	0.2

采用 EFDC 一维河道模型对东大桥站现状流量进行模拟，模拟效果如图 3-5 所示。由图 3-5 可知，模拟值与实测值变化规律基本一致，模型能够较好地反映多水源对于妫水河流量的影响，统计参数显示决定系数（R^2）为 0.748，RMSE 为 0.0055m³/s。

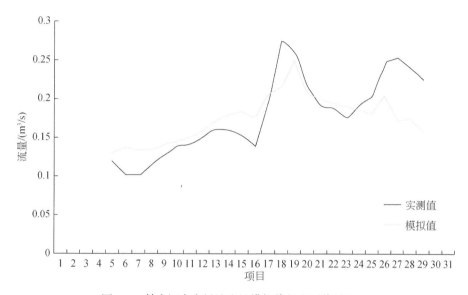

图 3-5　妫水河东大桥站流量模拟值与实测值对比图

通过对 23 种情景进行模拟，得到白河堡水库不同放水流量下的水量、水质变化情景，如图 3-6 所示，其中 COD、氨氮、总磷均随白河堡水库放水流量的增加呈现出非线性递减变化，最后趋于稳定。

由图 3-6（a）可知，当满足《水污染防治行动计划》（"水十条"）水质临界线要求时（主要为 COD 浓度），对应的白河堡水库放水流量为 0.65m³/s，其对应的东大桥断面流量为 0.808m³/s，以此流量作为水质满足一定标准（"水十条"）的生态流量。不同水文年型下生态基流均小于 0.808m³/s，因此，

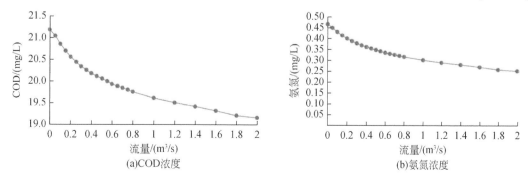

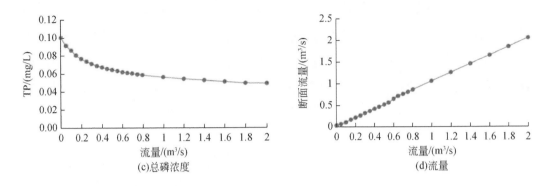

(c)总磷浓度　　　　　　　　　　　(d)流量

图3-6　妫水河东大桥站水质水量随白河堡水库流量变化工况

综合水量水质满足要求，选择0.808m³/s作为高水位运行方案。

3.2　流域水质水量模型框架

3.2.1　耦合思路

地表水-地下水都属于水流流动，但其控制方程、所处的空间区域均不同，因此属于多物理场耦合计算。一般多物理场耦合计算可分为两大类：一类是采用统一的控制方程、统一的求解方法，在同一套计算方法中实现不同物理场问题的求解；另一类是各物理场使用各自独立的求解方法，在场与场的交接面上通过变量传递建立多场耦合关系。第一类方法无法使用现有的各单独物理场求解程序，需对各物理场求解程序的体系结构、算法作大量修改或重新开发，工作量较大，且建立统一的控制方程存在诸多困难，这类方法目前还处于研究阶段；第二类方法具有较大的灵活性，可以利用现有成熟的各单物理场求解程序，只需对程序做局部修改、开发，便能实现多场耦合计算，是目前多场耦合计算的主流方法。因此本书采用第二类方法进行地表水地下水的耦合计算。

基于SWAT框架，分别用HYDRUS、MODFLOW、EFDC模型对根区土壤水、地下水、地表河道水模拟，代替SWAT中原有计算模块。各模型使用的计算网格，通过插值实现不同模型间的变量传递，通过边界条件、源项建立各模型的连接。以1天作为耦合时间步长，在耦合时间步长内，各模型按照各自的时间步长推进,并在每个耦合时间步长结束时(1 天)进行 1 次耦合数据的交换。通过对相关代码进行修改,直接在内存中进行数据传递,将其集成为一套完整的地表水–地下水耦合计算代码。

3.2.1.1 耦合关系

图 3-7 为流域水循环关系示意图。地面降水、灌溉一部分渗入土壤(包气带),另一部分形成地表径流,进入河网;包气带中的土壤水一部分被植物吸收,产生叶面蒸腾,另一部分继续下渗进入地下水;河道水沿河网汇流、分流,同时通过河床与地下水进行交换;在包气带土壤水、河道水的共同影响下,引起地下含水层的水位变化、水量转移。图 3-8 为区域水循环耦合关系。

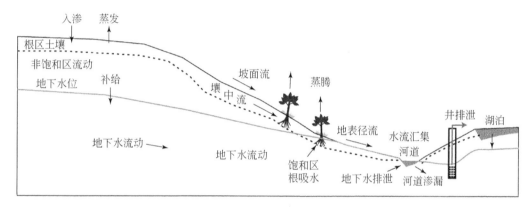

图 3-7 流域水循环示意图

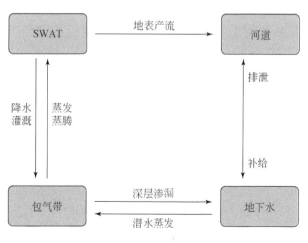

图 3-8 水循环耦合关系

3.2.1.2 数据交换方法

各区域中的子模型采用各自的独立网格进行计算，图 3-9 为网格示意图。由于各区域中网格形式、分布规律不同，区域交界面网格单元不匹配，变量无法直接传递，通过基于面积加权平均的插值方法进行数据传递。

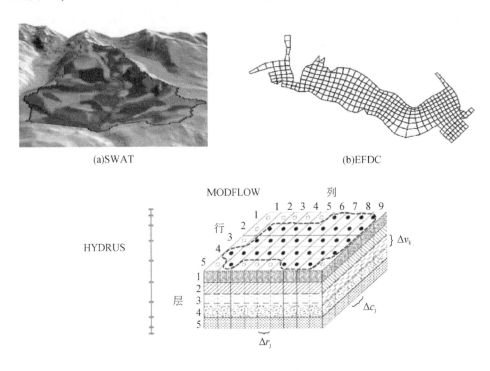

(a)SWAT   (b)EFDC

图 3-9　各模型网格示意图

图 3-10 为交接面上两套网格示意图，通过网格交叉切割形成更小的交叉单元，每个交叉单元中的变量值与其所属的原始网格单元中的值一致。假设两套网格分别称为 R 网格与 S 网格，现由 S 网格向 R 网格传递变量 h，R 中第 i 个单元包含 n 个交叉单元，则其 h 值由这 n 个交叉单元的 h 值按面积加权平均获得，而这 n 个交叉单元又分属于 S 中的不同单元，交叉单元中的 h 值与其所属的 S 网格中对应单元的 h 值相同。插值计算公式为

$$h_{R,i} = \sum_{k=1}^{n} h_k \left(\frac{A_k}{A_{R,i}} \right) = \sum_{k=1}^{n} h_k A_k' \tag{3-3}$$

式中，$h_{R,i}$ 为 R 网格中第 i 个单元的 h 值；A_k 为交叉单元的面积；$A_{R,i}$ 为第 i 个单元的面积；A_k' 为交叉单元的面积比例；h_k 为第 k 个交叉单元的 h 值，假设第

k 个交叉单元位于 S 网格第 j 个单元中，则 $h_k = h_{S,j}$。

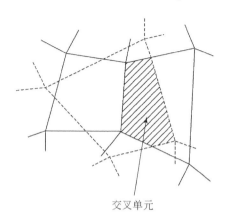

交叉单元

图 3-10   网格交叉切割

水文响应单元（hydrdogic research unit，HRU）是 SWAT 模型模拟的基本单元，同一 HRU 中土壤、植被类型，土地利用等参数的相同，但其空间分布并不连续，且没有明确的空间位置信息。因此，为了进行数据交换，必须对同一 HRU 按空间分布再进行细分，形成多个子 HRU，这些子 HRU 中的变量值相同，只是具有不同的空间位置，通过子 HRU 进行数据插值，HRU 组成结构见图 3-11。

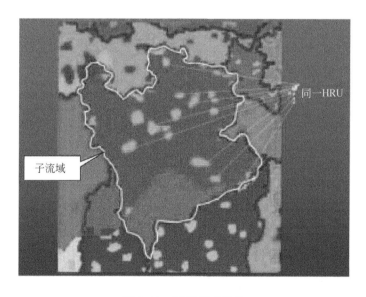

同一HRU

子流域

图 3-11   HRU 组成结构

HYDRUS 的网格为沿土壤深度方向的一维网格，与 HRU 一一对应，无须插值。其他网格需将其导入 GIS，在 GIS 中实现网格交叉切割，将交叉单元的面积及关联数据保存为文件，作为耦合计算的输入数据。

3.2.1.3 耦合策略

各单一物理场计算中，由于流动特性、算法稳定性限制的影响，不同物理场的时间步长一般并不相同，HYDRUS 的时间步长量级为秒，EFDC（主河道）的时间步长量级为秒、分，MODFLOW（地下水）的时间步长量级为天，SWAT 的时间步长为天。根据耦合计算中时间步长的关系，可将耦合策略分为紧耦合和松耦合。紧耦合中，各物理场采用统一的时间步长向前推进，该时间步长取各物理场中最小的时间步长，该方法能最大限度地反映各物理场之间的耦合影响。本文涉及的几个模型中，最小时间步长在 HYDRUS 或 EFDC 中，为秒级或 <1 秒，此时 MODFLOW 也必须以此时间步长进行计算，计算量较大。松耦合中，可以根据具体问题的耦合特性选择耦合时间步长，各子模型以自己的时间步长向前推进，当达到耦合时间步长时进行耦合数据交换，能大幅降低计算量，因此选择松耦合方法进行耦合计算，耦合时间步长为 1 天。

以 SWAT 作为主平台，每隔 1 天进行一次数据交换、调用各子模型以其自身的时间步长向前推进 1 天。图 3-12 为耦合计算中数据交换、子模型调用流程，省略了 SWAT 自身的计算流程。

1）HYDRUS 以其自身时间步长向前推进 1 天，获得新的土壤水分分布及上下边界一天内的累计流量；

2）将 HYDRUS 算出的上边界产流量经 SWAT 处理后作为地表产流传给子流域中的 EFDC；同时将下边界流量传递给 MODFLOW；

3）EFDC 以其自身时间步长向前推进 1 天。假设 1 天内进入河道的地表产流量恒定，河道下的地下水位恒定，算出河道水位变化、河床与地下水的交换量；

4）将 EFDC 算出的河床与地下水交换量给 MODFLOW；

5）MODFLOW 向前推进一个时间步长，算出新的地下水位；

6）将新的地下水位传给 HYDRUS 和 EFDC；

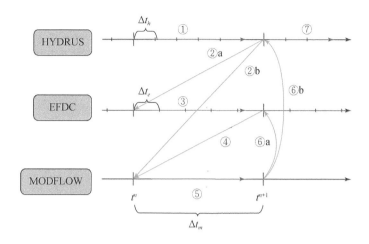

图 3-12 耦合计算流程

7）下一耦合时间步长推进。

3.2.2 耦合 HYDRUS

将 HYDRUS 中基于达西定律的 Richards 方程，代替 SWAT 中原有的土壤分层入渗计算公式。在实际模拟的情况中，地下水位埋深较大，因此忽略地下水对包气带水流下渗的影响，只模拟地表以下 1~2m 深范围内的土壤水运动，采用自由排水下边界。

3.2.2.1 计算方法对比

（1）SWAT 原始方法

SWAT 只模拟非饱和土壤水运动，土层中可以下渗的水量为超过田间持水量的水量，从一个土层向下一层运动地方水分采用库容演算方法。从最底层土层渗漏的水分进入包气带。包气带为土壤剖面底部与含水层顶部之间的部分。

（2）新方法

采用 HYDRUS 一维模型模拟根区土壤水分运移，HYDRUS 具有多种一类、二类边界条件，可模拟降雨入渗、土表蒸发、自由排水，同时可模拟根系吸水，表 3-6 给出了 HYDRUS 边界条件类型。

表 3-6　HYDRUS 边界条件

一类边界条件	二类边界条件	
上边界	Constant pressure head	定水头
	Constant flux	定流量
	Atmospheric boundary condition with surface layer	大气边界
	Atmospheric boundary condition with surface run off	带径流大气边界
	Variable Pressure Head	变水头
	Variable Pressure Head/Flux	变水头/流量
下边界	Constant pressure head	定水头
	Constant flux	定流量
	Variable Pressure Head	变水头
	Variable flux	变流量
	Free drainage	自由排水
	Deep drainage	深层排水
	Seepage face	渗漏面
	Horizontal drains	水平排水

3.2.2.2　代码修改

(1) 基于变量封装的数据交换接口

数据交换接口一般有两种实现途径，一种是通过读写硬盘文件进行交换，另一种是直接在内存中交换。由于耦合计算中需进行大量频繁的数据交换，频繁的硬盘读写将限制计算速度，因此采用直接在内存中进行数据交换的方法，设计基于变量封装的数据交换接口。

主要工作包括：

1）收集分类土壤渗流模拟模块中的输入输出数据。通过对原始输入输出文件及相关代码的分析，确认主要输入数据包括：指定时刻土壤剖面水分数据、边界节点上的动态数据、计算控制参数、土壤剖面网格数据、大气数据。

2）数据交换接口设计。采用 module 保存输入输出数据，并根据对输入输出数据的分类，分别定义不同的 type 类型变量用于存储相关数据。

3）修改土壤渗流模拟模块中输入文件读取程序。将原始土壤渗流模拟模块中从文件读写输入输出数据修改为从 module 中获得输入数据，并将结果数据赋值给相关结果变量。

4）修改土壤水资源评估模块中土壤水分运动计算程序。分析土壤水分运动模块中的原有代码，对涉及土壤水分运动计算的代码进行修改，将土壤水分数据赋给 module 中相关变量，在合适的位置调用土壤渗流模拟子程序，然后从 module 中取出渗流模拟结果交由土壤水分运动程序继续迭代计算，主要涉及降雨、灌溉入渗，表土蒸发，植物蒸腾，底部渗漏，侧向流动。

（2）HYDRUS 输入数据自动生成

编写与 HYDRUS 格式匹配的网格生成子程序，无须通过其他软件提前划分，在首次计算时自动生成该 HRU 的一维网格，土壤深度与原 SWAT 中相同，网格单元间距为 1cm，土壤参数直接由 SWAT 中数据转换获得。

（3）计算稳定性分析

在实现耦合计算后，发现 HYDRUS 容易出现计算发散，通过对代码、计算工况的深入分析后，发现导致计算发散的原因为：①土壤层间参数差异较大；②地表降雨、灌溉量较大。

本书采用两个措施来提高土壤渗流计算的稳定性。

1）自适应时间步长。当局部水流通量较大时，需要较小的时间步长才能保证收敛，而实际的水流通量与计算工况及土壤参数都有关系，因此可对给定的工况预估一个最大水流通量，然后计算合适的时间步长。

本书根据降雨、灌溉量、地表初始积水深度、饱和导水率计算出可能的最大水分运动速率，然后由第一层网格尺度计算出与最大水分运动速率对应的特征时间，将该特征时间乘以一个系数作为土壤渗流计算的时间步长。

2）改进时间迭代算法。离散后的 Richards 方程可用矩阵表示为

$$\left[P_w\right]^{j+1,k}\left\{h\right\}^{j+1,k+1}=\left\{F_w\right\} \tag{3-4}$$

其中，

$$[P_w] = \begin{bmatrix} d_1 & e_1 & 0 & & & & 0 \\ e_1 & d_2 & e_2 & 0 & & & 0 \\ 0 & e_2 & d_3 & e_3 & 0 & & 0 \\ & & & & \cdot & & \\ & & & & \cdot & & \\ & & & & \cdot & & \\ 0 & & 0 & e_{N-3} & d_{N-2} & e_{N-2} & 0 \\ 0 & & & 0 & e_{N-2} & d_{N-1} & e_{N-1} \\ 0 & & & & 0 & e_{N-1} & d_N \end{bmatrix} \qquad (3\text{-}5)$$

$$d_i = \frac{\Delta x}{\Delta t} C_i^{j+1,k} + \frac{K_{i+1}^{j+1,k} + K_i^{j+1,k}}{2\Delta x_i} + \frac{K_i^{j+1,k} + K_{i-1}^{j+1,k}}{2\Delta x_{i-1}} \qquad (3\text{-}6)$$

$$e_i = -\frac{K_i^{j+1,k} + K_{i+1}^{j+1,k}}{2\Delta x_i} \qquad (3\text{-}7)$$

$$f_i = \frac{\Delta x}{\Delta t} C_i^{j+1,k} + h_i^{j+1,k} - \frac{\Delta x}{\Delta t}(\theta_i^{j+1,k} - \theta_i^j) + \frac{K_{i+1}^{j+1,k} - K_{i-1}^{j+1,k}}{2}cos\alpha - S_i^j\Delta x \qquad (3\text{-}8)$$

注意到式（3-8）中存在含水率变量，原始代码中采用容水度来计算含水率，即

$$\theta_i^{j+1,k+1} = \theta_i^{j+1,k+1} + C_i^{j+1,k}(h_i^{j+1,k+1} - h_i^{j+1,k}) \qquad (3\text{-}9)$$

当含水率变化不大时，该方法能正常收敛，当含水率剧烈变化时（如降水快速渗入特别干燥的土壤中），该方法将导致解的剧烈震荡，有时即使收敛但也是非物理解。本文将含水率改由直接通过土壤水分特征曲线来计算，避免了计算发散以及非物理解的出现，同时，为了进一步提高稳定性，对迭代计算中的负压水头采用了亚松弛技术。

3.2.3　耦合 EFDC

EFDC 的耦合涉及两方面，一是地表产流进入河道，二是河道水通过河床与地下水交换，这两方面的流量均通过体积源项的形式加入 EFDC 控制方程求解。

3.2.3.1 计算方法对比

（1）SWAT 原始方法

SWAT 采用曼宁公式来计算水流的流量和速率，采用变量存储演算方法或 Muskingum 演算方法模拟河道容量变化。时间步长结束时，河道中的水存储量为

$$V_{stored,2} = V_{stored,1} + V_{in} - V_{out} - t_{loss} - E_{ch} + \mathrm{div} + V_{bnk} \tag{3-10}$$

式中，$V_{stored,2}$ 为时间步长结束时，河道中的水存储量；$V_{stored,1}$ 为时间步长开始时，河道中的水存储量；V_{in} 为时间步长内进入河道的水量；V_{out} 为时间步长内流出河道的水量；t_{loss} 为通过河床的水流传播损失；E_{ch} 为模拟日河道的蒸发量；div 为调水对河道水量的改变；V_{bnk} 为岸边存储通过回归流增加的河道水量。

（2）新方法。

采用 EFDC 模拟河道流动，实现河流、湖泊、水库、湿地、河口和海洋等水体的水动力和水质运移过程模拟。EFDC 模型的控制方程为浅水方程，使用有限差分法求解水深、压力、三个方向速度。在水平方向上，使用笛卡尔坐标也适用于一般的曲线正交网格；在垂直方向上，引入静水压强以简化计算。

3.2.3.2 地表产流

地表产流与河道为单向耦合，即地表产流量影响河道水流，河道水流对地表产流无影响，因此只需将地表产流量传递给 EFDC。地表产流由每个 HRU 产生，经过坡面流延迟处理后汇集为子流域当天的平均产流量，EFDC 只模拟主河道的流动，未考虑坡面流，因此将子流域看成一个整体与 EFDC 耦合。计算开始前，通过 GIS 获得每个子流域包含的 EFDC 网格单元编号，即位于该子流域中的河道网格单元，将网格单元编号保存至文件中，作为耦合计算的输入数据。计算中，根据子流域中 EFDC 网格单元面积，将一个子流域当天的产流量分配至多个 EFDC 网格单元，以恒定体积源项的形式加入 EFDC 控制方程求解，EFDC 以自身的时间步长推进 1 天后暂停计算，等待下一天的时间推进。

3.2.3.3 河床水流交换

河床水流交换为 EFDC 与 MODFLOW 的耦合关系，其存在两种交换方向：

一是河道水经过河床进入地下水；另一种是地下水经过河床进入河道，交换方向由河道水水头与地下水水头的大小决定（图3-13）。式（3-11）给出了河床水流通量计算方法。

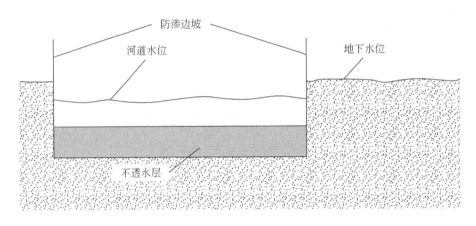

防渗边坡
河道水位
地下水位
不透水层

图 3-13　河道水与地下水交换

$$Q_{R,i} = C_{R,i}(h_{R,i} - h_{G,i}) \qquad (3\text{-}11)$$

式中，$Q_{R,i}$为 EFDC 中第 i 个单元的河床水流通量；$h_{R,i}$ 为河道水水头；$h_{G,i}$ 为同一位置的地下水水头；$C_{R,i}$ 为与河床厚度、导水率相关的系数。

$h_{G,i}$ 由 MODFLOW 的计算结果，通过交叉单元切割插值方法获得。计算前，将 EFDC 网格与 MODFLOW 网格导入 GIS，在 GIS 中完成两套网格交叉切割，形成交叉单元，将交叉单元的面积、关联数据存入文件，作为耦合计算的输入数据。

地下水水位、水流的变化相对河道水来讲较慢，且地下水的计算时间步长也较大，因此将河床水流交换计算放在 EFDC 的计算中。假设 EFDC 的时间步长为 1 秒，MODFLOW 的时间步长为 1 天，EFDC 时间推进时，1 天内地下水水头保持恒定，但河道水水头每一秒都在变化，则河床水流通量也是每秒变化 1 次。EFDC 完成 1 天的时间推进后，获得当天河床水流通量每秒的变化历程，计算当天的累计通量，将其传递给 MODFLOW。

3.2.3.4　代码修改

EFDC 源代码使用 FORTRAN 77 编写，代码中使用了大量的 COMMON 全局变量，且未使用显式变量声明，因此首先对耦合计算中涉及的变量声明进行修改，采用 module 及动态数组，然后对原有代码进行修改，同时增加新的子程序，主要包括以下 5 个方面。

1）初始化。读入 EFDC 原始输入文件，读入交叉网格切割文件，修改 EFDC 计算参数；构建用于表示地表产流的源项变量，构建用于表示河床交换的源项变量；执行 EFDC 代码至开始时间推进前。

2）地表产流。逐个将子流域的产流量转换为各 EFDC 单元的源项，将数值放入对应的源项数组。

3）地下水水头。直接访问 MODFLOW 中的水头变量，根据插值方法求出 EFDC 中各单元位置的地下水水头。

4）时间推进。修改时间推进参数，开始时间推进计算，直至本次累计推进时间达到 1 天，每推进一个时间步调用一次河床水流通量计算程序。

5）累计河床水流通量。求出 1 天内每个 EFDC 单元中河床水流通量的累计值，以备 MODFLOW 访问。

3.2.4 耦合 MODFLOW

3.2.4.1 计算方法对比

（1）SWAT 原始方法

SWAT 中将地下水分为非承压含水层与承压含水层，分别计算进出地下含水层的水量。浅层含水层的水量平衡方程为

$$aq_{sh,i} = aq_{sh,i-1} + w_{rchrg} - Q_{gw} - w_{revap} - w_{deep} - w_{pump,sh} \tag{3-12}$$

式中，aq_{sh} 为浅层含水层的蓄水量；i，$i-1$ 为第 i，$i-1$ 天，其他变量为通过各种途径进出浅层含水层的水量。

深层含水层的水量平衡方程为

$$aq_{dp,i} = aq_{dp,i-1} + w_{deep} - w_{pump,dp} \tag{3-13}$$

式中，aq_{dp} 为深层含水层的蓄水量；i，$i-1$ 为第 i，$i-1$ 天；w_{deep} 为第 i 天从浅层含水层渗漏进入深层含水层的水量；$w_{pump,dp}$ 为第 i 天从深层含水层抽取的水量。

（2）新方法

采用 MODFLOW 模拟地下水流动，控制方程为基于达西定律的三维饱和水

运动方程：

$$\frac{\partial}{\partial x}\left(K_{xx}\frac{\partial h}{\partial x}\right)+\frac{\partial}{\partial y}\left(K_{yy}\frac{\partial h}{\partial y}\right)+\frac{\partial}{\partial z}\left(K_{zz}\frac{\partial h}{\partial z}\right)+w=S_s\frac{\partial h}{\partial t} \tag{3-14}$$

式中，K 为水力传导率；h 为水头；W 为源项；S_s 为多孔介质的比贮水系数。

MODFLOW 采用有限差分方法求解该控制方程，在空间上采用中心差分，在时间上采用后项差分。MODFLOW 将其模拟功能称为程序包，主要包括水井、补给、河流、沟渠、蒸发蒸腾、通用水头边界，详见表 3-7。

表 3-7　MODFLOW 程序包

子程序包名称	英文缩写	子程序包功能		备注
基本子程序包	BAS		指定边界条件、时间段长度、初始条件及结果打印方式计算多孔介质中地下水流有限差分方程组各项，即单元间流量和进入储存的流量	
计算单元间渗流子程序包	BCF			
水井子程序包	WEL	水文地质子程序包	将流向水井的流量项加进有限差分方程组；	外应力子程序包
补给子程序包	RCH		将代表面状补给的流量项加进有限差分方程组；将流向河流的流量项加进有限差分方程组；	
河流子程序包	RIV			
排水沟渠子程序包	DRN		将流向排水沟渠的流量项加进有限差分方程组；	
蒸发蒸腾子程序包	EVT		将代表蒸发蒸腾作用的流量项加进有限差分方程组；	
通用水头边界子程序包	GHB		将流向通用水头边界的流量项加进有限差分方程组	
SP 求解子程序包	SIP	求解子程序包	采用强隐式方法通过迭代求解有限差分方程组；采用连续超松迭代方法求解有限差分方程组	
SSOR 求解子程序包	SOR			

3.2.4.2　耦合变量

MODFLOW 的耦合也涉及两方面，一是包气带土壤水入渗通量，二是河床水流交换通量，这两个通量均通过交叉单元切割法进行插值传递。包气带入渗通量由 HYDRUS 算出，每个 HRU 对应一个值，由于常规 HRU 在空间上不连续，因此需根据空间连续性将一个 HRU 分为多个子 HRU，每个子 HRU 对应一片连续的地表空间。包气带入渗量通过 MODFLOW 中的 Recharge Package 引入地下水计算中，河床交换通量通过 MODFLOW 中的 Well Package 引入地下水计算中。

3.2.4.3　代码修改

（1）初始化

读入 MODFLOW 原始输入文件，读入交叉网格切割文件，修改 MODFLOW 计算参数；修改原始 Recharge Package 和 Well Package，以使其便于表示包气带入渗通量和河床交换通量；执行 MODFLOW 代码至开始时间推进前。

（2）包气带入渗

根据每个子 HRU 的插值比例系数，求出 MODFLOW 中顶层网格每个单元的入渗量，将其值放入 Recharge Package 对应变量中。

（3）河床水流交换

根据每个 EFDC 单元的插值比例系数、当天的河床水流通量累计值，求出 MODFLOW 中第 i 行第 j 列单元的水流通量，根据河底深度及 MODFLOW 各层网格的深度将水流通量平均分配至对应的层中，将其值放入 Well Package 对应变量中。

（4）时间推进

修改时间推进参数，将时间向前推进 1 天，MODFLOW 时间步长一般等于 1 天，即只需推进一个时间步长。

3.2.5　测试计算

3.2.5.1　计算稳定性改进测试

首先对比计算了常规情景下原始计算方法和改进方法，土壤剖面深度 100cm，沿深度方向土壤类型不变，初始含水率 0.2422，饱和含水率 0.43，模拟时间 1 天，前 6 个小时降水速率 20mm/d，后 18 个小时无降水。

图 3-14 为地表水头随时间变化曲线。从图 3-14 可见，随着降水的入渗，地表水头迅速由负变正，即由非饱和变为饱和状态，由于降水速率比入渗速率大，地表逐渐产生积水，在第 6 小时（0.25 天）雨停，此时积水深度最大为 4.64mm；随着地表水的不断入渗，积水深度逐步减小，在第 10.2 小时（0.425 天）时积水完全消失；此后上层土壤中水分继续向下渗透，地表水头不断降低。

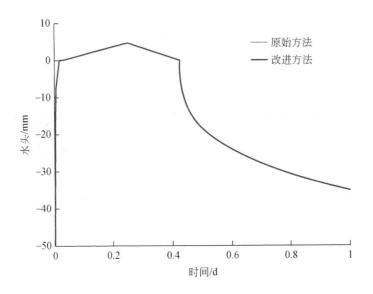

图 3-14　地表水头随时间变化

图 3-15 为 12 小时（0.5 天）时土壤剖面含水率分布曲线，此时湿润峰约位于 53cm 深处。

从该算例的结果可见，改进后的计算方法对常规情景计算无明显影响，与原方法结果吻合较好。

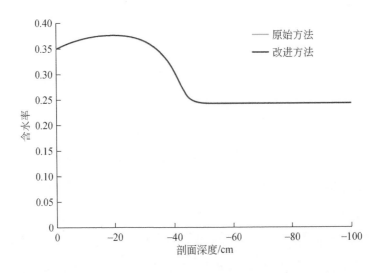

图 3-15　土壤剖面含水率分布

对土壤参数存在剧烈变化的情况进行对比计算，土壤剖面深度 140cm，共分为 7 层土壤，最大饱和导水率为 10.4mm/d，最小饱和导水率为 0.6mm/d，初始状态均为凋萎点，降水速率为 51mm/d，持续降水，模拟时间为 1 天。

原始方法在计算中持续出现了不收敛情况，最终计算发散；改进方法未出现不收敛情况。由于局部土壤的导水率很低，因此最终结果上层土壤处于饱和状态，下层土壤仍处于干燥状态。图 3-16 为土壤剖面水头分布，大约在24.5cm 深处由饱和状态转为非饱和状态。从土壤上边界的最终结果可知，总入渗量为 12.2mm，地表存在约 39.1mm 深的积水，两者之和与总降水量 51mm 吻合较好。

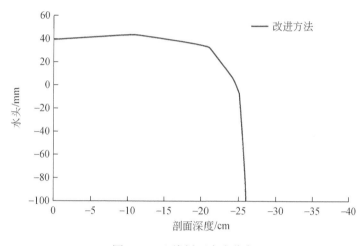

图 3-16　土壤剖面水头分布

3.2.5.2　耦合计算测试

HYDRUS 的耦合变量主要涉及降雨、灌溉入渗，土表蒸发，植物蒸腾，底部渗漏，侧向流动。

EFDC 的耦合涉及两方面：一是地表产流进入河道，二是河道水通过河床与地下水交换。这两方面的流量均通过体积源项的形式加入 EFDC 控制方程求解。

MODFLOW 的耦合也涉及两方面：一是包气带土壤水入渗通量，二是河床水流交换通量。这两个通量均通过交叉单元切割法进行插值传递。包气带入渗通量由 HYDRUS 算出，每个 HRU 对应一个值，由于常规 HRU 在空间上不连续，因此需根据空间连续性将一个 HRU 分为多个子 HRU，每个子 HRU 对应一片连续的地表空间。包气带入渗量通过 MODFLOW 中的 Recharge Package 引入地下水计算中，河床交换通量通过 MODFLOW 中的 Well Package 引入地下水计算中。

对某流域进行了耦合计算测试，图 3-17 为该流域地形图，图中周边白色线条为模拟区域边界，中间白色线条为河道。

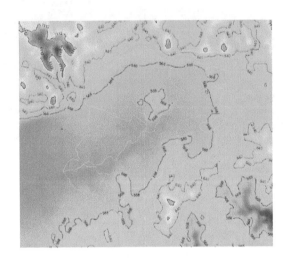

图 3-17　流域地形图

图 3-18 为该流域地下水计算网格，共 100 行、120 列、2 层计算单元，模拟了 1 年内该流域水循环变化。

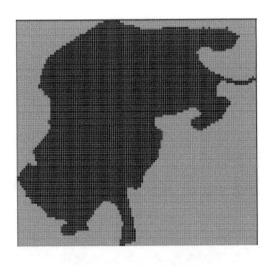

图 3-18　地下水计算网格

图 3-19 为耦合计算中，每 1 天从土壤包气带底部渗漏进入地下水的平均流量，在第 216 天至 271 天存在明显的包气带入渗。图 3-20～图 3-27 给出了

部分时刻地下水位流场图，并将无耦合与耦合时的计算结果进行了对比。结合图3-21可见，从第216天开始，当包气带入渗明显时，耦合计算中的地下水位也相应提高，当包气带入渗停止后，到第365天时，地下水位又基本恢复一致。

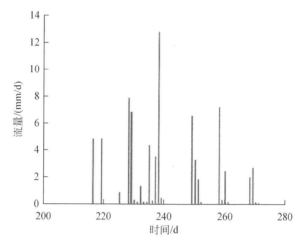

图3-19　包气带进入地下水的每天平均流量

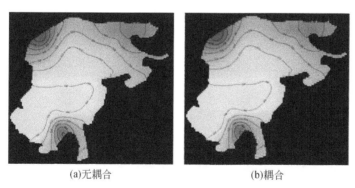

(a)无耦合　　　　　　　　　　　　(b)耦合

图3-20　第210天地下水位对比

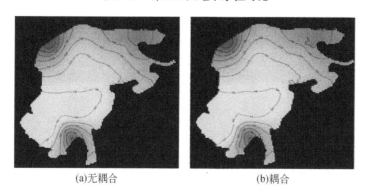

(a)无耦合　　　　　　　　　　　　(b)耦合

图3-21　第216天地下水位对比

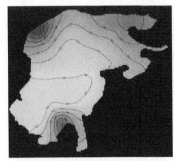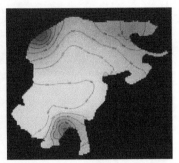

(a)无耦合   (b)耦合

图 3-22   第 219 天地下水位对比

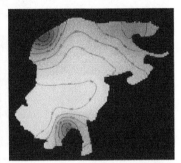

(a)无耦合   (b)耦合

图 3-23   第 220 天地下水位对比

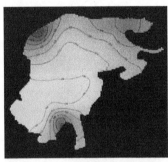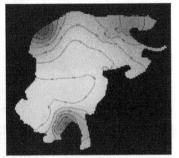

(a)无耦合   (b)耦合

图 3-24   第 229 天地下水位对比

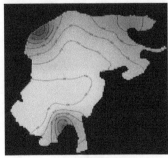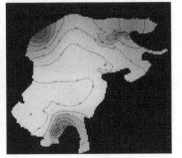

(a)无耦合   (b)耦合

图 3-25   第 238 天地下水位对比

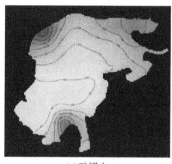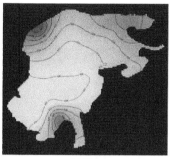

(a)无耦合   (b)耦合

图 3-26   第 265 天地下水位对比

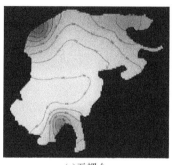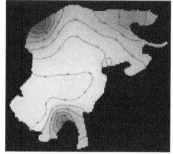

(a)无耦合   (b)耦合

图 3-27   第 269 天地下水位对比

3. 2. 6   EFDC 并行计算

并行计算（Parallel Computing）是指同时使用多种计算资源解决计算问题的过程，是提高计算机系统计算速度和处理能力的一种有效手段。它的基本思想是用多个处理器协同求解同一问题，即将被求解的问题分解成若干个部分，各部分均由一个独立的处理机来并行计算。并行计算系统既可以是专门设计的、含有多个处理器的超级计算机，也可以是以某种方式互连的若干台的独立计算机构成的集群。通过并行计算集群完成数据的处理，再将处理的结果返回给用户。

EFDC 并行采用 MPI 并行方式加速 EFDC 计算，以便使其能在大规模的高性能计算机上运行。EFDC 代码采用 Fortran 77 进行调整修改，部分代码采用 Fortran 90 进行重写，X，Y 方向对网格进行切割分区，深度方向不分区（图 3-28）；对原始分区进行标记，当该区中全为无效单元时（全为陆地），该区不参加计算；由于网格中存在无效单元，因此需考虑负载均衡。

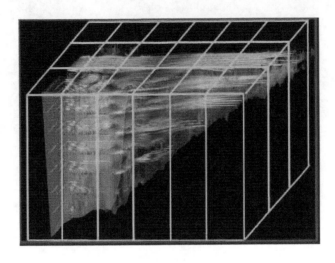

图3-28 并行分区示意图

EFDC 的网格中存在无效单元（陆地），该单元不参加计算，但网格拓扑结构中包含该单元的索引编号。图3-29为常规的根据 X，Y 方向单元个数进行平均分区的结果，X，Y 两个方向分别分为5个区，总共形成25个分区。图3-29中蓝色为水面，红色为陆地。右下角四个分区全为陆地，这四个分区将不参加计算；左下角存在两个分区全为水面，该分区中的水面单元数最多，计算量最大；中间一些分区中既有水面单元，也有陆地单元，且水面单元个数不等。因此，这就导致各分区的水面单元个数差异较大，负载不均衡，影响并行效率。

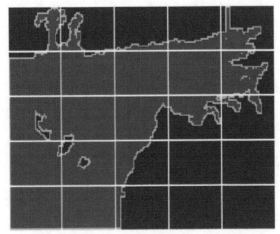

图3-29 平均网格分区

为了解决负载均衡的问题，对分区位置进行改进，采用非平均分区。在原始平均分区基础上，对分区位置进行调整、合并，保持有效分区个数与目标一致。根据有效分区中的最大有效单元个数对负载均衡性进行判断，最大有效单元个数越小，负载均衡性越好。图 3-30 为最终优化后的分区图，共 27 个分区，除去右下角 2 个无效分区，最终有效分区个数为 25。

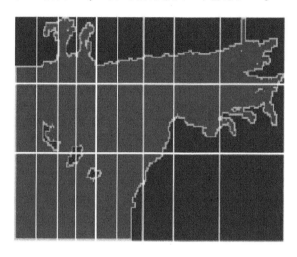

图 3-30　改进网格分区

3.3　妫水河分布式模型构建与率定

3.3.1　空间数据

数字高程模型（DEM）用来提取流域水文信息，包括子流域信息；数字化河道信息属于可选内容，能提高 DEM 提取流域河道信息的精确度；水文响应单元根据土地利用和土壤数据来划分。

本书所用的数据包括：30m×30m 分辨率 DEM；2017 年土地利用数据；根据分布式模型需求分类的土壤类型数据及土壤属性数据；遥感反演的 2018 年 4 月 8 日 ~9 月 24 日土壤相对湿度数据；2016 ~2018 年妫水河流域月尺度 ET 数据；研究区有延庆气象站点的日数据，包括降水数据、最高最低气温、相对湿度、平均风速、日照时数；东大桥水文站的月径流量（1986 ~2017 年），以及与遥感解译对应的区域土壤墒情采样数据，具体如图 3-31 所示。

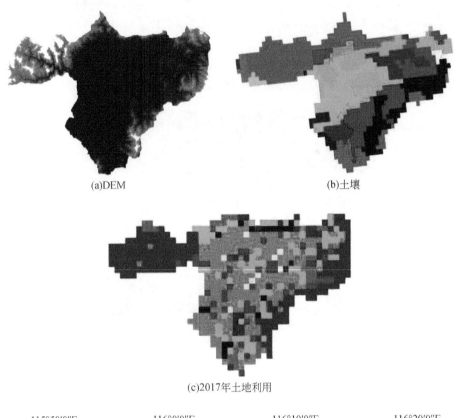

(a)DEM

(b)土壤

(c)2017年土地利用

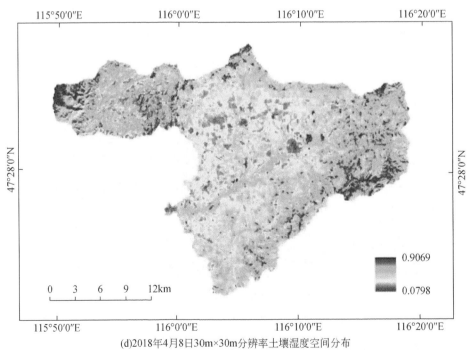

(d)2018年4月8日30m×30m分辨率土壤湿度空间分布

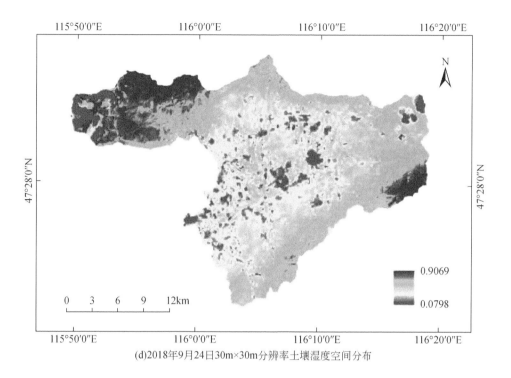

(d)2018年9月24日30m×30m分辨率土壤湿度空间分布

图 3-31　空间数据

通过分析 1980～2015 年妫水河流域土地利用结构，耕地和草地整体呈降低趋势，林地呈增加趋势，其中耕地由 1980 年的 220.65km² 减至 204.95km²，草地由 1980 年的 88.94km² 减至 55.85km²，林地由 1980 年的 228.19km² 增至 262.9km²，具体各地类转移矩阵如图 3-32 所示。

1980～1990 年土地利用结构变化如下：耕地由 220.65km² 减至 220.01km²，主要变化在耕地有 0.68km² 转化为高覆盖度草地；草地由 88.94km² 减至 88.62km²；林地、水体和建筑用地变化较小。

1990～1995 年土地利用结构变化如下：耕地由 219.97km² 减至 167.5km²，主要变化在耕地有 14.65km² 转化为灌木林；林地由 228.19km² 增至 312.35km²；草地由 88.6km² 减至 46.7km²；水体和建筑用地变化较小。

1995～2000 年土地利用结构变化如下：耕地由 167.5km² 增至 202.4km²，主要变化在耕地有 4.13km² 转化为其他林地；林地由 312.35km² 减至 243.89km²；草地由 46.7km² 增至 78.36km²；水体和建筑用地变化较小。通过以上数据，可以发现耕地均明显减少，草地和林地明显增加。

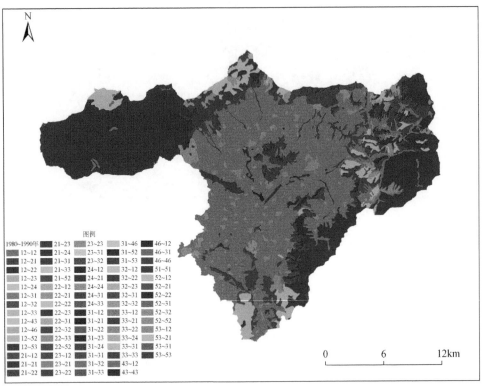

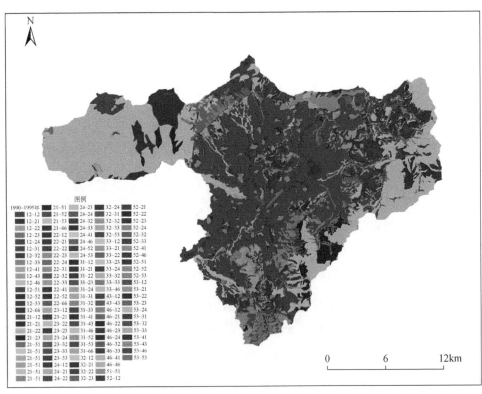

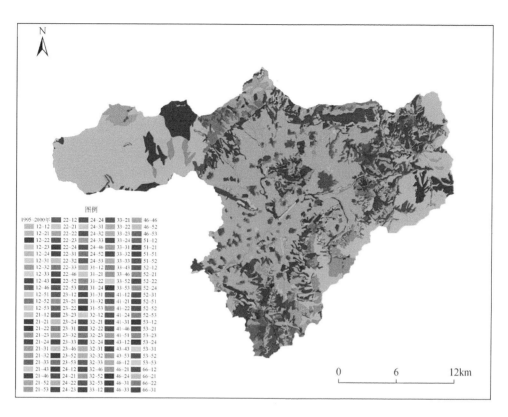

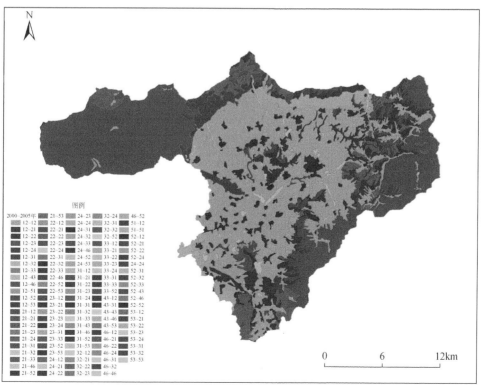

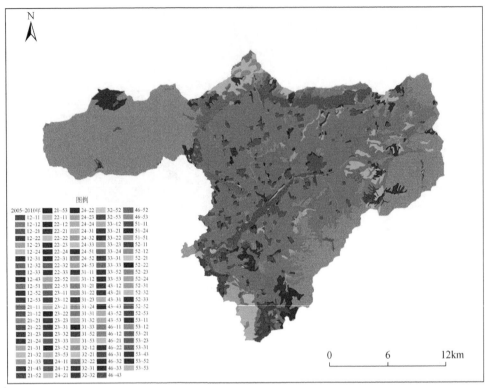

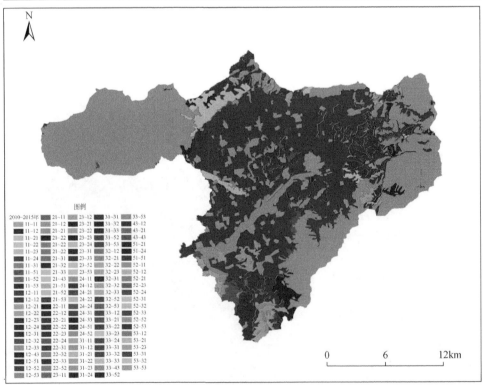

图 3-32　1980～2015 年土地利用结构矩阵转换空间数据

2000~2005 年土地利用结构变化如下：耕地由 202.4km² 减至 201.97km²，林地由 243.89km² 增至 244.52km²，草地、水体和建筑用地变化较小。

2005~2010 年土地利用结构变化如下：耕地由 201.94km² 增至 207.2km²，主要变化在耕地有 11.76km² 转化为有林地；林地由 244.5km² 增至 263.5km²；草地由 78.04km² 减至 55.85km²；水体和建筑用地变化较小。

2010~2015 年土地利用结构变化如下：耕地由 207.2km² 减至 204.95km²，林地由 263.3km² 减至 262.9km²，草地、水体和建筑用地变化较小。

3.3.2 参数率定

3.3.2.1 径流

（1）参数敏感性分析

通过多元回归模型进行参数敏感性分析，将拉丁超立方采样生成的参数与目标函数值进行回归分析，计算如下：

$$g = \alpha + \sum_{i=1}^{m} \beta_i b_i \qquad (3-15)$$

式中，g 为目标函数；α 和 β 为回归方程的系数；b_i 为参数值；m 为参数数目。本书以 φ 为目标函数，通过 t 检验的方法来判断各参数的敏感性。模型中跟径流有关的参数共有 30 个，敏感性分析表明，各参数对径流均有不同程度的相关性。最为敏感的参数为 CN2. mgt，该参数是下垫面特性的综合反映，直接决定着径流量的大小，CN2. mgt 值越大，下垫面的不透水性越强，径流量越大。第二敏感的参数为 ALPHA_BF. gw，该参数反映基流的大小和快慢，对水文过程有重要影响，其他参数如 OFLOWMX. res、OFLOWMN. res、LSUBBSN. hru、SOL_BD. sol、HRU_SLP. hru、SOL_K. sol、SOL_AWC. sol 及 SMFMX. bsn 等对径流的影响也较为敏感，见表3-8。

表 3-8 参数敏感性分析结果

参数名称	物理意义	t 值	p 值
SFTMP. bsn	降雪温度/℃	−1.42	0.11
SMTMP. bsn	融雪积温/℃	1.12	0.20

参数名称	物理意义	t 值	p 值
SMFMX. bsn	6 月 21 日的融雪因子/（mm H_2O/℃）	−1.94	0.03
SMFMN. bsn	12 月 21 日的融雪因子/（mm H_2O/℃）	0.88	0.30
TIMP. bsn	积雪温度滞后系数	1.33	0.13
SURLAG. bsn	地表径流滞后系数	−1.16	0.18
TLAPS. sub	气温垂直递减率/（℃/km）	−0.26	0.70
LSUBBSN. hru	平均坡长/m	−4.85	0.00
HRU_SLP. hru	平均坡度/（m/m）	4.30	0.00
CANMX. hru	最大冠层截留量/(mm H_2O/℃)	0.57	0.48
OV_N. hru	曼宁坡面漫流 n 值	−0.04	0.88
ESCO. hru	土壤蒸发补偿系数	−1.74	0.05
EPCO. hru	植物吸收补偿因子	0.60	0.46
CN2. mgt	湿润条件Ⅱ下的初始 SCS 径流曲线数	10.69	0.00
BIOMIX. mgt	生物混合效率	−0.07	0.85
SOL_Z. sol	土壤表层到底层的深度/mm	0.25	0.71
SOL_BD. sol	土壤饱和容重/（mg/m³）	4.76	0.00
SOL_AWC. sol	土壤层有效水容量/［（mm H_2O）/（mm soil）］	2.26	0.01
SOL_K. sol	土壤饱和水力传导度/（mm/hr）	2.58	0.00
SOL_ALB. sol	湿润土壤反照率	1.03	0.23
GW_DELAY. gw	地下水延迟时间/d	0.43	0.58
ALPHA_BF. gw	基流 alpha 因子/d	9.19	0.00
GWQMN. gw	浅层含水层产生"基流"的阈值深度/mm	0.57	0.48
GW_REVAP. gw	浅层地下水再蒸发系数	1.29	0.14
REVAPMN. gw	浅层含水层"再蒸发"或渗透到深层含水层的阈值深度/mm	0.92	0.28
RCHRG_DP. gw	深含水层渗透比	0.18	0.76
CH_N2. rte	主河道河床曼宁系数	0.84	0.32
CH_K2. rte	主河道河床有效水力传导度/（mm/h）	−1.00	0.24
OFLOWMX. res	水库月尺度最大出流量/（m³/s）	8.90	0.00
OFLOWMN. res	水库月尺度最小出流量/（m³/s）	7.88	0.00

（2）参数率定与模型验证

率定期为 1959～2003 年，采用 1959～1978 年的数据用于模型预热，以降低初始条件的影响，在具体分析计算时不予采用。验证期为 2004～2017 年（剔除白河堡水库补水的出流量参数），选用基于实测值和模拟值计算的决定系数以及纳什效率系数来综合评价。参数率定通过 SUFI-2 算法实现，结果表明东大桥水文站月径流模拟值与实测值的确定性系数 R^2 在 0.7 以上，纳什效率在 0.4 以上，月径流模拟效果较好，见图 3-33。2003 年作为白河堡水库补水前后的分界线，有待根据进一步白河堡水库翔实资料的收集进一步补充。

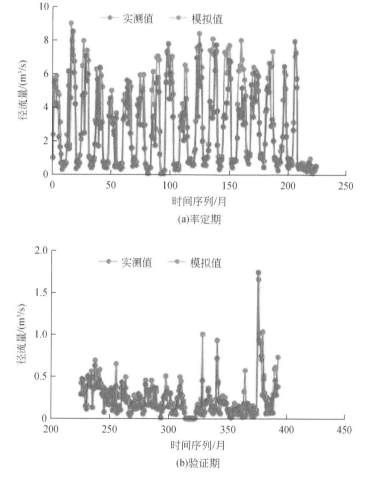

图 3-33 径流模拟验证时间序列

3.3.2.2 蒸发蒸腾量

(1) 参数敏感性分析

模型中跟月尺度蒸发蒸腾量有关的参数共有 19 个。敏感性分析表明，各参数对蒸发蒸腾量均有不同程度的相关性：最为敏感的参数为 GSI，该参数是植被叶片气孔特性的综合反映，GSI 值越大，蒸腾速率越强；第二敏感的参数为 ESCO，该参数反映土壤蒸发的补偿情况，对区域水文蒸散影响显著；其他参数如 SOL_AWC_C、ALPHA_BNK、EPCO、SOL_AWC_D、SOL_K 等对蒸散的影响也较为敏感，见表 3-9。

表 3-9 参数敏感性分析结果

参数名称	t 值	p 值
ALPHA_BF	0.14	0.89
GWQMN	0.14	0.89
SOL_BD	0.22	0.83
SOL_ZMX	0.31	0.76
CH_N2	0.33	0.74
GW_REVAP	0.38	0.7
CO2HI	0.41	0.68
CH_K2	0.57	0.57
GW_DELAY	0.67	0.5
SOL_AWC_B	0.82	0.41
CN2	0.82	0.41
CANMX	0.86	0.39
SOL_AWC_C	1.39	0.17
ALPHA_BNK	1.58	0.11
EPCO	1.8	0.07
SOL_AWC_D	2.11	0.04
SOL_K	3.63	<0.01
ESCO	5.37	<0.01
GSI	23.93	<0.01

（2） 参数率定与模型验证

率定期为 2016 年 1～12 月，验证期为 2017 年 1～12 月，选用基于实测值和模拟值计算的决定系数及纳什效率系数来综合评价。参数率定通过 SUFI-2 算法实现，结果表明典型三个子流域模拟值与实测值的确定性系数 R^2 在 0.7 以上，纳什效率在 0.2 以上，月尺度蒸散模拟效果一般，见图 3-34。针对遥感影像解译蒸发蒸腾量值以及地面验证数据有待进一步展开。

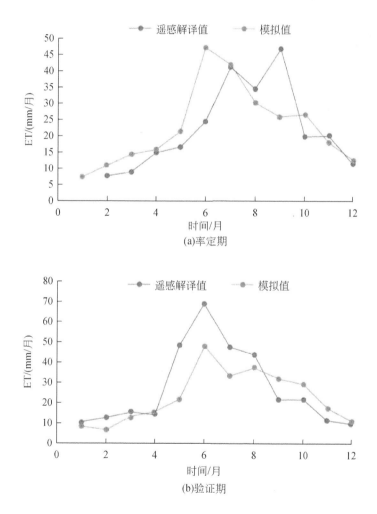

图 3-34　区域蒸发蒸腾量率定验证时间序列

3.4 奶水河地下水与河道互给关系

3.4.1 第四系含水层分布特征

3.4.1.1 地下水类型及含水岩组划分

奶水河盆地是典型山间盆地。第四系堆积物的颗粒由山前至盆地中央逐渐由粗变细。含水层由单层变为多层，含水层岩性由单一砂砾石、砂卵石变为砂砾石与砂、黏砂互层；透水性由强逐渐变弱。盆地区第四系含水层可划分为山前平原冲洪积扇孔隙潜水区和冲洪积扇前缘及湖相沉积部孔隙承压水区。

第四系松散岩类细可分为：山前地区的单一含水层和盆地中心的潜水含水层和弱承压含水层为第一含水岩组，为全新统（Q_4），底板埋深为 $60 \sim 70m$，为主要的开采层；第二含水岩组，底板埋深 $70 \sim 120m$，也为全新统地层，为水源地开采；第三含水岩组，相当为上更新统（Q_3），中更新统（Q_2）和下更新统（Q_1）和新近系上部，底板埋深在 $120m$。本项研究主要对象为第一含水层组。

3.4.1.2 地下水补给、径流、排泄条件

第四系山前冲洪积堆积物，由于颗粒粒径较粗，地下水径流条件较好；而到盆地中部时，含水层颗粒变细并夹有黏性土，从而使得地下水径流条件逐渐变差，透水性亦随之变弱。平原区第四系地下水径流大致为由东北向西南流动，山前地带地下水径流方向一般垂直于等水位线，指向盆地中心。

地下水补给来源：垂向上主要是大气降水、河流入渗、农田灌溉水入渗、井灌水回渗、渠道渗漏及山区侧向径流补给。

地下水排泄方式：地下水的排泄方式主要分为自然排泄和人工开采。自然排泄方式包括潜水蒸发、地下水补给地表水体。西部自然边界上与相邻地下水子系统存在部分水量交换，通过流场等水位线走向情况判断第一层部分地段存在地下水流入补给；第二、第三含水岩组地下水主要为侧向流出。

3.4.2 水文地质概念模型

3.4.2.1 研究区边界条件的概化

侧向边界: 延庆盆地三面环山, 北部山区、东北部和南部山区定为给定流量边界, 以上所定义的边界为二类流量边界。研究区东部永宁营镇局部地区, 边界与地下水位等值线近于垂直, 流量变化很小, 根据流场可以将此处定为隔水边界。

垂向边界: 潜水含水层自由水面为系统的上边界, 通过该边界, 潜水与系统外发生垂向水量交换, 主要包括河渠补给、田间入渗补给、大气降水入渗补给、蒸发排泄等。浅层含水层和深层含水层之间通过微弱的越流交换物质和能量, 其越流量由浅、深层的水位差、弱透水层在垂向上的渗透系数和厚度决定。浅层含水层底板根据钻孔资料确定, 深层含水层底板根据钻孔资料分析确定。

水力特性: 地下水系统符合质量守恒和能量守恒定律; 含水层分布广、厚度大, 在常温常压下地下水运动符合达西定律; 考虑浅、深层之间的流量交换以及地下水模拟软件 (Modflow) 的特点, 将地下水运动概化成空间三维流; 地下水系统的垂向运动主要是层间的越流, 三维立体结构模型可以很好地解决越流问题; 参数随空间变化体现了系统的非均质性, 但没有明显的方向性, 所以参数概化成各向同性。

3.4.2.2 含水层的结构特征

从平面上分析, 由山前向平原区, 浅层含水层厚度由薄变厚, 颗粒由胶结砂卵砾石到中、细砂。山前地区为单一含水层, 含水层厚度较大但是由于第四系含水层胶结程度较高因而渗透系数比较小。研究区主要河流妫水河和浅层含水层之间的水力联系非常密切, 在河流上游, 山前冲洪积扇渗漏补给地下水, 下游地下水补给河流。沿着冲洪积扇平原从一级阶地到二级阶地, 渗透系数呈由大到小的趋势。

从垂向上分析, 第四系含水层深度在 300m 以上, 在冲洪积扇上部, 为单一含水层，靠近盆地中心，含水层层数增加，第一含水层和第二含水层之间有一层由黏土组成的较稳定的隔水层，厚度在 5～10m，使得浅层和深层地下水水力联系比较密切。根据钻孔资料，浅层（第一含水层）、深层含水层（第二、第三含水层）主要由砂卵石、砂层和黏质砂土，砂质黏土相间分布，形成多元结构，第三含水层多达 6～7 层，这些含水层既相对独立，又有一定的水力联系，水位差别不大，目前还没有分层承压含水层分布、水位、开采量等资料，所以将埋深 120～300m 以内含水层可概化为一个承压含水层。

综上所述，延庆盆地地下水系统在空间上分为三层，第一含水岩组（主要是农业和集中开采）、弱透水层、第二承压含水岩组（主要是集中开采）、弱透水层、第三承压含水岩组。本书主要研究第一含水层。

3.5 地下水系统均衡要素计算

3.5.1 补给量的计算

补给量包括降水入渗补给量、山前侧向补给量、河道水入渗补给量、渠系渗漏补给量、渠灌田间入渗补给量和井灌回归补给量。它们分别属于不同种类的补给量。

降水入渗补给量：依据延庆地区以往研究的岩性-年降水量-地下水埋深-降水入渗系数关系取 2014 年降水量 682.4mm，经计算得到妫水河盆地 2014 年降雨入渗补给量为 2477 万 m^3。

山前侧向补给量：山前侧向补给量包括山区侧向径流补给量和河谷潜流补给量。由于延庆县河谷潜流补给量很小，在此不作考虑，只计算山区侧向径流补给量。妫水河盆地属于永定河水系，平原区北、东、南三面是永定河水系山区，山前侧向补给量实际是由永定河水系山区降水入渗量转化而来，经过收集相关研究成果，确定为 2005 万 m^3。

河道水入渗补给量：研究区较大的河流是妫水河，河水与地下水系统的关系为：在河流上游为河水补给地下水系统，下游则是由地下水补给河道。由于缺少模拟期 2014 年实测河流过水量，并根据经验给定一个渗漏系数进行估算。

过水量包括：白河堡水库经妫水河对官厅水库补水量、河流自然产流量，由估算得到研究区 2014 年河水入渗补给量为 120 万 m³。

渠系渗漏补给量：延庆县引水渠主要有南、北干渠以及十三陵水库补水渠等。渠道水入渗补给地下水的机理与河水入渗有些相似。其渗漏量的大小取决于渠道沿途的岩性及防渗衬砌结构，放水量的大小及放水方式等。计算得出研究区 2014 年渠系渗漏补给量为 46 万 m³。

渠灌田间入渗补给量：此项补给量是指渠道地表水进入田间以后，灌溉过程中的入渗补给量。可用灌溉用水量乘以田间灌溉入渗系数求得。经计算得到研究区 2014 年渠灌田间入渗补给量为 228 万 m³。

井灌回归补给量：井灌回归补给量是指井灌水（系浅层地下水）进入田间后，入渗补给地下水的水量，可用地下水灌溉水量乘以田间灌溉回归补给系数求得。经计算得到研究区 2014 年井灌回归补给量为 457 万 m³。

3.5.2　排泄量的计算

地下水排泄量包括自然消耗量（如潜水自然蒸发量、地下水溢出量、地下水侧向流出量）及地下水开采量，分述如下。

潜水自然蒸发量：通过岩性及潜水位埋深，结合北京市廖公庄均衡试验场对不同岩性、不同埋深条件下的潜水蒸发折算系数研究成果，确定潜水蒸发折算系数，计算潜水自然蒸发量。潜水蒸发极限深度取 4m，带入模型中自动计算。

地下水溢出量：自 1980 年以来，由于山区拦蓄、地表截流，以及降水减少等因素影响，地下水溢出大幅减少。根据 1981 年延庆县水利局区划组编制的《北京市延庆县地下水资源调查报告》，地下水溢出量多年平均为 5518 万 m³/a。由于没有实测资料，本书估算 2014 年妫水河盆地区地下水溢出量 2700 万 m³。

地下水侧向流出量：研究区三面环山，只在西南临官厅水库，地下水有侧向径流流入官厅水库。根据地下水等水位线图查出地下水流向，地下水分别从西北方向和东南方向向官厅水库排泄。经收集已有研究数据，得到 2014 年研究区排泄量为 290 万 m³。

地下水开采量：本次地下水开采量采用延庆县水资源局提供的调查数据。延庆县水资源局以乡为单位调查了 2014 年的地下水开采量，其中旧县镇 182.72 万 m³，永宁镇 884.07 万 m³，沈家营镇 629.45 万 m³，延庆镇 137.81 万 m³，井庄镇 215.13 万 m³，大榆树镇 255.86 万 m³，总计 2305.04 万 m³。

水文地质参数：在建模工作中，首先根据水文地质条件和前人工作，按参数分区给定参数初值，通过水位拟合进行参数识别，最后确定各参数分区值。

3.5.3　地下水数值模拟模型

3.5.3.1　模型结构

（1）模型剖分

本次模拟使用 Modflow 软件进行结构搭建，所以在进行地下水模拟前，首先必须对模拟区进行网格剖分。模型以 120m×120m 网格剖分，见图 3-35。

图 3-35　研究区网格剖分

（2）定解条件的处理

初始条件：采用 2013 年 12 月统测的浅层地下水水位，按照内插法和外推法获得潜水含水层的初始水位。

边界条件：各个流量边界的参数主要考虑模拟初和模拟末的流场，有详细资料的边界，拟合边界流入流出量。河道的渗漏补给量由预先设置和河道参数共同控制，通过总补给量、流场等来校正参数。

（3）水文地质参数处理

根据前述水文地质条件，主要的水文地质参数为渗透系数，见图 3-36。

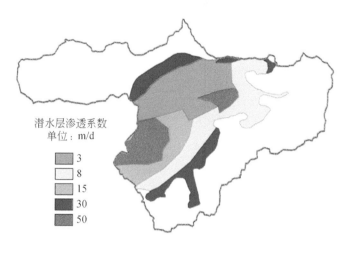

潜水层渗透系数
单位：m/d

- 3
- 8
- 15
- 30
- 50

图 3-36　研究区第一含水层渗透系数

（4）模型验证分析

模型的识别与检验过程是整个模拟中极为重要的一步工作，通常要进行反复地修改参数和调整某些源汇项才能达到较为理想的拟合结果。模型的这种识别与检验的方法也称试估-校正法，它属于反求参数的间接方法之一。本书采用 2014 年 12 月统测的浅层地下水水位，按照内插法和外推法获得潜水含水层的模拟期末地下水水位，并与模拟计算水位进行了对比验证，如图 3-37。

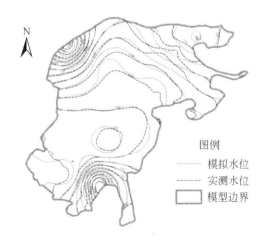

图例
—— 模拟水位
----- 实测水位
□ 模型边界

图 3-37　2014 年 12 月底模拟水位与实测水位对比图

3.5.3.2 地下水均衡分析

通过地下水各均衡要素分析，得出模拟区地下水系统多年平均水量均衡结果如表 3-10 所示。

表 3-10 地下水多年平均水量均衡表 （单位：万 m³）

区域模型均衡项		
补给项	降雨入渗	2477
	河流入渗	120
	井灌回归补给	457
	渠灌补给	228
	渠道渗漏	46
	边界流入	2005
	层间侧向流入量	
	越流	
	小计	5333
排泄项	开采量	2305
	潜水蒸发	300
	补给地表水体	2700
	边界流出	290
	越流	30
	层间侧向流出量	600
	小计	6225
均衡差		892

3.5.4 降水变化对地下水水位的影响

3.5.4.1 年尺度

图 3-38 为延庆盆地平均地下水位随降水量变化关系。从图 3-38 可以看出，自 2011 年以来，延庆盆地区地下水水位呈持续下降趋势，但是降水量的增减对地下水位下降幅度影响明显。在丰水年份，如 2012～2013 年，2015～2016 年地下水位下降幅度明显减缓；在枯水年份，如 2014 年，地下水位下降幅度

明显增大。

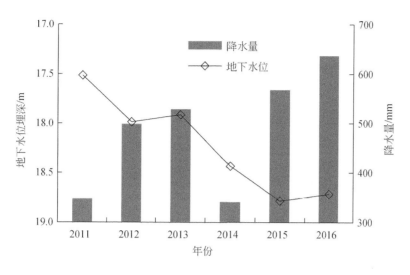

图 3-38 地下水位随降水量变化关系

图 3-39 为降水量与地下水位埋深的相关关系图。从图 3-39 可以看出,地下水位埋深与降水量之间没有明显相关关系,随着降水量的增大,地下水位依然呈下降趋势。这是因为研究区地下水系统总体上为超采状态,降水量增大,虽然增大了地下水补给量,但并没有改变地下水系统的超采态势,所以地下水位依然下降,只有当降水补给量增大与开采量达到平衡时,地下水位才能回升(图 3-40)。

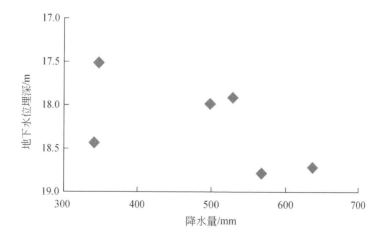

图 3-39 降水量与地下水位相关关系

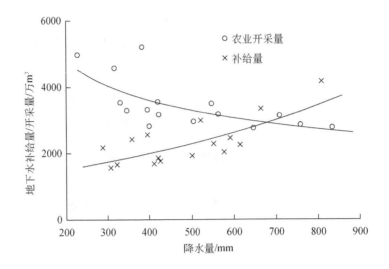

图 3-40 地下水补给量、开采量与降水量关系

3.5.4.2 月尺度

图 3-41 为位于延庆盆地井灌区的小营站 2017～2018 年月地下水位随降水量变化关系。在每年的 10 月至次年 5、6 月份，由于研究区降水量少，加之受春灌、冬灌影响，地下水位持续下降，在每年的雨季降水量增大，灌溉开采量相应减少、加之入渗补给量增大，地下水水位回升。

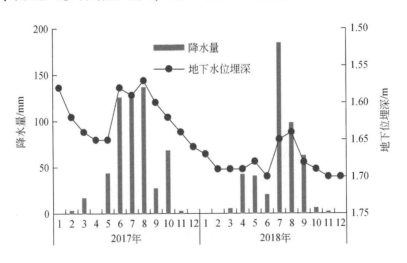

图 3-41 降水月尺度变化对地下水位影响特征

将河流水位、河道宽度、河床岩层渗透系数等相应参数输入到已建立的地

下水数值模型，计算得到妫水河延庆盆地段 2019 年河道入渗补给地下水量 300.64 万 m^3，地下水补给河道水量 54.07 万 m^3。

3.6 小 结

基于 1986～2017 年东大桥水文资料，通过 Tennant 法、90% 保证率最枯月平均流量法和改进月保证率设定法三种水文学方法计算得出妫水河枯水期生态基流为 0.207m^3/s，丰水期生态基流为 0.431m^3/s。基于以上结果，结合分布式模型的计算方法并考虑满足水质要求，确定生态基流为 0.808m^3/s。

本章基于东大桥站点长时间序列计算的生态流量，制定了妫水河流域水资源联合配置的原则、思路和方案，论述了社会经济系统的用水和生态环境用水的相互制约关系，并结合延庆区未来规划，拟定了未来规划水平年的需水方案集、配置方案集，提出了基于分布式水文模型框架下的水质水量联合模型，分析了妫水河流域地下水与河道互给关系，通过情景分析优选出规划水平年妫水河水量水质联合配置推荐方案。

| 第4章 | 妫水河及其支流水质水量优化配置和调度工程生态监测

4.1 水质水量优化配置和调度工程概况

针对北方山区水资源短缺，河道易季节性断流的特点，需充分利用流域内可调度的水资源，根据生态需水量目标，对地表水、外调水、再生水进行多水源优化配置。开发基于妫水河特点的水质水量调度模型，通过对不同调度情境下水质水量模拟，优化调度方案，并在妫水河流域开展水质水量联合调度示范，保障妫水河生态流量。

4.1.1 总体布置

调水工程总体布局应结合水资源配置方案拟定，从技术经济、环境与征占地等方面进行多方案比选，有利于区域间水资源的互相调配和水质保护。从技术层面上看，输水线路布局应根据各区段的地形、水文地质条件、建筑物形式及水源点分布。对明渠输水，要确定总干渠分区段水头分配，提出控制点水位和全线总体控制性指标；对有压隧洞和管道输水方式，应确定全线压力线及压力控制点，结合部位的衔接方式；掌握现有水源点和可选择的调水位置等。

妫水河及支流水质水量优化配置和调度示范工程建设主要内容为妫水河支流河道清淤和联通渠道修整工程等。

4.1.2 建设工程

妫水河及支流水质水量优化配置和调度示范工程的建设内容主要是河道清

淤及连通渠道修整，保障调水渠道的畅通。本工程需要清淤的河段：①三里河河道生态沟渠，生态沟渠工程上起米家堡桥，沿 G6 公路辅路向下至妫水河暗渠，全长共 2.04km；②外调水与妫水河连通补水渠，工程位于南干渠始端，由北向南进入妫水河，长约 3.6km。

4.1.2.1 清淤方案优选

根据妫水河河道断面测量资料，妫水河现状河底淤泥厚度约 0.1 ~ 0.5m，平均淤泥厚度约为 0.3m，经测定底泥中有机物、氮磷等污染物含量较高，其中有机碳含量约为 3% ~ 10%，总氮含量约为 2 ~ 4g/kg，总磷含量约为 0.5 ~ 0.9g/kg，重金属 As、Cd、Hg、Pb、Zn、Cu 等含量符合《农用污泥中污染物控制标准》。现有淤泥主要超标污染物是氮磷污染，参照类似工程淤泥污染物释放数据，每平方米淤泥污染物释放约 285g，折合年释放量约为 94t/a。若不进行清淤，仅采用生态净化技术，总磷可降低到 0.66mg/L，达到地表水 Ⅲ 类，COD 降为 21.7mg/L，氨氮降为 1.03mg/L，达不到世园会要求的 Ⅲ 类水标准。因此，需采用清淤措施。目前河道清淤的方式主要有两种：一种是工程清淤，一种是微生物清淤。

（1）工程清淤

1）干法清淤。

主要是对有水河道设围堰或建坝拦水截流，将施工段河道内水体自流或利用水泵强排至下游河道。河道排干后经晾晒至淤泥含水量达到 80% ~ 85% 左右时，利用机械（如反铲式挖土机或铲车）或人工采取现场开挖至设计清淤深度。

优点是施工方便，工作效率高，工程投资低，清淤彻底，对周边环境和水体环境影响较小。

2）湿法清淤。

湿法清淤是大江大河河道疏浚工程中最常用的方法。湿法清淤通常采用绞吸式挖泥船、生态清淤船等，在船上吸泥管前段装设旋转绞刀装置，将河道底部泥沙或淤泥切割或搅动，再经吸泥管将搅起的泥沙物料，借助强大的泵力，输送至泥沙物料堆放场。它的挖泥、输泥、脱水、卸泥等工作过程可一次性完成。

优点是带水作业，清淤速度快，施工方便，不受季节限制。

缺点是清淤不彻底，能耗高，淤泥固化剂使用量大，清淤过程中对水质有一定不良影响。

（2）微生物方法清淤

微生物清淤是通过投放微生物菌剂、锁磷剂和放置人工水草相结合的生物手段，消除淤泥中的有机质和氮磷，慢慢改变河道的水质。表 4-1 为两种方式的比较。

（3）方法比选

经比选，本工程采取工程清淤中干法清淤，即在妫水河农场橡胶坝下游设立围堰，使用水泵将妫水河东西湖河水全部强制排干后，直接在干场使用机械清除河底的淤泥。

表 4-1　清淤方式比较

项目	工程措施清淤	微生物清淤
施工条件	除汛期外，不受施工时间限制	需具备接电条件，微生物效果受气温影响大，汛期微生物、曝气设施、人工水草等存在被冲走风向
施工技术	成熟技术，有成功案例	新技术，国内尚没有大规模成功应用案例
适用条件	各种类型水体、淤泥均可	仅适用小型封闭水体，有机污染型淤泥
工期	工期短，1~2 月可完成清淤	需要 6 个月才能见效
对污染物去除	对氮磷、重金属等污染治理彻底	仅对有机物和氮治理效果明显，对磷、重金属等基本没有效果
对周边环境影响	存在恶臭，对周边有一定影响	影响较小
工程措施可控性	可计量，易控制	无法准确计量，不易控制
投资	每平方米水面 10~20 元	每平方米水面 80~120 元

4.1.2.2　清淤工程实施

（1）清淤及浅水湾施工

清淤：清淤厚度约 0.3m，清淤量 51.8 万 m³。将河水排干，淤泥晾晒后，采用铲车或推土机疏挖、集料，1.5m³ 挖掘机装符合渣土运输车辆运 1km 至浅水湾填筑区。

高镀锌铅丝土工石笼袋：部分填料利用河道开挖土方，不足部分按市场采购考虑，胶轮车运输至填充位置，人工码放并装填土工石笼袋后封口。

土方填筑：所需土料为工程开挖料，挖掘机倒土，推土机摊铺，压实机械压实。

浅水湾填筑：工程设计方案确定浅水湾填筑用料为工程开挖淤泥，采用挖掘机配合推土机铺料。

种植土：种植土由市场采购运至现场，由挖掘机倒土，推土机摊铺，人工辅助铺料。

（2）清淤及其固化堆生境岛施工

清淤：清淤厚度约 0.3m，清淤量 12.6 万 m³。将河水排干，淤泥晾晒后，原位掺拌水泥，专业掺拌机械进行作业，掺拌后由铲车或推土机疏挖、集料，挖掘机装符合运输要求车辆通过在河底修整的运输路运 1~2km 至湖心岛填筑区。

堆岛施工：工程设计方案确定堆岛用料为工程开挖淤泥与水泥掺拌料，采用挖掘机倒运掺拌料，由推土机摊铺，压实机械分层碾压。堆岛施工需根据碾压机械、填筑料的性质等进行碾压试验，确定铺料厚度和碾压参数。

高镀锌铅丝土工石笼袋及种植土施工方法参见浅水湾建设施工方法。

（3）渠道修整

更换护坡板及护底，方案同土渠治理方案，同时改建泄水闸一座，改建农桥 3 座。结合工程现状，清除现状护坡板，夯实整平现状坡面，上面铺 50mm 厚聚苯乙烯泡沫板保温层和 300g/m² 复合土工膜防渗，土工膜上铺 20mm 厚 M10 水泥砂浆，再铺砼预制板，规格为 480mm×480mm×80mm。渠底采用 150mm 厚 C20 现浇砼护底。下设复合土工膜及聚苯板。每隔 10m 设一道伸缩缝，缝宽为 20mm，缝内填高密度聚乙烯泡沫板。为保障供水安全，设计将松动、漏水严重的边坡浆砌石和底板砼拆除，按原断面重新砌筑浆砌石和浇筑砼底板厚 0.15m，边坡挂 ϕ4-100×100 冷拔低碳钢丝网喷 M10 聚合物水泥砂浆厚 4cm。

4.2 调水方案设计

4.2.1 调水原则

1）优先使用再生水，充分利用地表水，合理利用外调水。

延庆再生水的水量大，经过再次处理后水质接近地表Ⅲ类水，可以作为调水优先使用水源；地表水由于水量小，拟采用自然全部利用原则；从白河堡水库调水成本较高，外调水必须合理使用。

2）节约水资源，降低调水成本。

进行调水水源的成本核算工作，调水方案不仅需要节约水资源，同时也要降低调水成本，使调水方案具有经济适用性。

3）设计水质目标为"水十条"标准。

示范工程区域水质要求为"水十条"标准，调水方案设计水质目标确定为"水十条"标准。

4）调水要满足防洪要求。

白河堡水库调水下泄量需要低于妫水河上游的防洪水位，防止调水后妫水河上游流量过大出现洪水。

4.2.2 调水水源水量计算及水质现状

4.2.2.1 外调水水量及水质

白河堡水库位于白河上游延庆区东北。水库控制流域面积（云州水库以下）2657km²，设计总库容为9060万m³。白河堡水库可通过7090m的输水隧洞将白河水引到山前，为延庆川区经济社会发展提供水源，同时向官厅水库和十三陵水库补水，是跨流域沟通官厅、密云两大水系，将水资源进行调配的重要水利枢纽。目前白河堡水库库容约为7000万m³，除去每年对密云水库进行输水，可调度水量为34.56（4m³/s）万m³/d。

2017年5月~2018年10月，对外调水南干渠断面（坐标40°33′57″N，116°51′19″E）进行约10次采样分析，水质指标均达到"水十条"标准。结果如表4-2。

表4-2　外调水水质指标　　　　　　　　　　　　　　（单位：mg/L）

采样地点	总氮	总磷	氨氮	COD
南干渠	0.18~0.48	0.016~0.06	0.56~0.77	10~15
"水十条"	≤1.0	≤0.2	≤1.0	≤20

4.2.2.2 再生水水量及水质

再生水由延庆区城西再生水厂提供，城西再生水厂位于延庆镇西屯村西，处理规模为 6 万 m³/d，主要收集延庆新城、世园区和沈家营镇的生活污水。城西再生水厂运行期间每天可向妫水河输水 3.5 万 m³，再生水厂可调度量每年基本相同，每年可利用水量约 1000m³。

2017～2018 年，对城西再生水厂进行采样分析，水质指标均达到"水十条"标准。结果如表4-3。

表4-3 城西再生水水质指标 （单位：mg/L）

采样地点	总氮	总磷	氨氮	COD
城西再生水	0.093	≤0.03	0.1～0.2	≤10
"水十条"	≤1.0	≤0.2	≤1.0	≤20

4.2.2.3 地表水水量及水质

利用降雨量数据，使用 Arcgis 软件对妫水河三条支流进行汇流计算得到三条支流的水量分别为：三里河 4.3 万～6.5 万 m³/a；古城河 8.9 万～13.5 万 m³/a；蔡家河 12.3 万～17.5 万 m³/a。

2017～2018 年，对三里河（40°28′20″N，115°57′55″E）、古城河（40°29′37″N，116°5′8″E）、蔡家河（40°27′52.37″N，115°52′59.9″E）进行 15 次采样分析，发现三条支流水质波动较大，COD 均未达标，三里河水质较差，为 Ⅳ～Ⅴ 类地表水，结果如表4-4。

表4-4 地表水水质指标 （单位：mg/L）

采样地点	总氮	总磷	氨氮	COD
三里河	—	0.09～1.46	0.21～2.7	48.74～88
古城河	—	0.06～0.39	0.10～0.88	25～58.37
蔡家河	—	0.07～0.14	0.33～0.35	32.44～45.4
"水十条"	≤1.0	≤0.2	≤1.0	≤20

4.2.3　多水源优化配置模型的建立

4.2.3.1　设置决策变量

采用遗传算法建立数学模型，为了有效合理地将多种水资源进行利用，需要对三种调水水源的水量进行配置，以初步确定三种调水水源的水量设置，使调度后在节约水资源的前提下，满足水量及"水十条"相关水质的要求。

设置三种调水水源的供水量为决策变量

$$X = (x_1, x_2, x_3) \tag{4-1}$$

式中，x_1 为白河堡水库下泄水量，m^3/d；x_2 为再生水厂供水量，m^3/d；x_3 为地表水供水量，m^3/d。

4.2.3.2　设置目标函数

从对河流水量及水质联合调度的角度出发，考虑以下三个目标函数：

1）为节省水资源，保障提升妫水河生态基流 10% 的前提下，各调度水源的水量之和最小。

$$f_1 = \min\{\alpha_1 x_1 + \alpha_2 x_2 + \alpha_3 x_3\} \tag{4-2}$$

式中，f_1 为妫水河的总调水量；α_1 为使用白河堡水库水源的优先系数；α_2 为使用再生水水源的优先系数；α_3 为使用地表水水源的优先系数。

2）河道水质改善程度最大，由于妫水河主要污染指标为 COD、总磷和氨氮，采用总量控制的方式设置目标函数。

$$\frac{a_1 x_1 + a_2 x_2 + a_3 x_3 + a_4 x_4}{x_1 + x_2 + x_3 + x_4} \leqslant m_1 \tag{4-3}$$

式中，x_4 为妫水河水量，m^3/d；a_1 为白河堡水库 COD 浓度，g/m^3；a_2 为再生水厂 COD 浓度，g/m^3；a_3 为地表水 COD 浓度，g/m^3；a_4 为妫水河 COD 浓度，g/m^3。

$$\frac{b_1 x_1 + b_2 x_2 + b_3 x_3 + b\, x_4}{x_1 + x_2 + x_3 + x_4} \leqslant m_2 \tag{4-4}$$

式中，b_1 为白河堡水库总磷浓度，g/m^3；b_2 为再生水厂总磷浓度，g/m^3；b_3 为古城河总磷浓度，g/m^3；b_4 为地表水总磷浓度，g/m^3。

$$\frac{c_1x_1+c_2x_2+c_3x_3+c_4x_4}{x_1+x_2+x_3+x_4}\leqslant m_3 \tag{4-5}$$

式中，c_1 为白河堡水库氨氮浓度，g/m^3；c_2 为再生水厂氨氮浓度，g/m^3；c_3 为古城河氨氮浓度，g/m^3；c_4 为地表水氨氮浓度，g/m^3。

3）在保障妫水河水量和水质的前提下，需要节省调水产生的费用。

$$f_2=\min\{d_1x_1+d_2x_2+d_3x_3\} \tag{4-6}$$

式中，f_2 为妫水河调水总费用，元；d_1 为白河堡水库供水费用系数，元$/m^3$；d_2 为再生水厂供水费用系数，元$/m^3$；d_3 为地表水供水费用系数，元$/m^3$。

4.2.3.3 设置约束方程

在多目标优化调度模型中，主要考虑水量平衡、水源供水需水要求、水质指标限制的约束等，约束条件如下。

（1）调水水源水量约束

$$\begin{cases} h_1\leqslant x_1\leqslant e_1 \\ h_2\leqslant x_2\leqslant e_2 \\ h_3\leqslant x_3\leqslant e_3 \end{cases} \tag{4-7}$$

式中，e_1 为白河堡水库下泄水量最大值，m^3/d；e_2 为再生水厂可调度水量最大值，m^3/d；e_3 为地表水可调度水量最大值，m^3/d；h_1 为白河堡水库下泄水量最小值，m^3/d；h_2 为再生水厂可调度水量最小值，m^3/d；h_3 为地表水可调度水量最小值，m^3/d。

（2）生态需水量约束

$$(1-\beta_1)x_1+(1-\beta_2)x_2+(1-\beta_3)x_3+(1-\beta_4)\gamma\geqslant\delta \tag{4-8}$$

式中，γ 为多年平均降雨量，m^3/d；β_1 为白河堡水库水量损耗系数；β_2 为再生水厂水量损耗系数；β_3 为地表水水量损耗系数；β_4 为降雨水量损耗系数；δ 为妫水河不同年份需要提升的生态需水量，m^3/d。

4.2.3.4 模型参数分析与确定

（1）优先级的设置（α_i）

由于目标函数水量要求为总调水量最小，优先系数越小调水水源的优先级越大。延庆再生水的水量大，经过再次处理后水质接近地表Ⅲ类水质，可以作为调水优先使用水源，再生水的优先级高，优先系数为1；白河堡水库水质较好，但是调水成本最高，外调水的优先级设置低，优先系数为10。地表水采用自然流动，调水成本较低，地表水的优先系数为2。设置各调水水源的优先系数为：$\alpha_1 = 10$，$\alpha_2 = 1$，$\alpha_3 = 2$。

此外，根据调水原则和要求，再生水厂的调水量需要占总调水量的60%以上，充分利用再生水厂出水。

（2）损耗系数（β_i）

调水过程中水量的损耗主要为蒸发和渗透导致的，本文中调水过程只考虑天然蒸发和河道渗透造成的损耗，各调水水源不同年份不同时期的损耗系数由蒸发系数和渗透系数相加为损耗系数β_i（表4-5）。利用延庆气象局提供的近十年数据进行分析得到不同年份不同时期的蒸发系数，渗透系数由中国水利水电科学研究院提供。

表4-5　损耗系数表

年份	调水水源	损耗系数β_i	
		丰水期	枯水期
丰水年	白河堡水库	0.285	0.203
	再生水	0.161	0.132
枯水年	白河堡水库	0.298	0.249
	再生水	0.187	0.159

（3）调水水源供水费用系数（d_i）

各调水水源供水费用主要包括水源的水价和调水所产生的各种费用（建设费用、运行费用和管理费用），各调水水源的水资源费和保障各调水水源的水质和水量所产生的工程费用均由延庆水务局提供，计算结果如表4-6所示。

表4-6　调水水源供水费用系数　　（单位：m³/元）

类型	水资源费用	工程费用	总费用
白河堡水库	1.82	1.83	3.65
再生水厂	1.32	0.93	2.25

4.2.3.5 模型求解方法

（1）编码和解码方式

由于该配置模型中连续变量较多，变量的取值空间大，为提高遗传算法的运行效率和解的精度，选择十进制实数级联编码。编码时，将连续变量离散化，即将所有变量离散成相同等份，记为 n，染色体基因值的变化范围为 [1, $n+1$]，染色体基因值 x_i' 到决策变量真实值 x_i，之间的转换公式为

$$x_i = x_{imin} + \frac{(x_i'-1)(x_{imax}-x_{imin})}{n} \tag{4-9}$$

（2）种群初始化

一般要求初始种群尽可能均匀分布于解空间，每个个体应满足约束条件，以保证搜索效率，这种方法对于约束条件较少的问题是有效的。妫水河优化配置模型中只有 4 个约束，随机产生的个体能同时满足 4 个约束条件是容易达成的。本文采用满足约束条件的随机初始化，即每个变量随机产生满足约束条件的值，再将所有变量的基因值按一定规则编码成染色体。

（3）适应度函数设计

适应度是遗传算法中用来度量个体能达到或接近于最优解的优良程度，也是遗传算法优化过程发展的依据。适应度较高的个体遗传到下一代的概率就较大；而适应度较低的个体遗传到下一代的概率就相对小一些。根据最优化问题的类型，由目标函数 $f(x)$ 按一定的转换规则求出个体的适应度函数 $F(x)$。其公式如下：

$$F(X) = f(X) \mp \sigma g(X) \tag{4-10}$$

式中，σ 为罚因子；$g(X)$ 为约束条件表达式。目标极小化问题取 "+"，否则取 "–"。

（4）遗传操作

选择运算：采用正规几何排序选择法，只涉及个体适应度的大小次序关系，并不需要具体数据，所以适应度并不一定要求非负，且对目标极小化和极大化都适用。其基本思想是先对群体中所有个体按照其适应度大小进行排序（目标极大化时按升序排序，目标极小化时按降序排序）。群体中各个体被选中的概率为

$$p_i = \frac{q(1-q)^{r-1}}{1-(1-q)^M} \qquad (4\text{-}11)$$

式中，q 为选择最优个体的可能性，$0<q<0.1$；r 为第 i 个个体的排序序号；M 为群体规模。

交叉运算：采用非均匀算术交叉。交叉概率采用自适应交叉率，目的是减小适应度高的个体受破坏的概率，增加适应度低的个体的概率。假设对 X_A^t，X_B^t 两个个体进行交叉，则交叉运算后所产生的两个个体是

$$\begin{cases} X_A^{t+1} = \alpha X_B^t + (1-\alpha) X_A^t \\ X_B^{t+1} = \alpha X_A^t + (1-\alpha) X_B^t \end{cases} \qquad (4\text{-}12)$$

式中，$\alpha = \exp(\alpha_0 T/t)$，$\alpha_0$ 为非均匀算术交叉系数；T 为遗传算法进化最大代数；t 为当前代数。

变异运算：采用非均匀变异。变异概率也采用自适应变异率，与自适应交叉率的思想相同。

4.2.4　多水源优化配置方案

4.2.4.1　需调度水量的计算

针对妫水河河道的实际情况及目前掌握资料情况（东大桥 1986～2014 年水文数据），本书采用 Tennant 法、90% 保证率最枯月平均流量法和改进月保证率设定法的水文学方法计算得出丰水期和枯水期的东大桥生态基流。因缺乏谷家营断面长系列的水文数据，但谷家营距离东大桥距离短，所以将东大桥水文站计算得到的生态基流作为谷家营目标生态基流（表 4-7）。

表 4-7　妫水河生态流量计算结果　　　　　　　　　　（单位：m³/s）

丰水期生态基流	枯水期生态基流
0.431	0.207

4.2.4.2　多水源配置方案

基于多水源配置数学模型，采用 MATLAB 9.1 软件进行数学模型的代码编

制，计算得到妫水河丰水年、枯水年三个不同时期的配置方案。本书研究的考核断面为东大桥和谷家营两个考核断面，其中东大桥水质水量达标需要调度古城河地表水和白河堡水库的外调水；谷家营调水水源包括三里河、古城河、外调水和再生水。多水源配置方案按照考核断面不同分成两部分：第一部分是满足东大桥水文站处生态流量，第二部分是满足谷家营处生态流量。通过调度白河堡水库的水资源进入妫水河，提高东大桥水文站处生态流量；通过调度再生水厂水量和白河堡水库水资源，提高谷家营处的生态流量。

2019 年白河堡水库可调度水量为 8500 万 m^3，城西再生水厂每天排入妫水河约 3 万 m^3，则每年排入妫水河量为 1095 万 m^3。配置方案（表 4-8）按白河堡补水 20%、30%、40% 和 50% 比例如下。

4.2.5 调水方案设计及优化

通过建立的 EFDC 妫水河水动力水质模型，模拟妫水河多水源丰水期和枯水期的配置方案，得到调水后妫水河不同情景的水质水量工况。对丰水期 20%、30%、40%、50% 以及枯水期 20%、30%、40%、50% 共 8 种情景进行了模拟，工况见表 4-8 所示，谷家营监测断面不同工况模拟结果如图 4-1 所示。不同情景下，氨氮、COD 以及总磷的浓度在河道中的变化趋势基本一致，随着水量的增加、氨氮、总磷的浓度也逐渐增大，COD 浓度变化趋势则与此相反。

表 4-8 妫水河多水源联合配置方案

调水水源		方案	水量监测指标	水质监测指标		
			流量/(m^3/d)	COD_{Cr}/(mg/L)	氨氮/(mg/L)	总磷/(mg/L)
丰水期	白河堡水库	20%	46 575.34	15~17.6	0.67~0.79	0.045~0.108
	城西再生水厂		30 000.00	12.1~15	0.2~0.6	0.04~0.11
	白河堡水库	30%	69 863.01	15~17.6	0.67~0.79	0.045~0.108
	城西再生水厂		30 000.00	12.1~15	0.2~0.6	0.04~0.11
	白河堡水库	40%	93 150.68	15~17.6	0.67~0.79	0.045~0.108
	城西再生水厂		30 000.00	12.1~15	0.2~0.6	0.04~0.11
	白河堡水库	50%	116 438.36	15~17.6	0.67~0.79	0.045~0.108
	城西再生水厂		30 000.00	12.1~15	0.2~0.6	0.04~0.11

续表

调水水源		方案	水量监测指标	水质监测指标		
			流量/(m³/d)	COD$_{Cr}$/(mg/L)	氨氮/(mg/L)	总磷/(mg/L)
枯水期	白河堡水库	20%	46 575.34	10.0~14.0	0.46~0.66	0.138
	城西再生水厂		30 000.00	12.1~15	0.2~0.6	0.04~0.11
	白河堡水库	30%	69 863.01	10.0~14.0	0.46~0.66	0.138
	城西再生水厂		30 000.00	12.1~15	0.2~0.6	0.04~0.11
	白河堡水库	40%	93 150.68	10.0~14.0	0.46~0.66	0.138
	城西再生水厂		30 000.00	12.1~15	0.2~0.6	0.04~0.11
	白河堡水库	50%	116 438.36	10.0~14.0	0.46~0.66	0.138
	城西再生水厂		30 000.00	12.1~15	0.2~0.6	0.04~0.11

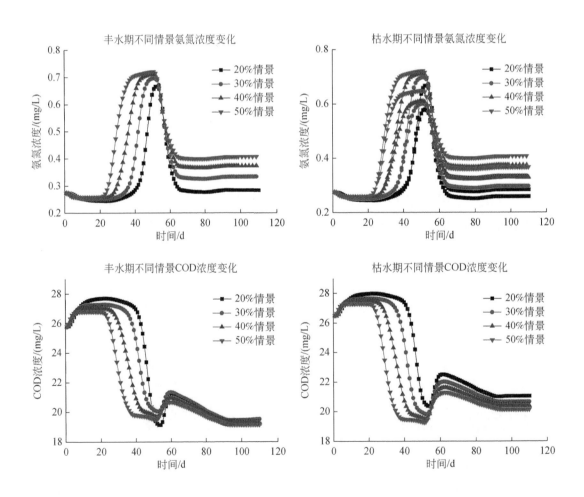

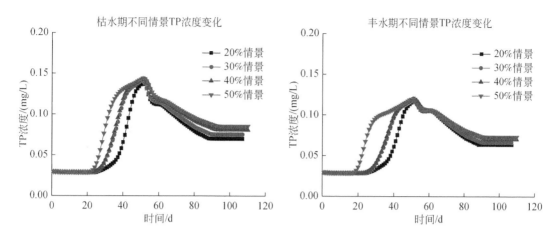

图 4-1 谷家营断面水质模拟情况

谷家营考核断面丰水期流量是 1.02m³/s，枯水期流量是 0.313m³/s，由谷家营断面不同工况水量模拟情况可知（图 4-2），当丰水期 40% 的配水方案——白河堡水库为 93 150.68m³/d，城西再生水厂为 30 000m³/d 能够满足考核断面水量和水质的要求。当枯水期 20% 的配水方案——白河堡水库为 46 575.34m³/d，城西再生水厂为 30 000m³/d 能够满足考核断面水量和水质的要求。

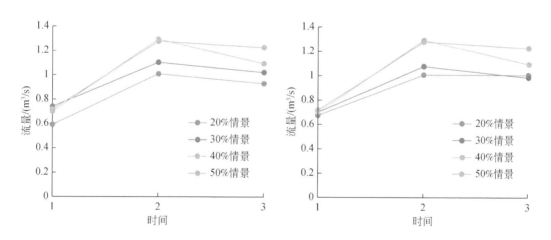

图 4-2 谷家营断面水量模拟情况

4.3 妫水河及其支流水质水量同步监测

2017 年 6 月至 2018 年 10 月，在妫水河流域开展了 15 次现场调研采样工作。根据《中华人民共和国水质采样方案设计技术规定》（HJ 495—2009）在妫水河流域设定 12 个取样断面，如图 4-3 所示。断面详细位置如表 4-9 所示。

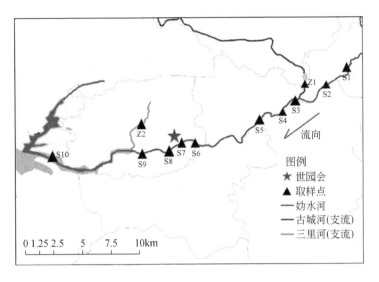

图 4-3　妫水河采样断面示意图

表 4-9　妫水河采样点位置图

断面名称	经纬度	详细位置
S1	40°30′57″N，116°7′34″E	S323 省道新华营右桥处
S2	40°30′54″N，116°7′5″E	滨河南路和滨海北路之间
S3	40°29′34″N，116°5′19″E	古城河与妫水河交汇处
S4	40°29′1″N，116°4′16″E	北老君堂
S5	40°27′42″N，116°2′34″E	滨河北路春芳园
S6	40°27′38″N，116°0′3″E	东大桥水文站
S7	40°27′21″N，115°58′55″E	妫水河森林公园师范路
S8	40°27′5″N，115°58′42″E	湖南东路妫水河桥旁
S9	40°27′7″N，115°57′54″E	延康路北京达霖大酒店旁
S10	40°27′1″N，115°53′1″E	谷家营国控断面
Z1	40°29′37″N，116°5′8″E	古城河
Z2	40°28′20″N，115°57′55″E	三里河

现场对每个断面河宽、河深进行了测量，利用便携式水质测定仪现场检测溶解氧、pH 和电导率，在实验室对采集的 1800 个样品进行 COD、总磷、氨氮

等指标检测。

4.2.1 妠水河水质水量时空分异特征

（1） 妠水河不同采样断面水质分析

2017年6月至2018年10月，对妠水河10个采样断面进行了水质和水量监测，其中12月～次年3月枯水期水面结冰，水质和水量数据利用2017年11月监测数据作为枯水期监测数据。图4-4、图4-5和图4-6为妠水河10个采样断面丰水期和枯水期COD、氨氮、总磷的变化情况。

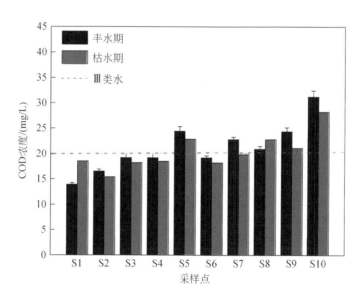

图 4-4　妠水河不同时期采样断面 COD 浓度

由图 4-4 可知，妠水河上段 COD 明显低于下段，其中妠水河上段 COD 均值为18.7mg/L，基本满足地表水Ⅲ类标准，妠水河下段 COD 均值为22.9mg/L，达到地表Ⅳ类水标准；妠水河上段 S2 断面氨氮浓度最高达到 2.19mg/L；除 S2、S9 和 S10 点位外，其他点位均达到地表水Ⅲ类标准。S2 点的水质较差，可能和周围有生活污水的排入有关；妠水河上段和下段总磷浓度没有明显的变化特征，妠水河上段和下段总磷浓度均值均为 0.16mg/L，枯水期和丰水期妠水河上段总磷浓度 （0.13mg/L、0.24mg/L） 高于下段 （0.12mg/L、0.18mg/L）。总体上，由于妠水河下段属于城区段，人口密度大，COD 和氨氮浓度高

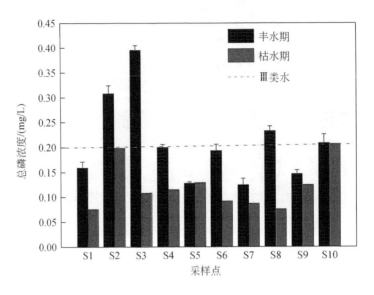

图 4-5　妫水河不同时期采样断面总磷浓度

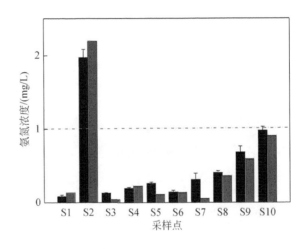

图 4-6　妫水河不同时期采样断面氨氮浓度

于上段，而总磷浓度上段和下段区别不大。

谷家营国控断面水质为地表Ⅳ类标准，主要污染指标为 COD（均值 29.7mg/L）和总磷（均值 0.207mg/L），丰水期和枯水期的 COD 和总磷浓度均未达到地表Ⅲ类水标准，氨氮浓度基本满足地表Ⅲ类水标准。

基于以上监测结果得到妫水河不同时期水质变化情况如表 4-10 所示。由不同时期的水质平均值可知，妫水河丰水期水质好于枯水期，可基本达到地表Ⅲ类水的标准。丰水期降雨较多，径流量大，污染物浓度相对低于枯水期。

表 4-10 妫水河不同时期水质变化情况（2017~2018 年） （单位：mg/L）

水质指标	丰水期均值	枯水期均值
COD	20.4	21.2
氨氮	0.48	0.51
总磷	0.12	0.21

（2）妫水河水量变化情况

基于东大桥水文站近 5 年（2013~2017 年）不同时期的流量数据，可得到白河堡水库补水及未补水情况下的妫水河水量变化情况（图 4-7）。在白河堡未补水情况下（2014 年），枯水期流量为 0.11~0.27m³/s，丰水期流量为 0.02~0.11m³/s，丰水期流量很低，出现了断流情况；白河堡补水后流量明显提升，2016 年补水为 1715 万 m³时，丰水期流量最高达到 1.66m³/s。由此可以看出，妫水河亟须生态补水，白河堡不同补水量对河道流量提升效果不同，需要对其补水量进行优化。

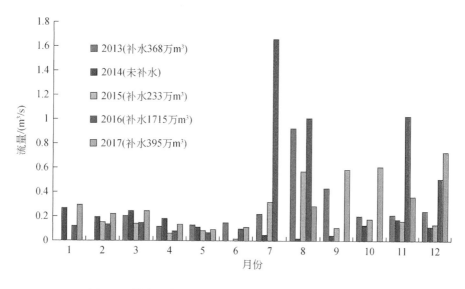

图 4-7 妫水河东大桥水文站流量变化（2013~2017 年）

4.2.2 调水水源水质水量变化特征

（1）地表水水质水量变化特征

目前，妫水河流域支流中古城河、三里河有地表径流，对 2018 年不同时期地表水水质分析结果（表 4-11）表明，2018 年妫水河支流中三里河水质较差，为地表Ⅳ类水，COD 和总磷浓度较高。

表 4-11 地表水不同时期水质水量变化表（2018 年） （单位：mg/L）

水质指标	古城河		三里河		地表Ⅲ类水标准
	丰水期	枯水期	丰水期	枯水期	
COD	16 ~ 18.9	14.5 ~ 17.6	22.1 ~ 27.5	23.6 ~ 25.9	20
氨氮	0.38 ~ 0.66	0.18 ~ 0.45	0.78 ~ 1.08	0.89 ~ 1.24	1.0
总磷	0.12 ~ 0.14	0.09 ~ 0.13	0.12 ~ 0.18	0.16 ~ 0.22	0.2

古城河水质较好，COD 浓度偏高，总体水质达到地表Ⅲ类水标准。

（2）白河堡水库水质水量特征

由表 4-12 可知，白河堡水库水质较好，满足地表Ⅱ类水标准。

表 4-12 白河堡水库不同时期水质变化表（2018 年） （单位：mg/L）

水质指标	枯水期	丰水期	地表Ⅱ类水标准
COD	10.0 ~ 14.0	12 ~ 15.6	15
氨氮	0.26 ~ 0.46	0.37 ~ 0.59	0.5
总磷	0.020 ~ 0.08	0.045 ~ 0.108	0.1

4.2.3 汛期妫水河及调水水源水质水量变化特征

2018 年 7 月汛期期间，在东大桥、谷家营、三里河、古城河、蔡家河、南干渠外调水 7 个点位进行了连续 10 天的水质水量监测，其中 7 月 14 日、19 日、21 日都有不同程度降雨。通过分析汛期妫水河及调水水源水质水量变化规律，为后期调水工程的实施提供数据基础。

（1）汛期妫水河不同点位水质变化规律研究

对妫水河不同点位降雨前后水质指标（氨氮、总氮、总磷和 COD）进行分析（图 4-8），结果表明：降雨后古城河的总磷、总氮和 COD 浓度都有不同程度升高，其中 COD 浓度均值从 25.8mg/L 增加到 38.1mg/L，增幅较大，总氮从 2.1mg/L 增加到 2.4mg/L，总磷基本不变，在 0.20mg/L 左右，而氨氮浓

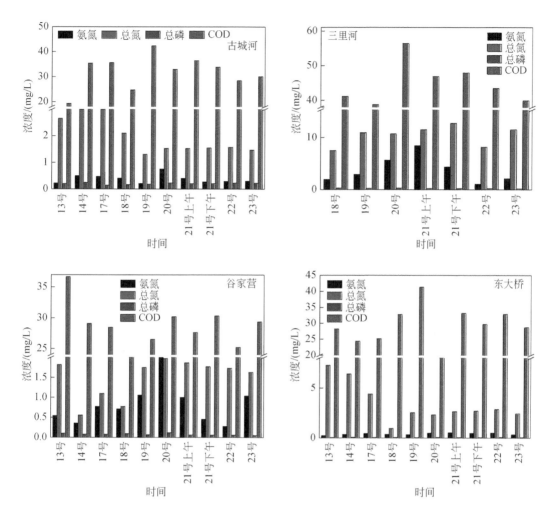

图4-8　2018年7月降雨期间妫水河不同断面水质变化图

度从0.46mg/L降低到0.38mg/L，说明古城河农业面源污染和农村生活污水导致水质变差；三里河水质很差，水质超标严重，降雨过程中总氮和氨氮浓度有一定升高，总氮从9mg/L升高到11mg/L，氨氮从3.8mg/L升高到5.7mg/L，COD和总磷浓度略有降低，COD从48mg/L降低到42mg/L，总磷从0.26mg/L降低到0.23mg/L，说明三里河附近生活污水主要指标为氨氮和总氮；谷家营水质中氨氮、总磷和COD的浓度降雨后降低，氨氮从1.39mg/L减少到0.8mg/L，COD从29.9mg/L减少至27.7mg/L，总磷从0.1mg/L减少至0.07mg/L，总磷和COD浓度变化不显著，说明谷家营周围污染源较少，雨后水质变好；东大桥处氨氮和总氮浓度略有增加，氨氮浓度从0.36mg/L增加到

0.4mg/L，总氮浓度从 3.51mg/L 增加到 3.85mg/L，COD 浓度升高明显，从 25.6mg/L 升高到 33mg/L，总磷浓度稍有降低，从 0.053mg/L 降低到 0.044mg/L，说明东大桥水文站处存在一定农业面源污染，但主要为周围生活污水导致水质变差。由于南干渠的主要水源为白河堡水库，水质没有明显变化，基本保持在地表Ⅲ类水。

（2）汛期妫水河不同断面水量变化规律研究

对妫水河 5 个断面降雨前后的水量变化进行分析（图 4-9），结果表明，妫水河支流中三里河受降雨影响较大，雨后 1～3 天流量上升明显，从 0.10m³/s 增加到 0.41m³/s；古城河雨后 3～5 天流量增加，其中古城河从 0.044m³/s 增加到 0.13m³/s；谷家营考核断面水面宽、水量大，降雨对谷家营考核断面水位基本无影响。

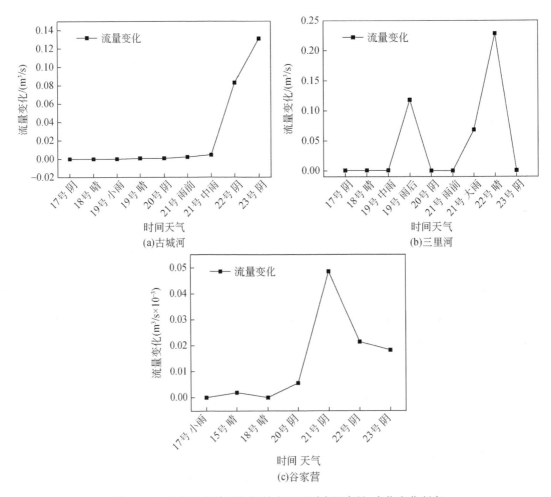

图 4-9　2018 年 7 月降雨期间妫水河不同水源水量/水位变化研究

4.4 妫水河流域水文特征分析

4.4.1 妫水河流域降雨量变化特征

延庆区妫水河流域 1980～2017 年降雨量分布情况如图 4-10 所示，从妫水河流域降雨量的时间分布来看，妫水河流域多年降雨量为 315.4～608.2mm，平均降雨量为 443.6mm，变差系数 C_v 为 0.18，年降雨量最大值在 1998 年，为 608.2mm，最小值在 2009 年，为 315.4mm。最大值与最小值之比为 1.9。从降雨量的年内分布可知，妫水河流域年内降雨量分布不均，多集中在 6～9 月，占年降雨量的 77.8%。

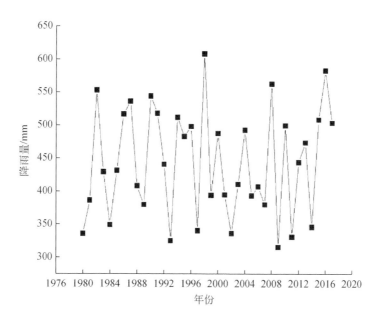

图 4-10　延庆妫水河流域 1980～2017 年降雨量分布情况

4.4.2 妫水河径流量变化特征

1986～2017 年妫水河东大桥水文站建站后年径流量变化情况（包括补水及未补水）如图 4-11 所示。由图可知妫水河天然径流量少，水资源匮乏，

2003 年之前实测径流量主要由白河堡水库补水所得，补水量占实际径流量的最高可达 97.1%（2016 年），经径流还原后，东大桥水文站多年天然径流量为 0.0051~0.357 亿 m^3/a，多年年均天然径流量为 0.134 亿 m^3/a。由于所获资料为白河堡年补水量，无法还原至月补水量，因此，分析年内天然径流量变化以未补水的 2004~2005 年、2007~2011 年及 2014 年为基础历史数据，表 4-13 为未补水年份逐月径流量。

$$C_v = \sqrt{\frac{1}{n-1}\sum_{i=1}^{n}(K_i - 1)^2} \qquad (4\text{-}13)$$

$$C_s = \frac{\sum_{i=1}^{n}(K_i - 1)^3}{(n-3)C_v^3} \qquad (4\text{-}14)$$

式中，K_i 为天然径流量，n 为计算年份。

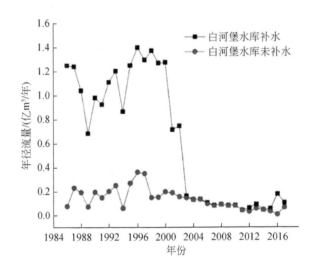

图 4-11　妫水河东大桥水文站 1986~2017 年径流量变化情况

由上述式（4-13）、式（4-14）两矩法公式可算出 1986~2017 年天然径流量变差系数 $C_v = 0.66$，$C_s = 0.88$，通过适线法对理论频率及经验频率进行拟合，经过配线得出 $C_v = 0.73$，取 $\dfrac{C_s}{C_v} = 2.0$，不同频率径流量如表 4-14 所示，可知 25%、50%、75%、95% 频率径流量分别为 0.18 亿 m^3/a、0.11 亿 m^3/a、0.06 亿 m^3/a、0.02 亿 m^3/a。

表4-13　妫水河东大桥水文站未补水年份逐月径流量　　（单位：$10^8\,\mathrm{m}^3$）

年份	1月	2月	3月	4月	5月	6月	7月	8月	9月	10月	11月	12月
2004	0.424	0.438	0.391	0.342	0.384	0.151	0.478	0.417	0.391	0.556	0.477	0.475
2005	0.689	0.500	0.556	0.409	0.584	0.408	0.288	0.366	0.256	0.323	0.301	0.330
2007	0.407	0.284	0.486	0.209	0.248	0.195	0.144	0.15	0.138	0.269	0.274	0.227
2008	0.240	0.290	0.269	0.240	0.220	0.175	0.163	0.451	0.327	0.304	0.309	0.339
2009	0.447	0.380	0.343	0.344	0.320	0.149	0.113	0.141	0.008	0.180	0.252	0.271
2010	0.496	0.364	0.313	0.298	0.304	0.179	0.165	0.098	0.118	0.184	0.229	0.328
2011	0.493	0.443	0.272	0.206	0.125	0	0	0	0	0	0	0
2014	0.269	0.195	0.247	0.184	0.114	0.110	0.051	0.023	0.044	0.133	0.179	0.118

表4-14　东大桥水文站天然年径流量特征值

类别	均值/(亿 m^3/a)	C_v	$\dfrac{C_s}{C_v}$	不同频率的径流量/(亿 m^3/a)			
				25%	50%	75%	95%
天然	0.134	0.73	2.0	0.18	0.11	0.06	0.02

4.5　妫水河及其支流水质水量优化配置和调度工程生态监测

4.5.1　配置和调度工程概况

（1）示范工程技术简介

示范工程技术为"山区小流域季节性河流多水源生态调度及水质水量保障关键技术"，该技术由河道生态基流阈值的计算方法、流域多种可利用水源的优化配置方案、基于流域特征的水质水量联合调度模型构建等核心技术有机构成，针对北方山区水资源短缺，河道易季节性断流等特点，根据生态需水量目标，充分利用流域内可调度的地表水、外调水、再生水水源，对其进行多水源优化配置，通过对不同调度情境下水质水量模拟，优化得出多水源耦合调度方案，保障并提高妫水河生态流量。工程流程示意图如图4-12所示。

（2）工程概况

工程包括城西再生水厂配套污水、再生水管网工程（一期）、延庆新城北

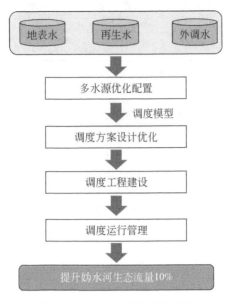

图 4-12　示范工程流程示意图

部生态治理工程、水专项延庆区水土保持生态修复工程。示范段为妫水河东大桥水文站至官厅水库，长度为 22km。外调水经过白河引水渠道、连通渠、妫水河干流至官厅水库，总长度约为 40km；主要调水渠道为：支流渠道古城河起点为龙庆峡风景区，终点为与妫水河交汇处（延庆西小庄科村附近），长度约为 36.3km；三里河起点为江水泉公园，终点为与妫水河交汇处（延庆妫水河公园附近），长度约为 10.6km；城西再生水厂到妫水河交汇处长度约为 0.2km（图 4-13）。

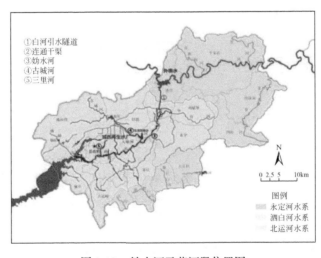

图 4-13　妫水河示范河段位置图

（3）实施目标

示范工程主要针对妫水河山区季节性特征，通过优选的调度方案，将可利用的多种水资源（地表水、再生水、外调水）进行合理调度，基于妫水河东大桥水文站近 30 年的水文监测数据，计算得出妫水河丰水期的生态流量值为 $0.431 m^3/s$；枯水期的生态流量现状值为 $0.207 m^3/s$，开展第三方监测，保证 4~9 月生态流量提升 10%，断流总天数少于 20 天。有效保障饮用水源地水质水量长效安全，为妫水河流域生态系统平稳安全提供技术支撑和示范。

（4）示范工程建设及运行

妫水河及支流水质水量优化配置和调度示范工程的建设内容主要是河道清淤及连通渠修整，示范工程于 2017 年 4 月 ~2018 年 9 月，开展示范工程前期的调研、资料收集、可研报告、方案设计与论证工作；2018 年 5 完成示范工程初设及可研，12 月完成示范工程调度会及示范工程专家论证，2018 年 10 月 ~2019 年 2 月，完成示范工程的建设，包括调水渠道修整、河流清淤、调度方案优化等工作；于 2019 年 4~9 月，完成示范工程的运行及第三方监测，根据第三方监测结果，谷家营考核断面水质达到"水十条"的要求，水量稳定提高量大于 10%，达到东大桥考核的目标。

4.5.2 工程生态监测方案

（1）监测点位

监测点位的设置参考国家环境保护总局编写的《水和废水监测分析方法》（第四版），遵循尺度范围原则、信息量原则和经济性、代表性、可控性及不断优化的原则，避开死水区、回水区、排污口处，尽量选择顺直河段、河床稳定、水平稳定、水面宽阔、无急流、无浅滩处。在妫水河干流共设置 3 个监测点，具体位置设置在东小营监测断面（116.119°E、40.506°N）、东大桥监测断面（116.001°E、40.461°N）和谷家营监测断面（115.884°E、40.450°N），监测点位如图 4-14 所示。

其中，东小营监测断面位于妫水河上段，古城河汇入妫水河之前，可用于评价妫水河断流情况；东大桥监测断面位于东大桥水文站，可将水文站的监测数据与第三方监测数据作对比，确保监测数据的可靠性；谷家营监测断面位于

图 4-14   监测断面设置示意图

谷家营国控断面，同时监测水位及水质，可用于评价示范工程对于水质改善的贡献。

（2）监测时段及监测频率

示范工程开始前，于 2019 年 3 月开展工程运行前第三方监测；示范工程运行期间，于 2019 年 4~9 月开展第三方监测，监测周期为连续 6 个月。2020年 5~10 月继续开展了第三方监测。流量及水质监测的时段、频率具体如下。

流量监测：在东小营监测断面、东大桥水文站及谷家营国控断面分别安装1 套 ZY-WLG001 型远传式水位/流量计，每小时采集 1 组数据。其中，东小营监测断面需要建设量水堰用以监测流量；东大桥水文站由于有标准监测断面，直接在断面安装仪器进行监测；谷家营国控断面因河面较宽（200~300m）、流速小，难以监测流量变化，通过监测水位变化，进一步采用模型演算得到流量变化。

水质监测：设置谷家营国控断面为水质监测断面，监测频率为每月 1 次，监测时间为每个月中旬，避开雨天及汛期。

（3）监测指标

流量监测：根据《河流流量测验规范》（GB 50179—2015）开展断面的流量监测，东大桥和东小营监测断面设置有标准的量水堰，通过远传式水位/流量自动监测仪监测断面流量变化。谷家营监测断面自动监测水位变化来推算流量的变化。

水质监测：为了考察调水后对妫水河水质的改善情况，特设计进行水质监测指标（非考核指标）监测，主要包括 COD_{Mn}、氨氮、总氮、总磷。监测点位为谷家营国控断面。水质采样方法参照《水质采样技术指导》（HJ 494—2009），由于谷家营断面水面宽大于 100m，水深大于 10m，应设置左中右三条垂线，每条线设置上中下三个采样点，每次同时段采集各采样点水样，混合后分析综合水样的水质。采水样时注意不可搅动沉积物，不能混入漂浮于水面上的物质，避开汛期影响。水质测试方法见表 4-15。

表 4-15 测试方法

水质测试指标	测试方法
COD_{Mn}	《水质高锰酸盐指数的测定》（GB 11892—89）
氨氮	《水质氨氮的测定 水杨酸分光光度法》（HJ 536—2009）
总氮	《水质总氮的测定 碱性过硫酸钾消解紫外分光光度法》（GB 11894—1989）
总磷	《水质总磷的测定 钼酸铵分光光度法》（GB 11893—1989）

（4）考核指标评价

基于妫水河东大桥水文站 1986～2017 年的水文监测数据，采用水文学方法计算得出丰水期和枯水期的生态基流值及提升 10% 需达到的目标值如表 4-16 所示。示范工程运行期间，东大桥监测断面日流量 Q_D 及月流量 Q_M 计算公式如下：

$$Q_D = (Q_1 + Q_2 + \cdots Q_{24})/24 \tag{4-15}$$

$$Q_M = (\sum_1^n Q_D)/n \tag{4-16}$$

式中，Q_D 为一天监测的平均流量值，m^3/s，由于每小时监测 1 次数据，即 Q_D 为 24 小时数据的平均值；Q_M 为一个月的平均流量值，m^3/s，n 为当月的天数；流量计算时，应去除特殊天气、仪器故障等原因导致的异常值。

在东大桥监测断面，将第三方监测数据与东大桥水文站的月均流量值作对比，在枯水期（4～5 月）以 $0.207m^3/s$ 为生态基流值，调水后 4 月和 5 月的平均流量值不低于 $0.228m^3/s$ 的目标值；丰水期（6～9 月）以 $0.431m^3/s$ 为生态基流值，调水后 6～9 月的平均流量值均应不低于 $0.474m^3/s$ 的目标值，即达到示范工程考核要求。

表 4-16　妫水河不同时期的生态基流值　　　　　（单位：m³/s）

时期	丰水期（6~9月）	枯水期（10~12月，1~5月）
生态基流值	0.431	0.207
提升 10% 目标值	0.474	0.228

在东小营和谷家营监测断面，以示范工程建设前第三方监测的生态流量均值为基准，实现示范工程运行期间生态流量提升 10%。其中，东小营监测断面月均流量同东大桥断面流量的计算方法，谷家营监测断面的月均流量计算以水位数据为基础，通过已建立的妫水河水质水量调度模型模拟得出。

4.5.3　工程运行效果

2019 年 4 月 1 日，白河堡水库开始向妫水河补水，日补水量变化图如图 4-15 所示。补水后东大桥考核断面枯水期（4~5月）流量为 1.06~3.03m³/s；丰水期（6~9月）流量为 0.6~5.08m³/s；如按日考核，2019 年枯水期和丰水期均可满足生态流量提升 10% 的要求（图 4-15）。

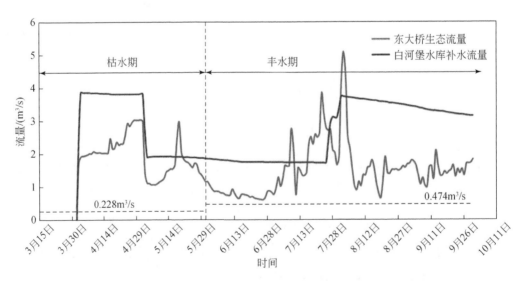

图 4-15　2019 年 4~9 月白河堡水库补水量、东大桥逐日生态流量变化图

2020 年 4 月 24 日，白河堡水库开始向妫水河补水，日补水量变化如图 4-

16 所示。补水后东大桥水文站枯水期（4~5 月）流量为 0.79~3.14m³/s；丰水期（6~9 月）流量为 0.824~8.21m³/s，按日考核均可达到生态流量提升 10% 的目标（图 4-16）。

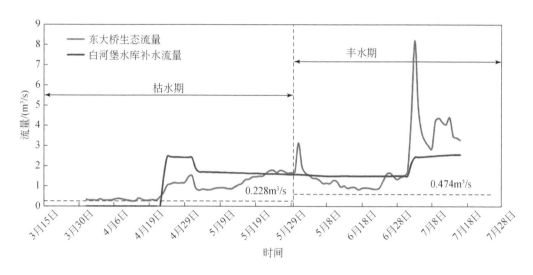

图 4-16　2020 年 4 月~7 月白河堡水库补水量、东大桥逐日生态流量变化图

示范工程运行期间考核断面水质和水量的第三方监测结果见表 4-17~表 4-18。由表 4-17 可知，示范工程运行期间东大桥流量考核断面枯水期流量为 0.37~0.43m³/s，平均流量 0.41m³/s，丰水期流量 0.78~2.22m³/s，平均流量 1.46m³/s，生态流量提高率均超过 10%。由表 4-18 可知，示范工程运行期间东小营和谷家营监测断面枯水期平均流量分别为 0.98m³/s 和 1.67m³/s，丰水期平均流量为 0.37m³/s 和 0.81m³/s，生态流量也显著提升。谷家营考核断面第三方水质监测（表 4-19）表明，水质指标 COD 为 2.5~6.0mg/L，总磷为 0.05~0.12mg/L，氨氮为 0.165~0.69mg/L，均满足"水十条"要求。

表 4-17　第三方监测东大桥考核断面生态流量值

检测项目	枯水期		丰水期	
	流量/（m³/s）	提高率/%	流量/（m³/s）	提高率/%
运行期间流量	0.37~0.43	—	0.78~2.22	—
运行期间平均流量	0.41	—	1.46	—
生态基流	0.207	98.07%	0.431	238.75%

注：提高率=（运行期间平均流量−生态流量值）/生态流量值。

表4-18 第三方监测东小营及谷家营流量值 （单位：m³/s）

检测项目	枯水期流量	丰水期流量	枯水期流量	丰水期流量
监测断面	东小营		谷家营	
示范工程运行前（3月）	0.14	—	0.0014	—
示范工程运行期间（4~9月）	0.14~1.65	0.27~0.47	0.63~2.29	0.59~1.27
运行期间平均流量	0.98	0.37	1.67	0.81

表4-19 第三方监测谷家营考核断面水质值 （单位：mg/L）

检测项目时间	COD	总氮	氨氮	总磷
2019年4月	4.8	6.67	0.165	0.06
2019年5月	3.8	2.71	0.690	0.11
2019年6月	4.8	1.93	0.297	0.05
2019年7月	4.1	0.84	0.176	0.06
2019年8月	4.1	1.27	0.632	0.11
2019年9月	2.5	1.92	0.500	0.12
2020年4月	4.2	2.28	0.617	0.05
2020年5月	2.8	0.21	0.202	0.06
2020年6月	6.0	1.19	0.371	0.09
"水十条"标准	20	≤0.2	≤1.0	≤0.2

4.6　小　结

妫水河流域多年降雨量为315.4~608.2mm，平均降雨量为443.6mm，变差系数 C_v 为0.18，且妫水河流域年内降雨量分布不均，多集中在6~9月，占年降雨量的73.8%。25%、50%、75%、95%频率年径流量分别为0.18亿m³、0.11亿m³、0.06亿m³、0.02亿m³。基于保证妫水河水资源合理利用及水生态系统良性循环，通过Tennant法、90%保证率最枯月平均流量法和改进月保证率设定法三种水文学方法计算得出妫水河枯水期生态基流为0.207m³/s，妫水河丰水期生态基流为0.431m³/s。制定了妫水河流域水资源联合配置的原则、思路和方案，论述了社会经济系统的用水和生态环境用水的相互制约关系，并结合延庆区未来规划，拟定了未来规划水平年的需水方案集、配置方案集，提出了基于分布式水文模型框架下的水质水量联合模型，分析了妫水河流域地下水与河道互给关系，通过情景分析优选出规划水平年妫水河水量水质联合配置推荐方案。工程建设规模 20km，位于妫水河及其支流。工程基于北方山区季节性河流生态基流保障的多水源配置和调度技术，集成山区季节性河流生态基流阈值的计算方法，结合流域内再生水、地表水、外调水的多水源配置，建立妫水河特征的小流域水质水量联合调度模型，达到了流域生态基流量提高10%以上的考核目标要求。

第5章 妫水河上游流域水土保持生态修复工程生态监测

5.1 水土保持生态修复工程概况

5.1.1 农村控源性工程

面源污染的污染源具有高度分散性，以及污染排放时空不确定性等特征，因此如何从源头上控制污染的产生对面源污染防治来说尤为重要。生活污水与畜禽养殖产生的面源污染可通过污水与废弃物处理技术进行治理，农业生产中面源污染由于其分布范围广，则主要通过减少肥料用量或通过源头上减流减沙来实现。在减少肥料用量方面，主要采用按需施肥、平衡施肥、有机无机肥配合等技术，也可以通过改变轮作制度等来实现。从源头上减流减沙，则主要通过对土壤水分进行优化管理来实现，主要包括水肥一体化技术、节水灌溉技术以及保护性耕作措施等（薛利红等，2013）。

在减少肥料用量方面，冯轲（2016）以有机肥配施化肥作为底肥，分析了不同有机肥代替量下水稻产量以及田间水养分浓度，对比各类不同处理方式下的综合效益发现，最经济的施肥方式为施加生物碳从而代替化肥。刘霞（2016）研究了不同肥料和施肥方式对蔬菜地面源污染的控制效益，结果显示分次施肥相较于习惯施肥能够提高肥料的利用率，且可以明显减少土壤硝态氮的淋溶，对氮污染减排起到一定效果，且测土配方施肥对氮、磷污染物的减排效果显著。在云南泸沽湖景区，通过连续4年实践测土配方施肥技术发现，以该技术为主体，集合生物快腐技术、集成工程技术等，能够最大限度地减轻农田污染负荷（卢正华，2016）。俞映倞等（2011）在太湖流域通过对农户常规施肥、化肥减量施肥、缓控释肥、有机无机肥配施以及按需施肥共 5 种稻田氮肥管理模式的监测，分析了不同施氮水平与肥料类型的处理对于不同深度土壤氮素渗漏的影响，结果表明：按需施肥是适宜太湖流域的环境友好型氮肥管理模式，能在保证产量的情况下降低施氮水平，减少氮素渗漏流失。王国友（2011）为验证测土配方施肥对农业面源污染的防控效果，在福泉市开展了水稻施氮调控试验，发现测土配方施肥对农业面源氮污染物有较好的防控效果。

在减少排水量方面，美国于 1913 年建成了第一个滴灌工程，是目前世界上微灌面积最大的国家。我国水肥一体化技术从 1975 年起步并逐步规模化，近年来水肥一体化技术的推广普及取得了显著成效（高祥照，2015）。所进行的研究减少了病虫草害的发生以及农药使用量，降低了农产品污染，有效避免了土壤退化和农业面源污染。郭丽（2018）针对河北山前平原夏玉米高产区施肥不合理导致农业面源污染严重的现象，研究了滴灌水肥一体化下的施氮量对玉米氮素吸收利用以及土壤硝态氮含量的影响，结果表明随着施氮量增加，氮肥当季回收利用率和氮肥利用效率等指标显著降低，而适宜的施氮量减少了降水影响下硝态氮的淋溶，从而达到了节肥增效和保护生态环境的目标。除减少肥料施用外，采取保护性耕作措施（少耕、免耕、等高耕作、秸秆留茬覆盖等）可以减轻土壤侵蚀，提高肥料等营养元素的利用率，减少肥料等营养元素的流失和向河道的输入，从而有效地防止农业面源污染的形成和扩散（丁恩俊和谢德体，2009）。郭天雷（2016）以紫色丘陵区坡耕地为研究对象，设置了无改良措施、单施生物炭、表施聚丙烯酰胺和秸秆覆盖 4 种保护性耕地措施，通过对径流养分浓度以及养分流失量的测定，分析了不同保护性耕作措施对于坡耕地养分控制的影响，研究表明桔梗覆盖措施具有更强的减流减沙和养分控制作用，可作为该区的重要农业措施。曹雪（2017）在黄土高原土壤水蚀风蚀交错区进行了 8 年的定位试验，对黄土高原坡耕地的传统耕作、免耕、秸秆覆盖、地膜覆盖、起垄地膜覆盖和套作 6 种耕作措施对于小区内径流量和泥沙侵蚀量、土壤养分维持状况的影响进行了测定，探究了不同保护性耕作措施对水土保持和养分维持作用的影响及作用机理，试验结果发现沟垄地膜覆盖耕作措施具有良好的水土保持效益，在降低土壤养分流失和改善生态环境方面都具有广阔的前景。

5.1.2　迁移路径阻断性工程

面源污染迁移路径阻断性技术是指在污染物传输过程中以一些物理的、生物的以及工程的方法对污染物进行阻断与拦截，延长污染物在地表坡面的停留时间，最大限度地减少污染物进入到水体中，从而起到面源污染防治的作用。

缓冲带被广泛应用于面源污染过程拦截中。缓冲带一般为植被缓冲带，包括树木、草、湿地植物等，建立在水体附近，宽度约 5～100m。缓冲带提供了一个阻止污染物进入河道的障碍带，在一定程度上可以控制农业面源污染物迁移。此外，缓冲带还可以发挥包括增加河道稳定性、过滤沉积物和营养物、净化水体等多种功能。Webber 对牧区植物缓冲带进行了研究，定量分析了其在自然降雨过程中对地表径流和氮、磷流失的影响。段诚对丹江口水库现有 3 种典型库岸植被缓冲带进行了系统调查，开展了野外模拟径流冲刷实验研究，发现缓冲带对泥沙、氨氮的去除率较高，白茅和狗牙根这两种植被缓冲带污染净化效果较好。除不同植被构建的缓冲带外，缓冲带宽度也是影响污染物拦截的重要因素。刘赢男针对阿什河流域岸边植被缓冲带受到严重破坏的现状，建立了缓冲带空间数据库，结合时间模型计算了河岸植被缓冲带可变宽度，为该区植被缓冲带建设提供了技术支撑。

生态拦截沟渠具有较高的氮磷去除率以及较好的景观效益，是面源污染过程拦截技术中重要措施之一。王岩等通过野外试验，对 3 种不同材料构建的生态沟渠氮磷拦截效果及其机理进行了研究，结果表明生态沟渠对氮磷的去除机理主要表现在 3 个方面：一是沟渠植物的吸收，二是过滤箱中的基质吸附，三是沟渠拦截所产生的减缓流速和沉降泥沙。陈海生等采用在农田排水沟中铺设盘培多花黑麦草的方法进行试验，根据试验观察，与自然沟渠相比，黑麦草根系可对污染物进行机械滤清，同时黑麦草植株的快速生长可大量吸收污水中的营养物质，从而降解排水沟中的农业面源。台喜荣等以缓释氧功能材料为主，并掺杂其他功能材料，研发形成了新型生态沟渠人工基质材料，提出了具有面源污染控制效果最佳的基质配置比例。在亚热带农区进行的农田径流中氮素迁移的拦截效应试验发现生态沟渠的氨氮去除率达 77.80%，能有效拦截上游输入的氮素，其中春秋季时拦截效率较高，夏季较低。

除生态沟渠的研究外，绍辉等利用 SWAT 模型模拟了中国南方红壤区梯田的水沙和养分流失过程，结果表明在坡度小于 18.58°，梯田单元坡长小于 20m 的坡地上修建坡比大于 1∶5 的单阶地隔坡梯田，可满足坡面容许土壤流失量要求。冯洋等在桓仁浑江流域坡耕地对水保林、水平梯田、地埂植物带和无任何保护措施的坡耕地对照组开展了系统的试验研究，表明采取了 3 种典型水土保持措施的土壤样品中的总氮和总磷含量均显著高于未采取任何水土保持措施坡耕地，证明水土保持措施对于坡面水土流失现象具有显著的改善效果。

5.1.3　小流域景观提升工程

小流域景观提升工程的面源污染治理技术中常用的有前置库技术、小型人工湿地以及人工浮岛技术等，这些技术在小流域水源地面源污染防控中均发挥着重要作用。

前置库技术具有益处多、费用低、适宜多种不同条件等优点。前置库一般由 3 个部分构成，即沉降系统、导流系统和强化净化系统。前置库的蓄水功能可以将污水截留在前置库中，经过物理、生物作用净化之后，再排入需要保护的水体。Pütz 和 Benndorf 对 Saxony 地区 11 个前置库进行研究发现，前置库在滞水时间为 2~12 天时，对正酸盐的去除率可达 34%~61%，对总磷的去除率可达 22%~64%。赵俊杰运用 Ecopath with Ecosim 5.1 软件对构建的前置库水生生态系统进行了仿真模拟，综合分析了生态系统的能量流过程，为前置库工程试运行提供了理论依据。李峰对东江流域河口前置库进行了监测与研究，通过对前置库的污染物净化作用以及主要污染物分布特征的监测，分析了前置库的截污效果以及去除氮、磷等主要污染物的作用机理，发现前置库对总磷和沉积物的去除效果较稳定，能分别达到 23.39% 与 68.95%。

人工湿地具有投资费用低、运行效果好、日常维护方便、氮磷等污染物去除率高等特点，现已在全球多个国家和地区进行了广泛应用（陈媛媛，2009）。和莹等对石龙芮和酸模进行了无土栽培试验，研究这两种植物对污水中氮磷的吸收净化效果，然后将植物应用到人工湿地中，并研究了其实际应用，结果表明氨氮和总氮在人工湿地系统中去除率最高。曹杰在浙江省安吉县利用人工湿地模拟装置对氮、磷去除效率进行的研究发现，植物吸收是人工湿地去除氮、磷污染物的重要方式，人工湿地对溶解氧和总磷的整体去除效果能达到60%以上。

生态人工浮岛作为一种生长有水生或陆生植物的漂浮结构，是近年来迅速发展的一种生态污水处理技术，由于其独特的特点，在多种类型的滨水区均能被应用，且能够提供重要的生态功能。张华对丁香湖设置的人工浮岛的水质改善情况进行了观测，发现人工浮岛运行后对水体中总氮、总磷指标净化效果良好，氮、磷的去除率分别为48.1%～52.1%与55.0%～64.4%。在对上海白莲泾世博园区段构筑的人工浮岛跟踪监测中发现，人工浮岛显著提高了水体溶解氧，降低了悬浮物含量，同时显著降低了总氮、氨氮、总磷等污染物含量。

5.2 小流域面源污染监测与识别

5.2.1 小流域土壤侵蚀量变化研究

研究以1987年、2000年、2008年、2013年为代表分析1987～2015年妫水河流域中的张山营小流域土壤侵蚀分布的变化。从图5-1可以看出1987～2000年间张山营小流域土壤侵蚀分布范围及侵蚀量都大幅减少，2000～2013年小幅减少。从侵蚀分布来看，流域土壤侵蚀的主要区域未发生重大变化，主要还是集中在流域中部。从总体来看，流域内土壤侵蚀大部分属于微度侵蚀[$<200t/(km^2 \cdot a)$]，仅小部分面积土壤侵蚀量较大，主要分布在流域中部农田区域，尤其是靠近小流域北山具有一定坡度的农田，土壤侵蚀量较大。

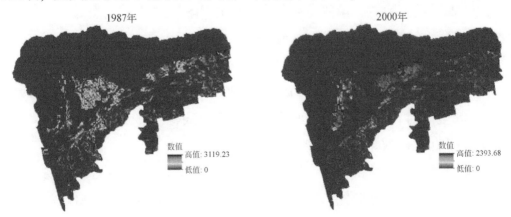

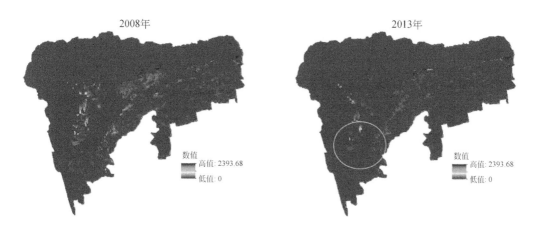

图 5-1　1987～2013 年张山营小流域土壤侵蚀分布图

单位：kg/（km² · a）

分析张山营小流域土地利用情况可知，小流域土地利用方式从 1980～2013 年发生了巨大的变化，尤其是村庄与林地这两种土地利用方式。1980 年小流域内村庄用地为 1.73km²，2013 年增长至 6.54km²，说明随着经济发展小流域在 30 年内城镇面积不断扩大，不可避免地，流域内由人类活动而引起的面源污染与土壤侵蚀也会随即上升。同时随着退耕还林，京津冀风沙源治理等项目的开展，流域内林草面积不断扩大，由 1980 年的 20.03km² 增长至 2008 年的 31.89km²，流域内生态环境得到显著提升。由此可见林草措施对土壤侵蚀的控制效益显著。随着林草面积的增加，农田面积的减少，流域土壤侵蚀量也随之减少。

同时，分析这 4 年的降雨量可以发现，2008 年与 2013 年降雨量远大于 1987 年与 2008 年，2013 年夏半年与冬半年降雨量总和为 640.90mm，1987 年与 2000 年降雨量分别为 489.8mm 与 428.70mm。降雨量对流域径流有较大的影响，而降雨与径流作为土壤侵蚀的主要动力也同样对流域土壤流失量具有一定影响，2013 年虽然降雨量比 1987 年高，但土壤流失量与分布均比 1987 年小，流域内的林草措施起到了关键性的作用。

5.2.2　小流域面源污染特征分析

1987～2015 年张山营小流域入河溶解态磷（DP）量的变化情况见图 5-2，

从整体来看，采用不同土地利用数据的四个时间段间入河溶解态磷量没有显著的区别（$P>0.05$）。1987～1995年入河溶解态磷量平均值为0.0028t/a，1996～2002年入河溶解态磷量平均值为0.0018t/a，2003～2008年和2009～2015年入河溶解态磷量平均值为0.0024t/a与0.0014t/a。由此可见土地利用变化对入河溶解态磷量影响不明显。

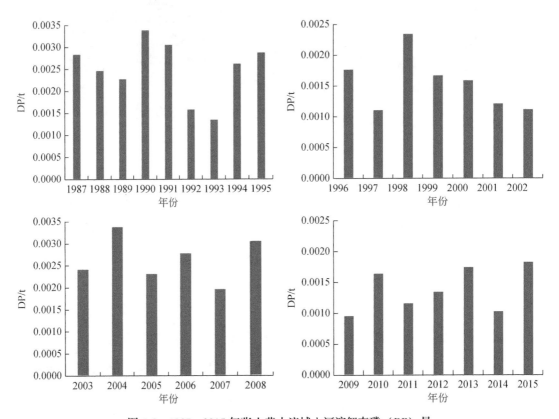

图5-2　1987～2015年张山营小流域入河溶解态磷（DP）量

1987～2015年张山营小流域入河颗粒态磷（PP）量的变化情况见图5-3。由于颗粒态磷主要吸附于土壤中，因此颗粒态磷入河量受土壤侵蚀量影响。从整体来看，采用不同土地利用数据的四个时间段内，小流域入河颗粒态磷量差别不大，但2009～2015的时间段内小流域入河颗粒态磷量最大。

5.2.3　小流域面源污染关键区识别

张山营小流域内1987～2013年颗粒态磷（PP）流失量分布变化情况见图

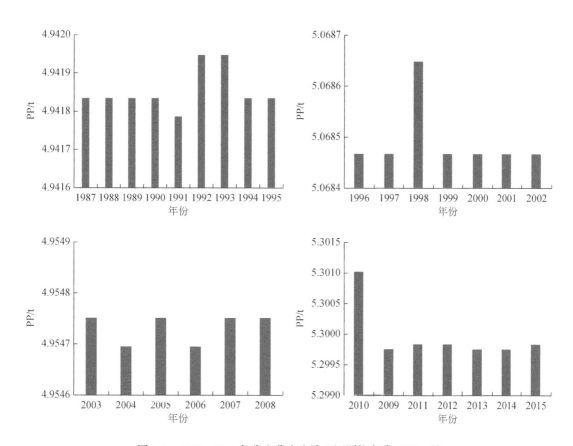

图 5-3 1987~2015 年张山营小流域入河颗粒态磷（PP）量

5-4。从其分布状况来看，流域内颗粒态磷流失分布情况与土壤侵蚀量相似，泥沙作为流域内颗粒态磷输出的主要载体，因而泥沙来源与颗粒态磷的来源有着直接联系。同时可以发现，流域内农田分布的区域，尤其是部分坡度较大的农田地块也是颗粒态磷流失分布的重点源区。

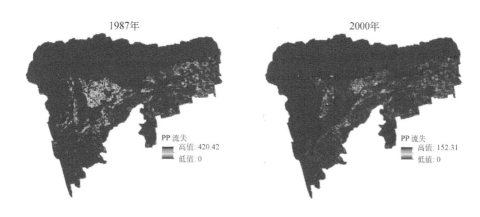

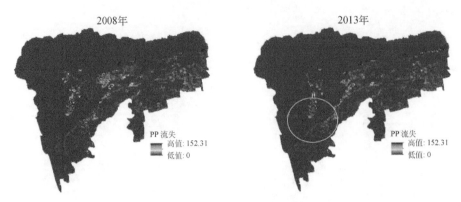

图 5-4 1987~2013 年张山营小流域颗粒态磷（PP）流失分布图

单位：kg/（km² · a）

张山营小流域内 1987~2013 年溶解态磷（DP）流失量分布变化情况见图 5-5。从图可知 1987~2013 年妫水河流域溶解态磷流失量的变化不明显。而从 1987 年、2000 年、2008 年与 2013 年这四年的流域溶解态磷流失量分布图可以

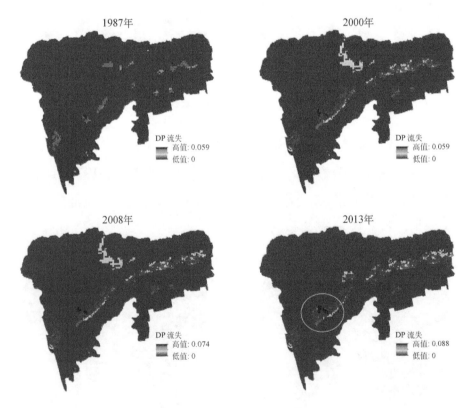

图 5-5 1987~2013 年张山营小流域溶解态磷（DP）流失分布图

单位：kg/（km² · a）

看出，流域中部小河屯村周边（图中白框范围）溶解态磷流失量不断增大，且该区域有扩大趋势，分析土地利用情况可知该区域为流域村镇较密集区域，属于河道下游区且距离河道较近。从其他分布区域也可以看出，小流域内溶解态磷流失量主要分布在村落，尤其是城镇越集中的地方流失量越大。其他流失关键区大致分布在河道周围，随着径流的带动，在河滨带区域的溶解态磷能更快且更容易进入到河网中，因此在治理中应将河滨带作为治理的重点。

基于 SWAT 模型对张山营小流域进行子流域划分，并对 2016～2019 年各年份的总磷和氨氮污染负荷空间分布进行了模拟，得到结果分别如图 5-6 和图 5-7 所示。整体来看，2016～2019 年张山营小流域总磷污染负荷的变化呈减少的态势，其中 2017 年较高，流域年负荷总量达 206t。而从 2016～2019 年这四年的流域总磷污染负荷量空间分布图可以看出，流域中部 5 号子流域（小河屯村）总磷负荷量一直较稳定，且高于其他区域子流域的总磷污染负荷量，通过分析土地利用情况可知该区域为流域村镇较密集区域，且小河屯村内农田和果园面积分布较多，该子流域又位于河道的下游区。从 8 号和 9 号子流域污染负

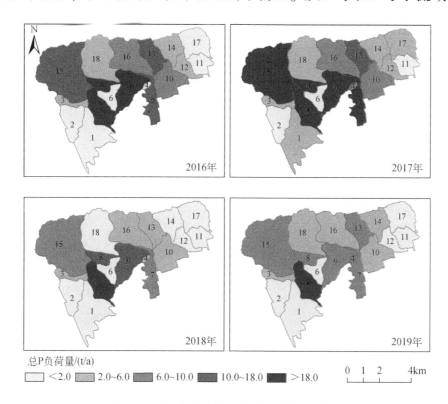

图 5-6　张山营小流域总磷污染负荷空间分布

荷较高的空间分布特征也可以看出，小流域内总磷污染负荷量产生的关键源区分布在河道周围，随着径流的带动，总磷污染更为严重。因此考虑将小河屯村（5号子流域）及沿河道等污染关键源区作为示范区，并布设一系列的工程措施来控制面源污染。

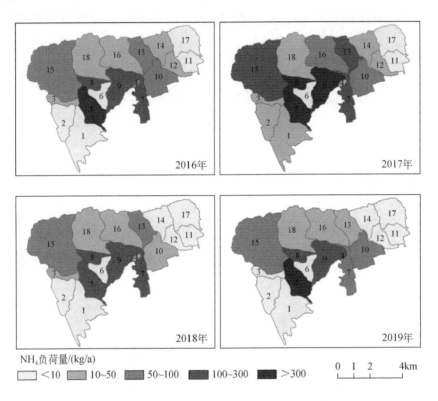

图5-7　张山营小流域氨氮污染负荷空间分布

张山营小流域氨氮污染负荷空间分布结果与总磷污染负荷的结果相似，2017年氨氮污染负荷总量相对最高为2550.6kg。从空间上看，相对其他子流域来说，2016～2017年张山营中部5号子流域（小河屯村）氨氮污染负荷一直保持较稳定的量且为最高，其次是8号、9号子流域氨氮污染负荷量较大，分析可知，相比于该流域内其他村镇生活区，小河屯村的氨氮污染负荷最为严重，小河屯村村民居住点分布集中，南部农田与果园用地面积大，污染相对较大，因此选择小河屯村作为治理的重点。

5.3 山水林田湖草空间格局分析

5.3.1 妫水河流域山水林田湖草空间格局划分

在妫水河流域2008年、2013年和2017年3期遥感影像解译结果的基础上，采用绝对高程和坡度作为划分山地的关键性指标，将妫水河流域地貌类型划分为低山丘陵、山前台地及山区（图5-8），具体划分指标如表5-1所示。

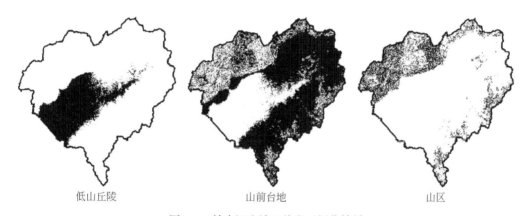

低山丘陵　　　　　　　山前台地　　　　　　　山区

图5-8　妫水河流域地貌类型划分结果

表5-1　妫水河流域地貌类型划分

类型	划分指标
低山丘陵	绝对高程在200~500m
山前台地	绝对高程在200~500m之间且坡度小于25°
山区	绝对高程在200~500m之间且坡度大于或等于25°

5.3.2 妫水河流域山水林田湖草空间格局分析

5.3.2.1 山水林田湖草空间格局时空演变特征

在妫水河流域山水林田湖草空间格局划分的基础上，采用空间动态模型对

2008 年、2013 年和 2017 年 3 期妫水河流域山水林田湖草空间格局特征进行分析（图 5-9），同时选取全局莫兰指数和空间关联局域性指标进一步解析山水林田湖草的空间自相关特征，并结合植被覆盖度探索了不同空间格局的生态变化过程，为改善妫水河的生态格局和提高生态环境质量提供重要参考信息。

2008～2017 年妫水河流域低山丘陵区内分布着大面积的山田，但其面积存在明显的持续缩减，减少面积约为 26.6km²，一方面可能是城镇建设占用耕地，另一方面可能是向山林的转换。山林和山草面积变化趋势较为相似，2008～2013 年为面积急速增长期，2013～2017 年为平缓增长期，其面积分别增加了 16.4km²、20.3km²。同时，山区裸地的面积也有所增加，这可能主要是由于冬奥会、世博会诸多工程的修建，短时间内一定程度上破坏了生态环境，导致了山水面积呈现缩减态势。

2008～2017 年妫水河流域山前台地区的山田和山林面积基数相对较大。山田主要分布在流域东北部以及南侧山地前缘，研究时段内山田面积呈持续减少态势，共减少 10.2km²；由于地势原因，山前台地中的山林则多是与山区山林相间分布于流域南北两侧，2008～2017 年山林面积增加 24.8km²；山草格局面积变化趋势与山田一致，减少了 9.72km²；山水面积则经历了先减少后增加的过程，但整体仍减少 0.4km²；山区裸地面积则在该时段内持续增加，这在一定程度上反映出山前台地区域在研究时段内生态环境发生了退化。

山区内成片分布着大量山林，但其面积在研究时段内减少 3.2km²，原因可能在于近年来人类在山区的活动日益频繁，对山林植被造成了破坏，使其发生退化。2008～2017 年山区内的山草沿着北部山区底缘向南移动，2013 年以后山区山草主要出现在西庄科、张山营一带。除此以外，2013 年后流域西北部出现了明显的山裸地。山田和山水年际间变化并不显著，可能在于其面积基数较小，使得格局面积年际变化程度也较小。

5.3.2.2　山水林田湖草空间自相关特征

基于标准化后的山水林田湖草面积百分比数据，利用全局莫兰指数分析妫水河流域低山丘陵、山前台地和山区内山水林田湖草空间自相关的演变特征（表 5-2）。对于整体而言，除 2008 年低山丘陵中的山草和山裸地全局空间自相关未通过显著性检验以外，山水林田湖草格局均通过 $P<0.01$ 的显著性水平

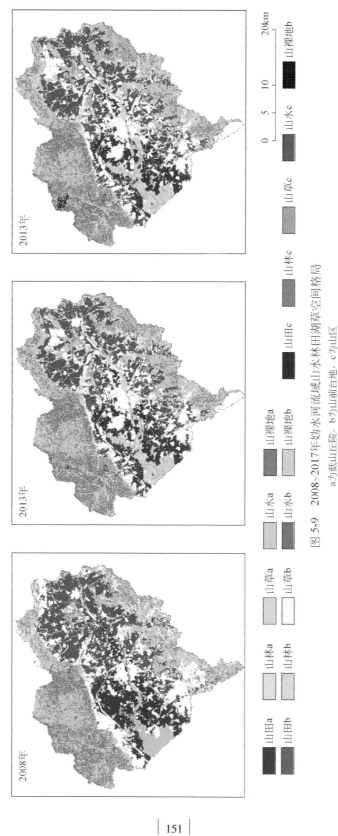

图 5-9　2008～2017年妫水河流域山水林田湖草空间格局

a为低山丘陵、b为山前台地、c为山区

检验，且 Moran's I 均为正值，表明不同格局的空间分布不是随机的，而是在空间上表现出显著的集聚性特征，呈现出空间上的正自相关关系。在低山丘陵区域，山田的空间集聚程度呈持续下降趋势，2008～2017 年 Moran's I 减少 0.07，而山林的空间集聚程度却不断上升，研究时段内 Moran's I 增加了 0.27。2008～2017 年山水格局的空间集聚程度经历了先急速下降后趋于平稳的过程，2013 年后稳定在 0.22 左右。对于山前台地，尽管 2008～2013 年山田空间集聚性不断下降，但 2013 年后其 Moran's I 稳定在 0.59，依旧表现出较强的空间集聚特征。而山林、山草的空间集聚性不断上升，2017 年分别达到 0.66、0.37。此外，山水和山裸地的空间集聚性均表现出先减小后增大的特征。在地势较高的山区，成片分布着大面积的山林，表现出较强的空间集聚性，但 2008～2017 年这种集聚程度却不断下降，原因可能在于近年来人类活动对山区整体生态环境扰动加剧，使得山林受到破坏，完整性不断降低。2008～2017 年山草的空间集聚性经历了先增大后减小的过程，但整体波动幅度较小。而由于近年来山区的施工建设，山裸地空间集聚程度有较大程度的升高。除此以外，山区的山田和山水格局面积基数较小，空间集聚程度维持在相对较低的水平。

表 5-2　山水林田湖草全局空间自相关显著性检验

格局		2008 年			2013 年			2017 年		
		Moran's I	Z	P	Moran's I	Z	P	Moran's I	Z	P
低山丘陵	山田	0.51	11.48	$P<0.01$	0.44	9.97	$P<0.01$	0.44	9.98	$P<0.01$
	山林	0.14	3.30	$P<0.01$	0.39	8.92	$P<0.01$	0.41	9.45	$P<0.01$
	山草	0.01	−0.05	$P>0.05$	0.42	9.88	$P<0.01$	0.42	9.76	$P<0.01$
	山水	0.67	15.26	$P<0.01$	0.22	5.28	$P<0.01$	0.23	5.46	$P<0.01$
	山裸地	0.00	0.25	$P>0.05$	0.07	2.36	$P<0.01$	0.21	5.64	$P<0.01$
山前台地	山田	0.69	26.98	$P<0.01$	0.59	22.80	$P<0.01$	0.60	23.37	$P<0.01$
	山林	0.60	23.61	$P<0.01$	0.66	25.76	$P<0.01$	0.66	25.69	$P<0.01$
	山草	0.32	12.60	$P<0.01$	0.37	14.88	$P<0.01$	0.37	14.96	$P<0.01$
	山水	0.10	4.17	$P<0.01$	0.05	2.90	$P<0.01$	0.10	5.01	$P<0.01$
	山裸地	0.30	13.54	$P<0.01$	0.13	5.60	$P<0.01$	0.20	8.66	$P<0.01$
山区	山田	0.14	4.55	$P<0.01$	0.15	7.80	$P<0.01$	0.16	8.61	$P<0.01$
	山林	0.73	21.68	$P<0.01$	0.68	19.66	$P<0.01$	0.64	19.03	$P<0.01$
	山草	0.36	11.30	$P<0.01$	0.43	12.95	$P<0.01$	0.41	12.60	$P<0.01$
	山水	0.20	8.54	$P<0.01$	0.09	9.83	$P<0.01$	0.09	9.80	$P<0.01$
	山裸地	0.09	3.68	$P<0.01$	0.34	10.53	$P<0.01$	0.47	17.01	$P<0.01$

注：Z 是标准差的倍数，P 表示概率，Z 与 P 相关联，$Z<-1.96$ 或 $Z>1.96$ 时 $P<0.05$，即置信区间大于 95%。

为进一步揭示山水林田湖草空间格局面积百分比的高值和低值空间集聚状态，了解局部的空间差异性，基于面积百分比数据和空间权重分别获取了低山丘陵、山前台地及山区的空间关联局部指标（LISA）空间分布图。

由图 5-10 可以看出，低山丘陵区内山田的面积相对较广，呈现显著的 HH、LL 集聚趋势，主要分布在流域中西部和东北部，2008～2017 年山田 HH 集聚区数量减少15.6%，而 LL 集聚区却增加了 19.2%。2008 年山林主要呈现 LL 集聚趋势，分布在官厅水库周围及流域东北部，中部有零星的 HH 集聚区和 LH 异常区分布。2013 年以后 HH 和 LL 集聚区呈块状显著增加，可能是由于近年来田间造林所致。与山林相似，2008 年山草空间格局分布区域随机化，2013 年后官厅水库周围出现了 HH 集聚区域，东桑园、马坊以及榆林堡南部的山草呈现较显著的 LL 集聚趋势。2008～2017 年山水格局 HH、LL 集聚区呈分散趋势，这可能是由于近年来气候干旱、用水量增多，使得部分河道断流。除此以外，流域内山裸地 HL、LH 异常区域较为显著。

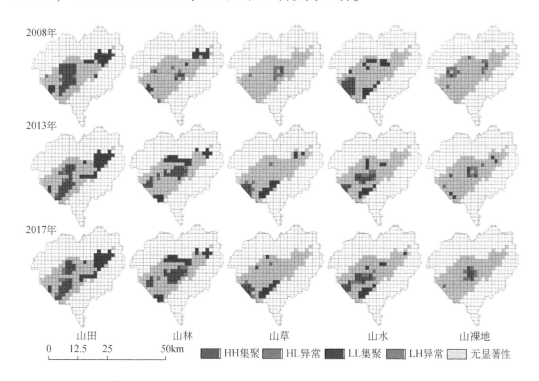

图 5-10　低山丘陵区山水林田湖草空间关联局部指标（LISA）分布图（P<0.05）

由图 5-11 可以看出，对于山前台地区域，山田呈现显著的 HH、LL 集聚趋势，HH 集聚区主要分布在流域南部和东北部的山前平坦区，地势较为低洼，水源相对充足，山田面积占比较大且连片分布，而 LL 集聚区则主要出现在流域的北部。2008~2013 年 LL 集聚区面积呈收缩态势，面积减少 10.8%，2013 年后 LL 集聚区面积基本维持不变；而 2008~2017 年尽管流域 HH 集聚区位置发生一定变化，但整体数量基本保持稳定。山林与山田类似，呈 HH、LL 集聚趋势，但其 HH 集聚区主要分布在流域南北两侧，而 LL 集聚区则几乎由西南向东北贯穿整个流域。2008~2017 年山林的 HH 集聚区面积增加 8.2%，LL 集聚区面积却减少 4.5%。山草主要呈现 LL 集聚趋势，2008~2017 年 LL 集聚区位置不断向流域北侧边缘蔓延覆盖，表明 2008 年以后流域北侧山地出现了较多数量的低密度山草地。山水的 HH 集聚区与 LH 集聚区相间分布，说明山水格局的稳定性较低。2008 年以后流域北侧山裸地面积增加，LL 集聚区呈条带状分布于流域北侧。

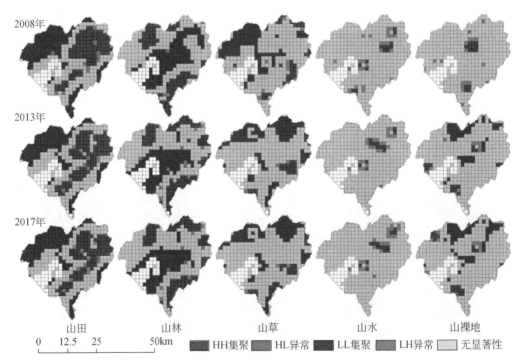

图 5-11　山前台地山水林田湖草空间关联局部指标（LISA）分布图（P<0.05）

由图 5-12 可以看出，在山区，山林呈现显著的 HH、LL 集聚分布，流域北部的山区山林面积较大且呈块状分布，而 LL 集聚区则主要分布在流域东南侧山区，2008~2017 年 HH、LL 集聚区面积均减少约 11.8%。2008 年山草主要在流域西北部呈现 LL 集聚趋势，但 2013 年以后山草逐渐转为 HH 集聚，但

HH 集聚面积相较于 2008 年的 LL 集聚区面积有明显缩小，集中在西庄科、水峪及西五里营。2008 年山裸地主要呈现 LH 异常分布，而 2013 年以后出现呈块状的 HH 集聚区，这可能在于近年来随着 2019 年世园会和 2022 年冬奥会场馆及配套基础设施建设项目的施工，不得不从山区开凿管道，导致山区地表植被破坏。除此以外，山田、山水的 HH、LL 集聚区域面积均相对较小，这可能是由于在山区这三种格局的面积基数较小所致。

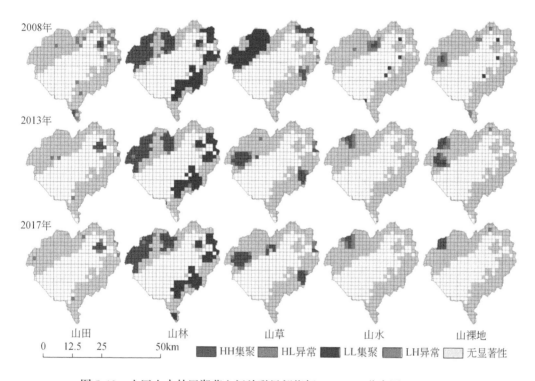

图 5-12　山区山水林田湖草空间关联局部指标（LISA）分布图（*P*<0.05）

5.3.2.3　山水林田湖草生态变化过程分析

结合植被覆盖度，定量分析了不同山水林田湖草空间格局的生态环境质量变化特征（图 5-13）。在低山丘陵区，山林、山草整体的植被覆盖度较高，但 2008～2017 年均有不同程度的下降，可见山林、山草空间格局的生态稳定性较差，生态退化较为严重，极易受人类活动和经济发展的影响。其中，山林 2008 年植被覆盖度最高，但随着时间的变化，植被覆盖度呈现明显的下降趋势；而山草随时间呈先增加后减少的趋势，2008 年和 2017 年植被覆盖度差异较小。妫水河流域水面深度较浅，有大量生长的植物，将部分水体掩盖，因此，山水中也存在一定的植被覆盖度，但2008~2017年山水的植被覆盖度降幅明显，2017年山水的植被覆盖度仅为0.23，其生态问题较为严峻。2008~2017年山田的植被覆盖度呈现稳步上升的趋势，2017年植被覆盖度达0.40。

就山前台地而言，山林、山草的生态退化与改善趋势大致相同，植被覆盖度呈现先降低后升高趋势，从2008~2013年，山林、山草植被分别减少了11.63%、25.39%，这是由于林地、草地面积的减少直接导致了其植被覆盖度的降低；随着时间的推移，其生态质量分别有所提高，但由于此类景观类型处于人类活动干扰强烈的耕地和城镇建设用地之间，生态恢复程度较慢。山田空间格局下植被覆盖度呈现持续上升趋势，2008~2017年植被覆盖度增加了32.15%。山水的植被覆盖度呈现先增高后降低的趋势，表明自2013年后山水空间格局下生态发生退化，严重影响了流域周边生产生活活动。

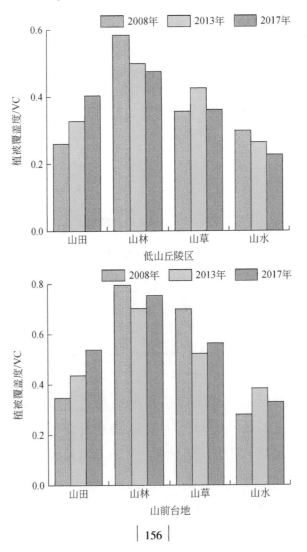

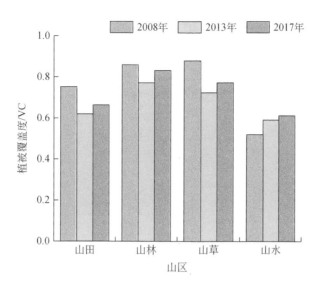

图 5-13　2008 ~ 2017 年妫水河流域山水林田湖草空间格局下的植被覆盖度

相较山前台地和低山丘陵区域，山区的平均植被覆盖度较高且不同年份间不同组合类型的植被覆盖度差异较小，可见山区的生态环境较为稳定，且退化程度较弱。其中，山区格局中山林、山草、植被覆盖度差异较相似，2008 年的植被覆盖度较高，分别达到了 0.86、0.88，但随着时间的流逝，山林、山草格局的生态均有不同程度的退化。山田植被覆盖度从 2008 ~ 2013 年急速下降然后趋于平缓，且有一定的恢复。

5.3.3　妫水河流域山水林田湖草空间优化配置

5.3.3.1　妫水河流域土地配置优化模型求解

在妫水河流域土地配置现状的基础上，设置耕地 x1、园地 x2、林地 x3、水域 x4 和建设用地 x5 为满足约束条件的决策变量。种群初始化采用实数编码。在条件控制的范围内随机产生初始个体，保证个体的多样化。

最大进化代数能够控制算法运行的代数，通常在 40 ~ 1000 这个范围。算法达到设置的代数后会停止运行，将最大进化代数设置为 100，交叉概率为 1，变异概率为 0.2。

仿真实验得到多组 Pareto 解集也就是妫水河流域土地配置优化方案。每一组最优解代表着妫水河流域的一个土地配置优化方案。NSGA2 算法将按照适应度大小逐代选择个体到最后算法满足条件后终止。此时经过算法求解得出了 100 组流域土地面积，表 5-3 展示的是其中 10 组解经过多目标优化后的妫水河流域土地面积值。

表 5-3　实证分析土地面积优化方案表　　　　（单位：hm²）

方案	耕地	园地	林地	水域	建设用地
1	28 317	10 636	123 612	6 409	9 469
2	29 670	10 647	123 911	6 413	9 644
3	36 222	10 687	130 200	6 441	11 657
4	28 326	10 637	123 760	6 410	9 657
5	34 173	10 650	128 670	6 422	10 113
6	36 498	10 696	130 530	6 450	11 625
7	35 784	10 689	129 470	6 438	11 272
8	29 918	10 641	123 770	6 440	9 925
9	33 518	10 687	129 080	6 439	11 444
10	33 897	10 693	129 920	6 439	11 559

经模型优化后的妫水河流域土地配置结构接近预期，其中耕地在保持红线的基础上有所增长，园地、水域基本不变，林地、建设用地有所增长。在此优化方案下，耕地保有量、园地面积和水域面积可以有效满足妫水河流域的社会经济发展要求，林地面积和建设用地的增长可以有效地增加流域内的生态效益和环境经济效益。根据以上优化面积值，可以得到相应的五维效益值如表 5-4 所示。

表 5-4　五维效益优化值

方案	经济效益	资源效益	社会效益	环境效益	生态效益
1	2 358 500 000	−40 847 000	38 386 297	314 390 000	12 784 000 000
2	2 051 000 000	−38 285 000	40 743 112	294 670 000	12 533 000 000
3	2 358 500 000	−40 847 000	38 539 491	314 390 000	12 784 000 000
4	2 051 000 000	−38 285 000	40 701 367	294 670 000	12 533 000 000
5	2 292 300 000	−40 296 000	40 280 775	310 150 000	12 730 000 000
6	2 274 600 000	−40 148 000	38 435 178	309 010 000	12 715 000 000
7	2 142 300 000	−39 045 000	38 740 698	300 520 000	12 608 000 000
8	2 151 200 000	−39 120 000	40 216 328	301 100 000	12 615 000 000
9	2 194 500 000	−39 482 000	40 321 639	303 880 000	12 650 000 000
10	2 219 700 000	−39 692 000	38 415 044	305 500 000	12 671 000 000

5.3.3.2 妫水河流域山水林田湖草空间格局优化

基于妫水河流域土地配置优化模型得到优化后的妫水河流域山水林田湖草空间格局分布，见图5-14。由图可知，张山营小流域的耕地主要分布在低山丘陵区和山前台地内，山区由于坡度较大，并无农田分布，且低山丘陵区的耕地面积最大；其次张山营小流域的山区也没有水域和草地的分布，山区的主要用地类型为林地。此外，建设用地也合适地分布在流域的低山丘陵区。优化后的张山营小流域山水林田湖草空间格局耕地有效满足妫水河流域的社会经济发展要求、生态效益和环境经济效益等。

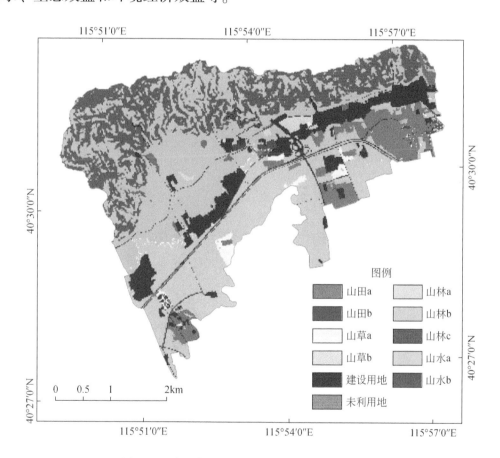

图 5-14 张山营小流域山水林田湖草空间格局优化

a 为低山丘陵，b 为山前台地，c 为山区

5.4 妫水河上游流域水土保持生态
修复示范工程生态监测

5.4.1 监测任务

通过采集河道径流量、地表水水样等方式，对研究区面源污染情况、入河污染物，以及示范区土壤侵蚀情况进行分析，对比示范工程实施前后效果，评估技术达标情况。具体任务包括：土壤侵蚀模数、面源污染控制率和入河污染物削减率。

5.4.1.1 土壤侵蚀模数

监测评价示范工程实施前后研究区土壤侵蚀模数。指标达标值：示范区土壤侵蚀模数降低到 $200t/(km^2 \cdot a)$。

5.4.1.2 面源污染控制率

监测示范工程实施前后面源污染物情况，选取总磷、氨氮、COD 指标，评价面源污染控制情况。指标达标值：面源污染控制率达到 70%。

5.4.1.3 入河污染物削减率

监测示范工程实施前后入河污染物情况，选取总磷、氨氮、COD 指标，评价入河污染物消减率情况。指标达标值：入河污染物消减率达到 30%。

5.4.2 工程生态监测方案

5.4.2.1 监测指标 1：土壤侵蚀模数

(1) 监测地点
监测点设置在蔡家河沿岸示范工程末端（图 5-15）。具体位置为

40.506 010°N，115.919 164°E。监测断面控制面积约 45km²。

图 5-15　土壤侵蚀模数指标监测点位置图

（2）采样工具

取样瓶（1L）若干，流速仪 1 台，水质取样器一台，皮尺。

（3）监测及采样方法

1）利用流速仪测量径流流速 v（m/s）（蔡家河河道宽度较小，因此于河道两端及中间点测量流速并取平均值）；

2）用皮尺测量水位高度 h（m）和过水断面长度 L（m），过水断面近似取值 $S = Lh$；

3）使用水质取样器取水，并将样品装入取样瓶中带回实验室（每次监测取样品 6～8 个，每个样品取 2 份，即重复 1 次）；

4）实验室中沉淀水样，过滤水样后烘干沉淀泥沙，测量泥沙重量，并计算径流泥沙含量 C（g/m³）。

（4）监测时间及频次

1）汛期。在示范工程动工前后（2019 年 7～8 月，2020 年 6～8 月）汛期阶段监测降雨量大于 30mm 的降雨过程各 3～4 场，每次监测取样品 6～8 个，其中径流量于产流前期和后期每 30～40min 监测 1 次，产流中期（变化迅速期）每 15～20min 监测 1 次。高强度降雨持续时间比较短，一般在半个小时左右，所以其中径流量于产流前期和后期 5～20min 监测 1 次，产流中期（变化迅速期）每 2～10min 监测 1 次。在实际操作中则尽量多取样，然后选择有代表性的样品检测。

2）非汛期。于施工前后（2019 年 6 月、9～10 月，2020 年 9～12 月）非汛期时段监测河道的径流量，每月按时取样监测。

5.4.2.2 监测指标 2：面源污染物

（1）监测地点

设置面源污染控制率指标第三方监测监测点 1 个，在张山营小河屯村果园沟道出口（图 5-16），具体位置为 40°30′30.13″N，115°55′38.13″E。

图 5-16 面源污染控制率指标监测点位置图

（2）采样工具

取样瓶（1L）若干，水桶（20L）若干。

（3）监测及采样方法

1）分别在示范工程实施前后，在果园园地挖掘截水沟，建设小型出水口，出水口铺设塑料布，并挖一小坑用于存放水桶收集径流；

2）降雨时收集径流量，并将上述清液转移至取样瓶中送至实验室检测总磷、氨氮、COD 含量。

（4）监测时间及频次

在示范工程动工前后（2019年7~8月，2020年6~8月）监测降雨量大于30mm的降雨过程各3~4场，监测指标为沟道径流量及径流水质（总磷、氨氮、COD），每次监测取样品6~8个，其中径流量于产流前期和后期每30~40min监测1次，产流中期（变化迅速期）每15~20min监测1次。高强度降雨持续时间比较短，一般在半个小时左右。所以其中径流量于产流前期和后期每5~20min监测1次，产流中期（变化迅速期）每2~10min监测1次。在实际操作中则尽量多取样，然后选择有代表性的样品检测。

（5）水质监测方法

1）总磷采用《水质总磷的测定钼酸铵分光光度法》（GB 11893-89）测定，其原理是在中性条件下用过硫酸钾（或硝酸–高氯酸）使试样消解，将所含磷全部氧化为正磷酸盐。在酸性介质中正磷酸盐与钼磷酸铵反应，在锑盐存在下生成磷钼杂多酸后，立即被抗环血酸还原，生成蓝色络合物。

2）氨氮采用《水质氨氮测定快速消的测定纳氏试剂分光光度法》（HJ 535-2009）测定，其原理方法为以游离态的氨或铵离子等形式存在的氨氮与纳氏试剂反应生成淡红棕色络合物，该络合物的吸光度与氨氮含量成正比，于波长420nm处测量吸光度。

3）COD采用《水质化学需氧量的解分光光度法》（HJ/T 399-2007）测定，其方法和原理为在水样中加入已知量的重铬酸钾溶液，并在强酸介质下以银盐作催化剂，经沸腾回流后，以试亚铁灵为指示剂，用硫酸亚铁铵滴定水样中未被还原的重铬酸钾，由消耗的重铬酸钾的量计算出消耗氧的质量浓度。

5.4.2.3 监测指标3：入河污染物

（1）监测地点

设置入河污染物第三方监测监测点1个，监测点设置在蔡家河沿岸示范工程末端，与土壤侵蚀模数指标监测点位于同一位置（图5-17）。具体位置为40.506 010°N，115.919 164°E。

（2）采样工具

取样瓶（1L）若干、流速仪1台、木棍、水质取样器一台、皮尺。

（3）监测及采样方法

1）利用流速仪测量径流流速 v（m/s）（蔡家河河道宽度较小，因此于河

图 5-17　入河污染物削减率监测点位置图

道两端及中间点测量流速并取平均值）；

2）用皮尺测量水位高度 h（m）和过水断面长度 L（m），过水断面近似取值 $S=Lh$；

3）使用水质取样器取水，并将样品装入取样瓶中带回实验室检测总磷、氨氮、COD 含量。

（4）监测时间及频次

1）汛期。在示范工程动工前后（2019 年 7~8 月，2020 年 6~8 月）汛期阶段监测降雨量大于 30mm 的降雨过程各 3~4 场，每次监测取样品 6~8 个，其中径流量于产流前期和后期每 30~40min 监测 1 次，产流中期（变化迅速期）每 15~20min 监测 1 次。高强度降雨持续时间比较短，一般在半个小时左右。所以其中径流量于产流前期和后期每 5~20min 监测 1 次，产流中期（变化迅速期）每 2~10min 监测 1 次。在实际操作中则尽量多取样，然后选择有代表性的样品检测。

2）非汛期。于施工前后（2019 年 6 月、9~10 月，2020 年 9~12 月）非汛期时段监测河道的径流量以及水质，每月按时取样检测。

（5）水质监测方法

方法同前。

5.4.2.4　土壤侵蚀模数、面源污染控制率、入河污染物削减率计算

（1）土壤侵蚀模数计算

1）监测场次降雨输沙量计算。

$$S_{ij} = 10^{-3} A_{ij} Q_{ij} t_{ij} \tag{5-1}$$

式中，S_{ij} 为第 i 次降雨 j 时段输沙量，kg；A_{ij} 为第 i 次降雨 j 时段泥沙含量，g/ m^3；Q_{ij} 为第 i 次降雨 j 时段径流量，m^3/s；t_{ij} 为第 i 次降雨 j 时段，s。

2）半年期降雨输沙量估算。

$$Z_1 = \sum S_i \frac{P_{半年}}{P} \tag{5-2}$$

式中，Z_1 为半年期降雨输沙量，kg；S_i 为第 i 次降雨的输沙量，kg；$P_{半年}$ 为半年期总降雨量，mm；P 为所有监测场次的降雨总量，mm。

3）半年期非降雨期输沙量计算。

$$Z_2 = 10^{-3} AQt \tag{5-3}$$

式中，Z_2 为半年期非降雨期的输沙量，kg；A 为径流泥沙含量，g/m^3，Q 为径流量，m^3/s，t 为非降雨期时间，s。

4）土壤侵蚀模数计算。

$$Z = \frac{(Z_1 + Z_2) T}{10^3 S} \tag{5-4}$$

式中，Z 为土壤侵蚀模数，$t/(km^2 \cdot a)$，Z_1 为半年期降雨期输沙量，kg；Z_2 为半年期非降雨期输沙量，kg；S 为监测点所控制流域范围，监测断面控制面积取值 $45km^2$；T 取值为 2，表示由半年期转变为 1 年期。

（2）面源污染物削减率

1）监测场次降雨量的养分流失量计算。

$$N_{ij} = 10^{-3} C_{ij} Q_{ij} t_{ij} \tag{5-5}$$

式中，N_{ij} 为第 i 次雨 j 时段养分流失量，kg；C_{ij} 为第 i 次降雨 j 时段径流养分含量，g/m^3；Q_{ij} 为第 i 次降雨 j 时段径流量，m^3/s；t_{ij} 为第 i 次降雨 j 时段，s。

2）半年期养分流失量计算。

$$L = \sum S_i \frac{P_{半年}}{P} \tag{5-6}$$

式中，L 为半年期养分流失量，kg；S_i 为第 i 次降雨的养分流失量，kg；$P_{半年}$ 为半年期总降雨量，mm；P 为监测场次的降雨总量，mm。

3）面源污染负荷。

$$W = \frac{L}{S} T \tag{5-7}$$

式中，W 为面源污染负荷，kg/（hm^2·a）；L 为半年期养分流失量，kg；S 为监测点所控制流域范围，监测断面控制面积取值 50 亩，约为 3.33hm^2；T 取值 2，表示由半年期转变为 1 年期。

（3）入河污染物削减率

1）监测场次降雨养分流失量计算。

$$N_{ij} = 10^{-3} C_{ij} Q_{ij} t_{ij} \tag{5-8}$$

式中，N_{ij} 为第 i 次降雨 j 时段养分流失量，kg；C_{ij} 为第 i 次降雨 j 时段径流养分含量，g/m^3；Q_{ij} 为第 i 次降雨 j 时段径流量，m^3/s；t_{ij} 为第 i 次降雨 j 时段，s。

2）半年期降雨时段对应养分流失量计算。

$$L_1 = \sum S_i \frac{P_{半年}}{P} \tag{5-9}$$

式中，L_1 为半年期养分流失量，kg；S_i 为第 i 次降雨的养分流失量，kg；$P_{半年}$ 为半年期总降雨量，mm；P 为监测场次的降雨总量，mm。

3）半年期非降雨时段养分流失量计算。

$$L_2 = 10^{-3} CQt \tag{5-10}$$

式中，L_2 为半年期非降雨期的养分流失量，kg；C 为径流养分含量，g/m^3，Q 为径流量，m^3/s，t 为非降雨期时间，s。

4）入河污染物负荷计算。

$$X = \frac{(X_1 + X_2) T}{10^3 S} \tag{5-11}$$

式中，X 为入河污染物负荷，kg/（hm^2·a），X_1 为半年期降雨期入河污染物养分流失量，kg；X_2 为半年期非降雨期养分流失量，kg；S 为监测点所控制流域范围，监测断面控制面积取值 45km^2；T 取值为 2，表示由半年期转变为 1 年期。

5.4.3 工程运行效果

5.4.3.1 土壤侵蚀控制效果

在天然降雨条件下监测示范工程的土壤流失量，监测点设置在蔡家河沿岸示范工程末端，监测断面为涵洞，过水断面可近似为长方形。监测指标为河道径流量、径流泥沙量。因施工前使用人工取样，施工后使用智能型水质采样器取样，人工取样的监测时间因人力、天气等原因，监测时长一般是 3 个小时左右，但雨停之后降雨径流对土壤侵蚀的影响并不会立即停止，所以在计算各次降雨土壤侵蚀产沙时时长往后延长至 9 个小时，并将最后时段的泥沙含量监测浓度值直接应用于后面时段。监测结果如下。

(1) 汛期

根据式 5-1、式 5-2、式 5-4 计算汛期（施工前 2019 年 7~8 月监测 4 次，施工后 2020 年 6~8 月监测 5 次）的土壤侵蚀模数，计算结果如表 5-5，施工前降雨期的土壤侵蚀模数为 0.50t/（km²·a），施工后降雨期土壤侵蚀模数为 0.37t/（km²·a），消减率为 26%。

表 5-5　施工前后降雨期产生的土壤侵蚀模数

项目	全年降雨期
施工前土壤侵蚀模数/[t/（km²·a）]	0.50
施工后土壤侵蚀模数/[t/（km²·a）]	0.37
消减率/%	26

(2) 非汛期

根据式 5-3、式 5-4 计算施工前后非降雨期（施工前监测 3 次，施工后监测 4 次）的土壤侵蚀模数，结果如表 5-6 所示。施工前非降雨期的土壤侵蚀模数为 0.34t/（km²·a），施工后非降雨期土壤侵蚀模数为 0.17t/（km²·a），消减率为 50%。

表5-6 施工前后非降雨期产生的土壤侵蚀模数

项目	全年非降雨期
施工前土壤侵蚀模数/［t/(km² · a)］	0.34
施工后土壤侵蚀模数/［t/(km² · a)］	0.17
消减率/%	50

(3) 合计

因取样测得的仅是悬移质输沙量，实际产生的还有推移质输沙量，利用比例系数法根据悬移质年输沙量推求推移质年输沙量，一般情况下，推移质与悬移质的比值为 0.15 ~ 0.30 或更高，这里取 0.30 对推移质输沙量进行计算。根据汛期、非汛期以及推移质产沙量计算全年期土壤侵蚀模数（图5-18、表5-7）。

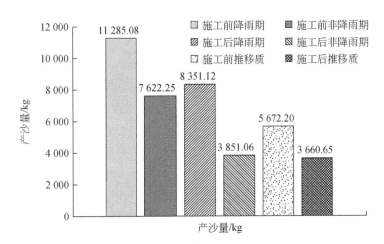

图5-18 示范工程施工前后半年期产沙量

表5-7 施工前后全年期产生的土壤侵蚀模数

项目	全年期
施工前土壤侵蚀模数/［t/(km² · a)］	1.09
施工后土壤侵蚀模数/［t/(km² · a)］	0.71
消减率/%	34.86

可以看出示范工程施工后产沙量显著减少，较施工前，半年期产沙量减少34.86%，土壤侵蚀模数也由施工前 1.09t/(km² · a) 变为 0.71t/(km² · a)，小于200t/(km² · a)，达到目标要求，减少34.86%，可见，泥沙削减率较为

明显，该示范工程对土壤侵蚀的控制效果显著。

5.4.3.2　面源污染防治效果

在天然降雨条件下对示范工程的面源污染防治效果进行监测，监测点在张山营小河屯村果园沟道出口，监测指标为沟道径流量及径流水质氨氮（NH_4^+-N）、总磷（TP）、化学需氧量（COD）。另外，因施工前用于收集径流的小型出水口截留上坡来水面积较小，而施工后截留上坡来水面积约为施工前的 3 倍，因此，在分析监测数据时，将施工前收集到的场次降雨量对应的产流量值扩大 3 倍。施工前后不同降雨量级的径流量如图 5-19、图 5-20 所示。

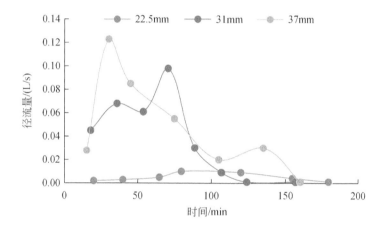

图 5-19　施工前不同雨量级的径流量

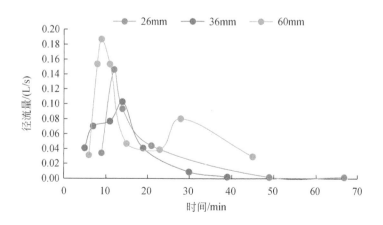

图 5-20　施工后不同雨量级的径流量

下面使用两种方法来分析示范工程面源污染的防治效果。

（1）基于基准值评定面源污染控制率

以总磷为 0.389kg/（hm² · a），氨氮为 2.09kg/（hm² · a），COD 为 10kg/（hm² · a）（第一次全国污染源普查系数手册）为基准值。北京市年平均降水量为 644mm，当（当年降水量－多年平均降水量）/多年平均降水量大于 25%，则当年为丰水年，若小于 25% 则为枯水年。2019 年北京市全年降水量为 511mm，2020 年北京市全年降水量为 595.84mm，均为平水年。因监测时间为半年，按监测时段内降水量与年平均降水量比例测算本底值，如下：

$$面源污染负荷本底值=指标基准值×\frac{监测时段降水量}{年平均降水量} \tag{5-12}$$

$$面源污染控制率=\frac{（面源污染负荷本底值-监测面源污染负荷值）}{面源污染负荷本底值} \tag{5-13}$$

按照式 5-12、式 5-13 计算面源污染控制率，结果如表 5-8。

表 5-8 面源污染控制率

项目	氨氮	总磷	化学需氧量
面源污染负荷本底值/ ［kg/(hm² · a)］	0.52	0.10	2.48
监测面源污染负荷值/ ［kg/(hm² · a)］	0.000 21	0.000 03	0.005 57
面源污染控制率/%	99.96	99.97	99.78

由表 5-8 可知，氨氮、总磷、化学需氧量 COD 的面源污染控制率均在 99% 以上，满足控制率 70% 的目标要求，说明面源污染防治效果较好。

（2）基于施工前后对比评定面源污染控制率

1）未考虑施工前后降雨量级别不同等因素。

按研究方法所述 ［式 (5-5)、式 (5-6)、式 (5-7)］，依据监测到的多场降雨量的养分流失量来计算整年的面源污染负荷值。计算的半年期养分流失量如图 5-21 所示，相对于示范工程实施前，氨氮半年期养分流失量减少 68.94%，总磷半年期养分流失量减少了 67.10%，化学需氧量半年期养分流失量减少了 67.59%。面源污染负荷消减结果如表 5-9 所示，氨氮、总磷、化学需氧量的控制率分别为 68.94%、67.10%、67.59%。可以看出，各水质的控制率都达到了 60% 以上，接近 70%。需要强调的是，因示范工程施工后 2020 年的雨水较为丰沛，施工前 2019 年监测时段的降雨量明显小于 2020 年的降雨量，因此，施工后监测养分流失明显相应增大。因此，如果将施工前后降雨量级别不同这一因素考虑在内，面源污染负荷控制率实际上远大于当前计算值，面源污染防治效果显著。

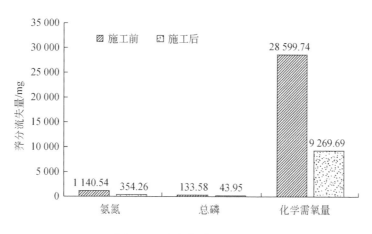

图 5-21　半年期养分流失量

表 5-9　施工前后全年期面源污染负荷控制率

项目	氨氮	总磷	化学需氧量
施工前污染物负荷量/［kg/(hm² · a)］	0.000 69	0.000 08	0.017 18
施工后污染物负荷量/［kg/(hm² · a)］	0.000 21	0.000 03	0.005 57
控制率/%	68.94	67.10	67.59

此外，施工前污染物负荷量远小于背景值，原因主要有以下几方面：①施工前污染物负荷值是基于低降雨级别对应的养分流失量估算的；②背景值实际上也只是表示一个均值的概念（涵盖不同植被和土地利用类型），而当前示范工程所属区域下垫面植被覆盖总体较好，对产生的养分流失量有一定的过滤、阻拦作用，养分流失会明显区别于裸露农地下垫面。所以，观测值较本底值要小。

2）考虑施工前后降雨量级别不同等因素。

由方法一可以看出，氨氮、总磷、化学需氧量的全年期面源污染负荷计算未考虑到降雨量级别的问题，因此，本方法从不同降雨量级别的角度对面源污染防治效果进行分析。

a. 依据施工前后相近降雨量级别实测监测对比分析面源污染控制率

如图5-22所示，在天然降雨场次降雨量为22.5mm左右的条件下，示范工程实施后各指标的场次降雨对应的养分流失量（即降雨发生阶段）都有明显下降，相对于施工前，氨氮场次降雨对应的养分流失量减少80.67%，总磷场次降雨对应的养分流失量减少了75.00%，化学需氧量场次降雨对应的养分流失量减少了80.98%。根据式（5-6）、式（5-7），以该降雨量级别估算整年的面源污染负荷，结果如表5-10所示：氨氮、总磷、化学需氧量的全年期面源污染负荷控制率分别为79.85%、73.93%、80.16%，均达到面源污染负荷消减率70%以上的目标，说明示范工程的实施有效地降低了养分流失，其中，化学需氧量的控制效果最好。需要说明的是，施工前污染物负荷量也远小于背景值，原因基本同前，即：背景值实际上只是表示一个均值的概念（涵盖不同植被和土地利用类型），该示范工程下垫面植被覆盖相对要好，对产生的养分流失量有一定的阻拦作用。养分流失明显区别于裸露农地下垫面，所以，观测值整体要小。

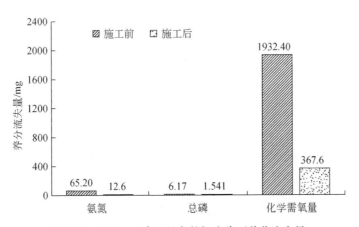

图5-22　22.5mm降雨量条件场次降雨养分流失量

表5-10　22.5mm降雨量条件施工前后全年期面源污染负荷控制率

项目	氨氮	总磷	化学需氧量
施工前面源污染负荷量/［kg/(hm² · a)］	0.000 565	0.000 053	0.016 738
施工后面源污染负荷量/［kg/(hm² · a)］	0.000 114	0.000 014	0.003 320
控制率/%	79.85	73.93	80.16

如图5-23所示，在天然降雨场次降雨量为31mm左右的条件下，示范工

程施工后各指标的场次降雨对应的养分流失量（也即降雨发生阶段）都有明显下降，相对于施工前，氨氮场次降雨对应的养分流失量减少76.01%，总磷场次降雨对应的养分流失量减少了82.52%，化学需氧量场次降雨对应的养分流失量减少了72.86%。根据式（5-6）、式（5-7），以该降雨量级别估算整年的面源污染负荷，结果如表5-11所示：氨氮、总磷、化学需氧量的全年期面源污染负荷控制率分别为73.57%、80.75%、70.11%，均达到面源污染负荷消减率70%以上的目标，说明示范工程的实施有效地降低了养分的流失，其中总磷的去除效果最好。此外，施工前污染物负荷量也远小于背景值，原因同上。

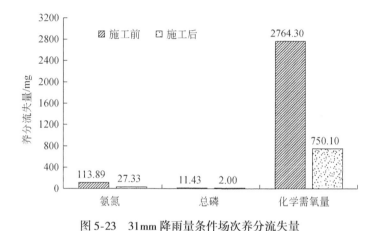

图 5-23　31mm 降雨量条件场次养分流失量

表 5-11　31mm 降雨量条件施工前后全年期面源污染负荷控制率

项目	氨氮	总磷	化学需氧量
施工前面源污染负荷/ [kg/(hm² · a)]	0.000 716	0.000 072	0.017 379
施工后面源污染负荷/ [kg/(hm² · a)]	0.000 189	0.000 014	0.005 194
控制率/%	73.57	80.75	70.11

　　如图5-24所示，在天然降雨场次降雨量为37mm左右的条件下，示范工程施工后各指标的场次降雨对应的养分流失量（也即降雨发生阶段）都有明显下降，相对于施工前，氨氮场次降雨对应的养分流失量减少74.01%，总磷场次降雨对应的养分流失量减少了76.71%，化学需氧量场次降雨对应的养分流失量减少了78.57%。根据式（5-6）、式（5-7），以该降雨量级别估算整年的面源污染负荷，氨氮、总磷、化学需氧量的全年期面源污染负荷控制率分别为71.91%、74.83%、76.84%，均达到面源污染负荷消减率70%以上的目标，说明示范工程的实施有效地降低了养分的流失，其中化学需氧量的去除效

果最好（表5-12）。

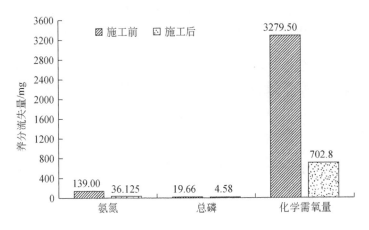

图 5-24　37mm 降雨量条件场次养分流失量

表 5-12　37mm 降雨量条件施工前后全年期面源污染负荷控制率

项目	氨氮	总磷	化学需氧量
施工前面源污染负荷量/［kg/(hm²·a)］	0.000 742	0.000 105	0.017 511
施工后面源污染负荷量/［kg/(hm²·a)］	0.000 208	0.000 026	0.004 056
控制率/%	71.91	74.83	76.84

b. 依据施工前后相近降雨量级别模拟养分对比分析面源污染控制率

因 2019 年下半年雨水较少，且加之人工取样的局限性，高强度降雨对应水样收集较少，因此，运用线性模型模拟产生与施工后监测场次降雨量级别相近似的场次降雨养分流失量见图 5-25。

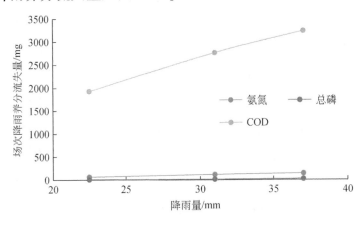

图 5-25　场次降雨养分流失量线性拟合图

与示范工程施工后相同雨量级的养分流失量进行分析，结果如下：

如图 5-26 所示，在天然降雨场次降雨量为 60mm 左右的条件下，示范工程施工后各指标的场次降雨对应的养分流失量（也即降雨发生阶段）都有明显下降，相对于施工前，氨氮场次降雨对应的养分流失量减少 70.83%，总磷场次降雨对应的养分流失量减少了 70.01%，化学需氧量场次降雨对应的养分流失量减少了 61.86%。根据式（5-6）、式（5-7），以该降雨量级别为依据估算整年的面源污染负荷，结果如表 5-13 所示，氨氮、总磷、化学需氧量的全年期面源污染负荷控制率分别为 68.90%、68.04%、59.34%。

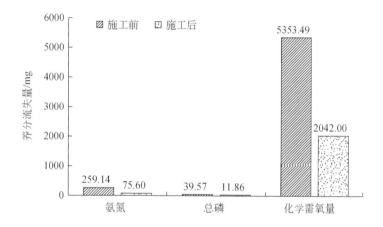

图 5-26　60mm 降雨量条件场次降雨养分流失量

表 5-13　60mm 降雨量条件施工前后全年期面源污染负荷控制率

项目	氨氮	总磷	化学需氧量
施工前面源污染负荷量/［kg/(hm² · a)］	0.000 84	0.000 13	0.017 39
施工后面源污染负荷量/［kg/(hm² · a)］	0.000 26	0.000 04	0.007 07
控制率/%	68.90	68.04	59.34

施工前污染物负荷量远小于背景值，主要存在以下几方面原因：①该值是模拟预测值，而模型（线性模型）本身是基于低降雨级别的养分流失观测建立的，所以，模拟预测值很大概率主要分布在一个数量级比较小的频率范围内；②背景值实际上也只是表示一个均值的概念（涵盖不同植被和土地利用类型），该示范工程下垫面植被覆盖相对要好，对产生的养分流失量有一定的阻拦作用。养分流失明显区别于裸露农地下垫面，所以，观测值整体要小。

将降雨量级不同面源污染负荷的控制率取均值，结果如图 5-27 所示，氨氮的平均面源污染负荷控制率为 73.56%，总磷的平均面源污染负荷控制率为 74.39%，化学需氧量的平均面源污染负荷的控制率为 71.61%，面源污染负荷消减率均在 70% 以上，总体来说，在天然降雨条件下，示范工程显著降低了研究区面源污染。

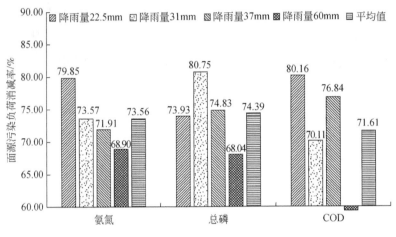

图 5-27 不同降雨级别的控制率

5.4.3.3 入河污染物削减率监测

在天然降雨条件下对示范工程的入河污染物进行监测，监测点设置在蔡家河沿岸示范工程末端，与土壤侵蚀模数指标监测点位于同一位置。监测指标为河道径流量，径流水质（氨氮、总磷、化学需氧量）。施工前后不同雨量级的径流量如图 5-28、图 5-29 所示。

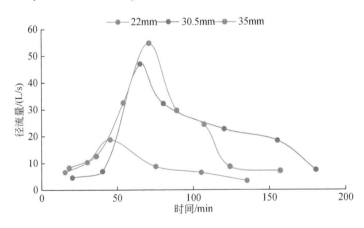

图 5-28 施工前不同雨量级的径流量

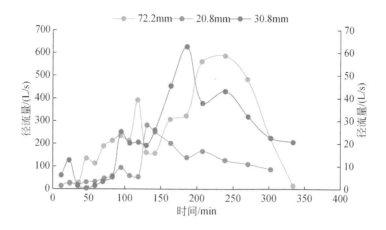

图5-29 施工后不同雨量级的径流量

72.2mm 对应的径流量位于主纵坐标轴，20.8mm 和 30.8mm 对应的径流量位于次纵坐标轴

可以使用以下两种方法来分析示范工程入河污染物的防治效果。

（1）基于基准值评定入河污染物消减率

以总磷为 0.389kg/（hm² · a），氨氮为 2.09kg/（hm² · a），COD 为 10kg/（hm² · a）（第一次全国污染源普查系数手册）为基准值。污染物入河系数分别以 0.317、0.109、0.3（总磷、氨氮、COD）计算。

$$面源污染负荷本底值=指标基准值×入河系数 \quad (5-14)$$

$$入河污染物削减率=\frac{河道污染物负荷本底值-监测入河污染物负荷值}{河道污染物负荷本底值}$$

$$(5-15)$$

按照式（5-14）、式（5-15）计算入河污染物削减率，结果如表5-14。

表5-14 入河污染物削减率

项目	氨氮	总磷	化学需氧量
入河污染物负荷本底值/［kg/（hm² · a）］	0.23	0.12	3.00
监测入河污染物负荷值/［kg/（hm² · a）］	0.06	0.04	2.45
入河污染物消减率/%	73.32	64.66	17.87

由表5-14可知，氨氮、总磷、化学需氧量的入河污染物消减率分别为 73.32%、64.66%、17.87%，其中氨氮的消减效果最好达到73.32%，说明入河污染物的防治效果较好。

（2）基于施工前后对比评定入河污染物消减率

1）汛期。

A. 未考虑施工前后降雨量级别不同等因素

按研究方法所述［式（5-8）、式（5-9）、式（5-11）］，依据监测到的多场降雨量的养分流失量来计算整年的入河污染物负荷。由式（5-9）计算的半年降雨期养分流失量如图 5-30 所示，相对于示范工程实施前，氨氮半年降雨期养分流失量减少 32.21%，总磷半年降雨期养分流失量减少了 19.88%，化学需氧量半年降雨期养分流失量减少了 26.52%。入河污染物负荷消减结果如表 5-15 所示，氨氮、总磷、化学需氧量的消减率分别为 32.21%、19.88%、26.52%。需要强调的是，因示范工程施工后 2020 年的雨水较为丰沛，施工前 2019 年监测时段的降雨量明显小于 2020 年的降雨量，因此，施工后监测养分流失明显相应增大。因此，如果将施工前后降雨量级别不同这一因素考虑在内，入河污染物负荷消减率实际上远大于当前计算值，入河污染防治效果显著。

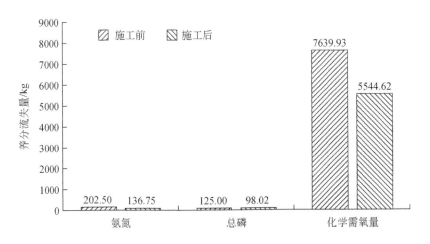

图 5-30　半年降雨期养分流失量

表 5-15　施工前后全年降雨期的入河污染物负荷消减率

项目	氨氮	总磷	化学需氧量
施工前全年降雨期入河污染物负荷量/［kg/(hm² · a)］	0.0894	0.0536	3.3262
施工后全年降雨期入河污染物负荷量/［kg/(hm² · a)］	0.0606	0.0430	2.4440
施工前后按降雨期计算的消减率/%	32.21	19.88	26.52

B. 考虑施工前后降雨量级别不同等因素

a. 依据施工前后相近降雨量级别实测监测对比分析入河污染物负荷消减率

如图 5-31 所示，在天然降雨场次降雨量为 22mm 左右的条件下，对径流水样中氨氮、总磷、化学需氧量监测指标分析表明：示范工程施工后各指标的场次降雨对应的养分流失量（也即降雨发生阶段）都有明显下降，相对于施工前，氨氮场次降雨对应的养分流失量减少 52.40%，总磷场次降雨对应的养分流失量减少了 56.30%，化学需氧量场次降雨对应的养分流失量减少了 53.21%。根据式（5-9），以该降雨量级别为依据估算降雨期的养分流失量，再根据公式 5-11 计算全年降雨期的入河污染物负荷，结果如表 5-16 所示，氨氮、总磷、化学需氧量的全年降雨期入河污染物负荷消减率分别为 49.26%、53.42%、50.11%，均达到入河污染物负荷消减率 30% 以上的目标，其中总磷的消减效果最好，达到了 53.42%。

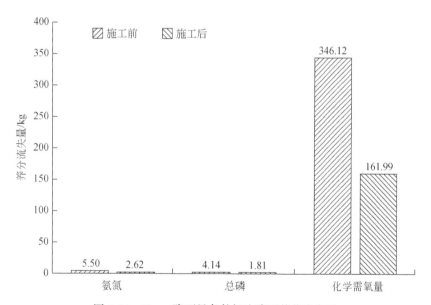

图 5-31 22mm 降雨量条件场次降雨养分流失量

表 5-16 22mm 降雨量条件施工前后全年降雨期入河污染物负荷消减率

项目	氨氮	总磷	化学需氧量
施工前全年降雨期入河污染物负荷量/ [kg/(hm² · a)]	0.0361	0.0271	2.2690
施工后全年降雨期入河污染物负荷量/ [kg/(hm² · a)]	0.0183	0.0126	1.1319
施工前后按降雨期计算的消减率/%	49.26	53.42	50.11

如图 5-32 所示，在天然降雨场次降雨量为 30.5mm 左右的条件下，对径流水样中氨氮、总磷、化学需氧量监测指标表明：示范工程施工后各指标的场次降雨对应的养分流失量（也即降雨发生阶段）都有明显下降，相对于施工前，氨氮场次降雨对应的养分流失量减少 49.80%，总磷场次降雨对应的养分流失量减少了 48.60%，化学需氧量场次降雨对应的养分流失量减少了 48.70%。根据式（5-9），以该降雨量级别为依据估算降雨期的养分流失量，再根据公式（5-11）计算全年降雨期的入河污染物负荷，结果如表 5-17 所示，氨氮、总磷、化学需氧量的全年降雨期入河污染物负荷消减率分别为 46.49%、45.21%、45.32%，均达到入河污染物负荷消减率 30% 以上的目标，其中氨氮的消减效果最好，达到了 46.49%。

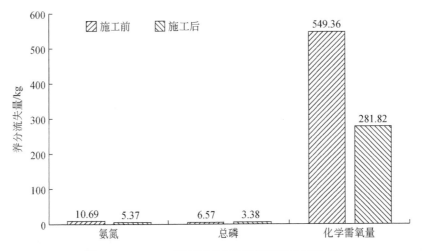

图 5-32   30.5mm 降雨量条件场次降雨养分流失量

表 5-17   30.5mm 降雨量条件施工前后全年降雨期入河污染物负荷消减率

项目	氨氮	总磷	化学需氧量
施工前全年降雨期入河污染物负荷量/ [kg/(hm² · a)]	0.0505	0.0311	2.5977
施工后全年降雨期入河污染物负荷量/ [kg/(hm² · a)]	0.0270	0.0170	1.4205
施工前后按降雨期计算的消减率/%	46.49	45.21	45.32

如图 5-33 所示，在天然降雨场次降雨量为 35mm 左右的条件下，对径流水样中氨氮、总磷、化学需氧量监测指标表明：示范工程施工后各指标的场次降雨对应的养分流失量（也即降雨发生阶段）都有明显下降，相对于施工前，

氨氮场次降雨对应的养分流失量减少 45.10%，总磷场次降雨对应的养分流失量减少了 41.60%，化学需氧量场次降雨对应的养分流失量减少了 43.9%。根据式（5-9），以该降雨量级别为依据估算降雨期的养分流失量，再根据式（5-11）计算全年降雨期的入河污染物负荷，结果如表 5-18 所示，氨氮、总磷、化学需氧量的全年降雨期入河污染物负荷消减率分别为 41.48%、37.75%、40.20%，均达到入河污染物负荷消减率 30%以上的目标，其中氨氮的消减效果最好，达到了 41.48%。

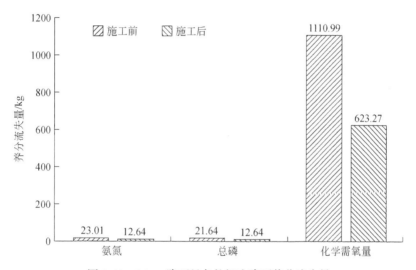

图 5-33　35mm 降雨量条件场次降雨养分流失量

表 5-18　35mm 降雨量条件施工前后全年降雨期入河污染物负荷消减率

项目	氨氮	总磷	化学需氧量
施工前全年降雨期入河污染物负荷量/［kg/(hm²·a)］	0.0948	0.0892	4.5780
施工后全年降雨期入河污染物负荷量/［kg/(hm²·a)］	0.0555	0.0555	2.7376
施工前后按降雨期计算的消减率/%	41.48	37.75	40.20

b. 依据施工前后相近降雨量级别模拟养分对比分析入河污染物消减率

因施工前 2019 年下半年雨水较少，高强度降雨对应水样收集较少，运用线性模型模拟产生与施工后监测场次降雨量级别相近的降雨对应养分流失量（图 5-34）。

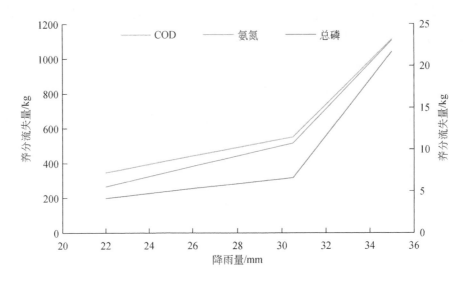

图 5-34 施工前场次降雨养分流失量线性拟合图

COD 养分流失量位于主纵坐标轴，氨氮和总磷养分流失量位于次纵坐标轴

对比施工前模拟结果与施工后实测结果，结果如下：

如图 5-35 所示，在天然降雨场次降雨量为 72.2mm 左右的条件下，对径流水样中氨氮、总磷、化学需氧量监测指标分析表明：示范工程施工后各指标的场次降雨对应的养分流失量（即降雨发生阶段）都有明显下降，相对于施工前，氨氮场次降雨对应的养分流失量减少 36.70%，总磷场次降雨对应的养分流失量减少了 57.26%，化学需氧量场次降雨对应的养分流失量减少了

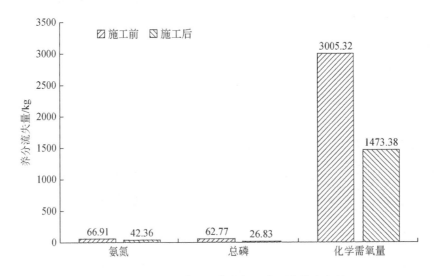

图 5-35 72.2mm 降雨量条件场次降雨养分流失量

50.97%。根据公式（5-9），以该降雨量级别为依据估算降雨期的养分流失量，再根据公式（5-11）计算全年降雨期的入河污染物负荷，结果如表 5-19 所示，氨氮、总磷、化学需氧量的全年降雨期入河污染物负荷消减率分别为 32.53%、54.44%、47.74%，均达到入河污染物负荷消减率 30% 以上的目标，其中，总磷的消减效果最好，达到了 54.44%。

表 5-19　72.2mm 降雨量条件施工前后全年降雨期入河污染物负荷消减率

项目	氨氮	总磷	化学需氧量
施工前全年降雨期入河污染物负荷量/$[kg/(hm^2 \cdot a)]$	0.1337	0.1254	6.0032
施工后全年降雨期入河污染物负荷量/$[kg/(hm^2 \cdot a)]$	0.0902	0.0571	3.1372
施工前后按降雨期计算的消减率/%	32.53	54.44	47.74

2）非汛期

对比施工前非汛期阶段（2019 年 5～6 月、9 月）和施工后非汛期阶段（2020 年 9～12 月）每月监测样本。根据公式（5-10）计算施工前后半年非降雨期的养分流失量（图 5-36），相对于施工前，氨氮的养分流失量减少 68.31%，总磷的养分流失量减少了 67.81%，化学需氧量的养分流失量减少了 71.28%。根据公式（5-11）计算全年非降雨期的入河污染物负荷，结果如表 5-20 所示，氨氮、总磷、化学需氧量的全年非降雨期入河污染物负荷消减率分

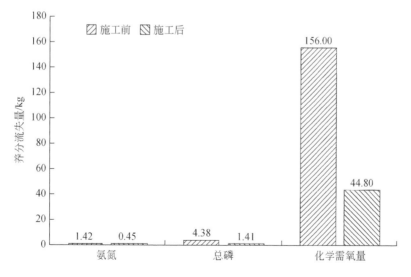

图 5-36　半年非降雨期养分流失量

别为 68.31%、67.81%、71.28% 均达到入河污染物负荷消减率 30% 以上的目标，其中，化学需氧量的消减效果最好，达到了 71.28%。

表 5-20　施工前后全年非降雨期的入河污染物负荷消减率

项目	氨氮	总磷	化学需氧量
施工前全年非汛期入河污染物负荷量/ [kg/(hm² · a)]	0.0006	0.0019	0.0693
施工后全年非汛期入河污染物负荷量/ [kg/(hm² · a)]	0.0002	0.0006	0.0199
施工前后按非汛期计算的消减率/%	68.31	67.81	71.28

3）合计。

A. 未考虑施工前后降雨量级别不同等因素

将半年降雨期入河污染物的养分流失量与半年非降雨期入河污染物养分流失量相加计算半年期的入河污染物养分流失量，结果如图 5-37 所示。其中，施工前后降雨期的入河污染物养分流失量占半年降雨期入河污染物养分流失量的 96% 以上，说明入河污染物的养分流失量大部分在汛期产生。将上文全年降雨期的入河污染物负荷与全年非降雨期的入河污染物负荷相加计算全年期的入河污染物负荷。按全年期计算的入河污染物负荷的消减率如表 5-21 所示，氨氮、总磷、化学需氧量的消减率分别为 32.46%、21.56%、27.44%。

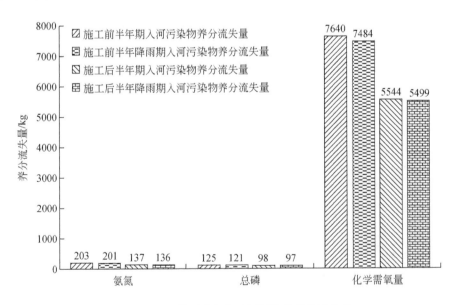

图 5-37　施工前后半年期入河污染物养分流失量

表 5-21 施工前后全年期入河污染物负荷消减率

项目	氨氮	总磷	化学需氧量
施工前污染物负荷量/ [kg/(hm² · a)]	0.0900	0.0556	3.3955
施工后污染物负荷量/ [kg/(hm² · a)]	0.0608	0.0436	2.4639
控制率/%	32.46	21.56	27.44

需要强调指出的是，因示范工程施工后 2020 年的雨水较为丰沛，施工前 2019 年监测时段的降雨量明显小于 2020 年的降雨量，因此，施工后监测养分流失明显相应增大。因此，如果将施工前后降雨量级别不同这一因素考虑在内，入河污染物负荷消减率实际上远大于当前计算值，入河污染防治效果显著。

B. 考虑施工前后降雨量级别不同等因素

a. 依据施工前后相近降雨量级别实测监测对比分析入河污染物消减率

在天然降雨场次降雨量为 22mm 左右的条件下，根据式（5-9）以该降雨量级别为依据估算降雨期的养分流失量，再根据式（5-10）、式（5-11）计算全年期（包含汛期与非汛期）的入河污染物负荷，结果如表 5-22 所示，氨氮、总磷、化学需氧量的全年期入河污染物负荷消减率分别为 49.59%、54.38%、50.74%，均达到入河污染物负荷消减率 30% 以上的目标，其中总磷的消减效果最好，达到了 54.38%。

表 5-22 22mm 降雨量条件施工前后全年期入河污染物负荷消减率

项目	氨氮	总磷	化学需氧量
施工前入河污染物负荷量/ [kg/(hm² · a)]	0.0367	0.0291	2.3384
施工后入河污染物负荷量/ [kg/(hm² · a)]	0.0185	0.0133	1.1518
消减率/%	49.59	54.38	50.74

在天然降雨场次降雨量为 30.5mm 左右的条件下，根据公式 5-9 以该降雨量级别为依据估算降雨期的养分流失量，再根据式（5-10）、式（5-11）计算全年期（包含汛期与非汛期）的入河污染物负荷，结果如表 5-23 所示，氨氮、总磷、化学需氧量的全年期入河污染物负荷消减率分别为 46.76%、46.54%、45.99%，均达到入河污染物负荷消减率 30% 以上的目标，其中氨氮的消减效果最好，达到了 46.76%。

表5-23　30.5mm 降雨量条件施工前后全年期入河污染物负荷消减率

项目	氨氮	总磷	化学需氧量
施工前入河污染物负荷量/ [kg/(hm² · a)]	0.0512	0.0330	2.6671
施工后入河污染物负荷量/ [kg/(hm² · a)]	0.0272	0.0176	1.4404
消减率/%	46.76	46.54	45.99

在天然降雨场次降雨量为 35mm 左右的条件下，根据式（5-9）以该降雨量级别为依据估算降雨期的养分流失量，再根据式（5-10）、式（5-11）计算全年期（包含汛期与非汛期）的入河污染物负荷，结果如表5-24所示，氨氮、总磷、化学需氧量的全年期入河污染物负荷消减率分别为41.66%、38.39%、40.66%，均达到入河污染物负荷消减率30%以上的目标，其中氨氮的消减效果最好，达到了41.66%。

表5-24　35mm 降雨量条件施工前后全年期入河污染物负荷消减率

项目	氨氮	总磷	化学需氧量
施工前入河污染物负荷量/ [kg/(hm² · a)]	0.0955	0.0911	4.6473
施工后入河污染物负荷量/ [kg/(hm² · a)]	0.0557	0.0561	2.7575
消减率/%	41.66	38.39	40.66

b. 依据施工前后相近降雨量级别模拟养分对比分析入河污染物消减率

因施工前 2019 年下半年雨水较少，高强度降雨对应水样收集较少，运用线性模型模拟产生与施工后监测场次降雨量级别相近的降雨对应养分流失量（图5-37）。对比施工前模拟结果与施工后实测结果，在施工后天然降雨场次降雨量为 72.2mm 左右的条件下，根据式（5-9）以该降雨量级别为依据估算降雨期的养分流失量，再根据式（5-10）、式（5-11）计算全年期（包含汛期与非汛期）的入河污染物负荷，结果如表5-25所示，氨氮、总磷、化学需氧量的全年期入河污染物负荷消减率分别为32.69%、54.64%、48.01%，均达到入河污染物负荷消减率30%以上的目标，其中总磷的消减效果最好，达到了54.64%。

表 5-25　72.2mm 降雨量条件施工前后全年期入河污染物负荷消减率

项目	氨氮	总磷	化学需氧量
施工前入河污染物负荷量/［kg/(hm² · a)］	0.1343	0.1273	6.0726
施工后入河污染物负荷量/［kg/(hm² · a)］	0.0904	0.0578	3.1571
消减率/%	32.69	54.64	48.01

将不同降雨量级别对应产生的入河污染物消减率取均值，结果如图 5-38 所示，氨氮的平均消减率为 42.67%，总磷的消减率为 48.49%，化学需氧量的消减率为 46.35%。上述三个指标均达到入河污染物负荷消减率 30% 的目标要求。总体来说，在天然降雨条件下，该示范工程对于入河污染物起到了较好的控制作用。

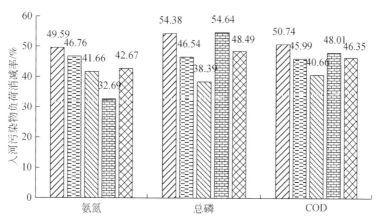

图 5-38　不同降雨级别的消减率

5.4.3.4　工程运行效果综合分析

(1) 土壤侵蚀控制效果

示范工程实施后，土壤侵蚀模数由施工前 1.09t/(km² · a) 减小为 0.71t/(km² · a)，小于 200t/(km² · a)，土壤侵蚀模数消减率为 34.86%，达到考核指标目标要求，泥沙削减效果显著，示范工程对土壤侵蚀的控制效果明显。

(2) 面源污染防治效果

在示范工程实施之后，基于基准值评定面源污染控制率，氨氮、总磷、化学需氧量的面源污染控制率均在99%以上,满足控制率70%的目标要求;基于施工前后对比评定面源污染控制率,未考虑施工前后降雨量级别不同等因素时,氨氮、总磷、化学需氧量的控制率分别为68.94%、67.10%、67.59%,各水质的控制率都达到了67%以上接近70%;考虑施工前后降雨量级别不同等因素时,氨氮、总磷、化学需氧量的平均面源污染负荷控制率分别为73.56%、74.39%、71.61%,均在70%以上。

综上所述,在考虑降雨量前提下,示范工程实施后,氨氮、总磷、化学需氧量的面源污染控制率均达到了"控制率大于70%"的目标,有效控制了研究区面源污染。

(3) 入河污染控制效果

在示范工程实施之后,基于基准值评定入河污染物消减率,氨氮、总磷、化学需氧量的入河污染物消减率分别为73.32%、64.66%、17.87%,其中氨氮的消减效果最好达到73.32%;基于施工前后对比评定入河污染物负荷消减率,未考虑施工前后降雨量级别不同等因素时,氨氮、总磷、化学需氧量的消减率分别为32.46%、21.56%、27.44%,各水质的控制率都达到了20%以上接近30%;考虑施工前后降雨量级别不同等因素时,氨氮、总磷、化学需氧量的平均入河污染负荷控制率分别为42.67%、48.49%、46.35%,3个指标均达到入河污染物负荷消减率30%的目标要求。

综上所述,在考虑降雨量的前提下,示范工程实施后,氨氮、总磷、化学需氧量的入河污染物负荷控制率达到了"控制率大于30%"的目标,显著控制了研究区入河污染物。

5.5 小　结

研究使用 PhosFate 与 SWAT 模型分析张山营小流域面源污染情况,模拟小流域内土壤侵蚀情况、流域面源污染特征,进行小流域面源污染关键源区识别。结果表明,小流域小河屯村周边与河滨带为土壤侵蚀与面源污染的重点区,可布设针对性的措施,为小流域治理方案的制定提供技术支撑。具体研究结果为:

1) 流域土壤侵蚀的主要区域在28年内未发生重大变化,主要集中在流域中部。从总体来看，流域内土壤侵蚀大部分属于微度侵蚀 $[<200t/(km^2 \cdot a)]$，仅小部分面积土壤侵蚀量较大，主要分布在流域中部农田区域，尤其是靠近小流域北山具有一定坡度的农田区域。

2）1987～2015 年蔡家河小流域入河溶解态磷（DP）量没有显著的区别（P>0.05），土地利用变化对入河溶解态磷量影响不明显。由于颗粒态磷主要吸附于土壤中，因此颗粒态磷入河量受土壤侵蚀量影响，从整体来看，小流域入河颗粒态磷量变化不大，但 2009～2015 年的时间段内小流域入河颗粒态磷量最大。

3）流域内颗粒态磷（PP）流失分布情况与土壤侵蚀量相似，流域内农田分布的区域，尤其是部分坡度较大的农田地块也是颗粒态磷（PP）流失分布的重点源区。流域中部小河屯村周边溶解态磷（DP）流失量不断增大，且该区域有扩大趋势。小流域内溶解态磷（DP）流失量主要分布在村落，尤其是城镇越集中的地方流失量越大。其他流失关键区大致分布在河道周围，随着径流的带动，在河滨带区域的溶解态磷（DP）能更快且更容易进入到河网中，因此在治理中还应将河滨带作为治理的重点。

4）张山营小流域总磷和氨氮污染负荷呈减少态势，流域中部小河屯村区域（即 5 号子流域）总磷负荷量和氨氮负荷量均较大，污染严重，其他区域的污染物也将随径流的带动进入蔡家河，因此考虑将小河屯村（5 号子流域）及沿河道等污染关键源区作为示范区，并布设一系列的示范工程措施。

第6章 妫水河水循环系统修复示范工程生态监测

6.1 水循环系统修复示范工程概况

妫水河水循环系统修复示范工程分别位于：①妫水河干流（起点为延庆城区段妫水河桥，地理坐标北纬40°27′10.75″，东经115°58′26.82″；终点为农场橡胶坝，地理坐标北纬40°26′58.96″，东经115°52′46.33″）。②三里河支流（起点北纬40°29′12.24″，东经115°58′19.87″；终点北纬40°27′6.95″，东经115°57′36.65″）。③水循环系统（妫水河干流提水，串联城西再生水厂，为三里河支流和妫水河城区段湿地补水，形成循环水系统）。

工程利用现有城北循环管线，将三里河、明渠及妫水河串联为"内、外"两个循环，让世园会水系"活"起来；加上新建潜流湿地和完善河道及沟渠表流湿地的多重净化，保障城区河道及沟渠水质达到地表水Ⅲ类标准，世园区水体水质明显改善。根据现状条件，循环水分为两个支路，总输水管在三里河处分水0.4m³/s进入三里河，剩余循环水自京新高速（G6）辅路右侧边沟流入龙庆路暗沟，自妫水河桥西侧输入妫水河。根据以上循环路由，制定总管循环水潜流湿地净化处理，支路表流湿地净化的水质净化工艺，见图6-1。

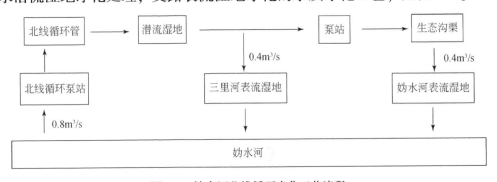

图6-1 妫水河北线循环净化工艺流程

"内循环"：经北部循环管线提升至三里河上游潜流湿地，净化后出水（0.4m³/s）进入三里河，最后回到妫水河。

"外循环"：经北部循环管线提升至三里河上游潜流湿地，净化后出水（0.4m³/s）经由2040m生态沟渠及妫水河表流湿地，水质进一步提升后流入妫水河。

妫水河（世园会段）生态治理工程总体布置示意图见图6-2。

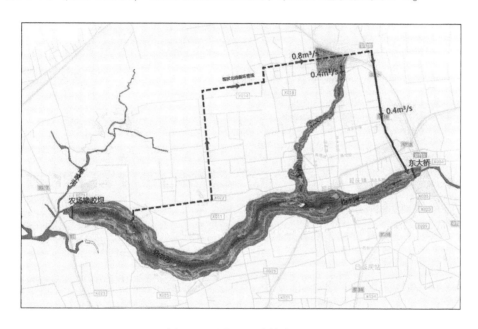

图6-2 示范工程总体布局图

示范的关键技术为河流生态修复与生态景观综合提升技术，该技术主要包括两个部分：一是河流生态修复适用湿地植物群落配置系统，该系统基于妫水河地形地貌、气候条件、水质特征、生态功能等进行横向分区分段，根据河流的水深、土壤基质种类、河岸带宽度、景观功能需求等纵向生境特征进行水生植物种类和修复模式确定。通过建设该系统还形成了1套水生植物图谱库，共收集水生植物415种，隶属108科249属，能够通过植物色彩配比、植物色彩季节变化等特点进行形象设计和优化。二是河流湿地群水动力-水质模型系统。研发的湿地水质模型中综合考虑植物阻流作用，植物对水体溶解氧提升作用，植物对水体污染物生物降解作用，以及植物生长吸收作用，耦合河流水体的动力过程，实现了湿地植物空间分布、类型、密度等布局下，有机结合水量变动过程，河流湿地水质响应过程的模拟。利用该模型指导了示范区河流湿地群的构建，从能够大大提升循环系统水体流动性、激活河流湿地功效和潜能，提升水体净化能力。该模型系统能够为湿地修复、水量调控、水系连通等综合措施下的湿地设计、优化、及效果评估提供技术支撑。

1）基于河流健康的生态斑块修复与水质提升技术。在妫水河世园段进行受损生境原位修复与水质提升技术示范，从河岸水陆交错带至河流水域采用湿生植物–挺水植物–沉水植物种群组合结构模式，构建河流水生植物原位生态修复带。通过优化水生植物群落配置模式，实现河流生境破碎斑块修复和水质提升。

2）河流–湿地群生态连通体系构建技术。在妫水河城区和湖区段，在生态修复工程基础上，通过渠道及管道连通现有河流–湿地群，实现研究区域内水系连通，构建循环水系，提高水体流动性、激活河流湿地功效和潜能。基于三里河支流和妫水河城区段湿地正常运行的水量范围，通过模型和现场调查得到湿地发挥最大功能作用的适宜水量，针对构建的循环水系，提出达到最佳水质净化效果的循环体系水量时空分布优化方案。

3）妫水河世园段景观功能提升技术。在妫水河城区和湖区段，在生态修复和水质提升基础上，通过植物色彩配比、植物色彩季节变化等特点进行形象设计和优化，提升景观功能，以彩色净水功能植物构建世园会主题图案，集中展示世园会主题。

6.2 湿地群构建工程

在妫水河东、西湖浅水区种植水生植物 97 万 m^2，其中挺水植物 9 万 m^2，种植水深范围约 0.6m；沉水植物 88 万 m^2，种植水深范围 0.6~2.0m，妫水河世园段水生植物布置如图 6-3 所示。大型水生植物是水生态系统的重要组成部分和主要的初级生产者之一，对生态系统物质和能量的循环和传递起调控作用。水生植物可产生良好的水质净化效果。国内外相关研究成果表明：水生植物通过吸收底质和水体中营养物质净化水体水质，每公顷芦苇年平均去除约 2600kg 的氮、约 320kg 的磷。每公顷轮叶黑藻、金鱼藻和苦草等沉水植物年平均能去除约 50kg 的氮、约 10kg 的磷。

由表 6-1 可知，通过种植水生植被每年可去除妫水河水体中氮的量约为

27.8t/a，磷的量约为 3.76t/a。因此，水生植被种植工程可有效去除水体的氮、磷污染，削弱污染物对妫水河水质的影响。

表 6-1 水生植物的水质净化效果汇总表

水生植物名称	水质净化效果	
	氮的去除量/(t/a)	磷的去除量/(t/a)
挺水植物	23.4	2.88
沉水植物	4.4	0.88
合计	27.8	3.76

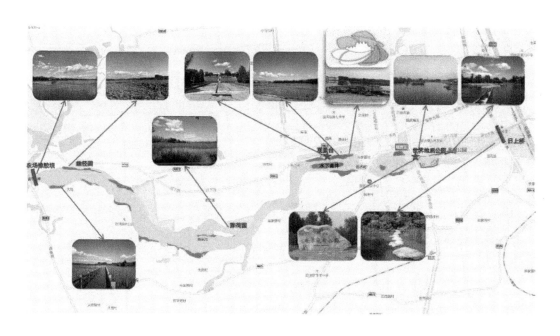

图 6-3 妫水河世园段水生植物布置图

6.2.1 水生植物选择

在受到污染的河流生态系统修复过程中，恢复物种和群落的选择是工程成败的关键因素之一，合理优化的群落配置是提高效率，形成稳定可持续利用生态系统的重要手段。

（1）物种选择原则

本工程中恢复物种选择的原则包括适应性原则、本土性原则、可操作性原则，以及节约运行经费原则。

适应性原则：所选物种应对妳水河流域气候和水文条件有较好的适应能力。

本土性原则：优先考虑采用妳水河流域原有物种，尽量避免引入外来物种，以减少可能存在的不可控因素。

可操作性原则：所选物种繁殖、竞争能力较强，栽培容易，管理、收获方便。

节约运行经费原则：选择易于收割的水生植物品种，以节约维护管理费用。

（2）种类选择

妳水河沿岸种植带水生植物，由浅入深分别种植可为鱼类利用的挺水植物、沉水植物，以及其他植物。根据主要物种的选择与群落配置的原则，综合考虑植物的多年生习性、对静或流水体的喜好、冬芽越冬、鱼类取食、固氮抑藻、水质适应及其耐污性，能适应妳水河水质现状的物种作为恢复的主要物种，同时为水生植物群落的恢复提供建群物种。此外，所选物种繁殖、竞争能力较强，栽培容易，并具有管理、收获方便特点。此外，应尽量避免在妳水河水域内直接种植因采集时会扰动底泥的水生经济植物，如藕、茭白等，减少底泥氮、磷污染源的再释放，加重水体污染。

6.2.2 植物群落配置

根据上述水生植物选择原则和种类选择，并在广泛调查基础上，结合原有水生生物物种，进行主要物种的选择与配置，充分发挥沿岸带生态系统交界处生态系统高度活跃的特点，强化水体的自净能力，通过建设妳水河沿岸带生态屏障，阻滞、过滤污染物质。

在水流缓慢、水质富营养化严重的河道，种植芦苇、水葱、荷花等挺水植物。具体的植被群落配置情况见表6-2。

表 6-2 妫水河水生植物选择表

植物种类	植物名称	优选特征	种植密度
挺水植物	芦苇	极常见，耐污水、深水	12～18 丛/m²
	水葱	有效清除水中的营养物质	8～12 丛/m²
	荷花	极常见，耐污水	3～4 丛/m²
沉水植物	眼子菜	适应半成水，可做饲料、肥料	20～30 丛/m²
	菹草	极耐低温，冰下增氧植物，草食性鱼类的优质食物	30～50 丛/m²
	苦草	水媒花，生长于湖泊、水渠，草食性鱼类的优质食物	40～60 丛/m²
其他植物	菱	具较强耐污能力，能适应透明度较低的水域，主根有吸收养分的作用，上有分枝及"须"也能起吸收养分的作用	3～15 丛/m²
	睡莲	耐污水，睡莲根能吸收水中的汞、铅、苯酚等有毒物质，过滤水中的微生物	1～2 头/m²

6.3 河流与湿地群连通工程

6.3.1 恢复和重构河流原有结构

传统的水利工程多是将河道尽可能地拉直，更多强调防洪功能。以防汛为目的的河道治理，为了使洪水危害最小，必须使水尽快排除。这样就要求河道既直又顺，并且河道边界阻力系数尽可能小，因此河道治理断面，以梯形断面和矩形断面常见，这样河道防洪功能够最大限度地满足，但是河道生物的生长环境就遭到了损害。将河道设计成为笔直、顺畅，护砌光滑、平整，总体上来说，更像一条人工渠道，而不是一条天然河道。

在妫水河世园段生态廊道构建过程中，应该保持原河道轴线不变，宜直则直，宜弯则弯，制造丰富多变的河岸线、河坡线，在有可能与河边绿地相结合的地方修建蜿蜒曲折的水路、水塘，创造较为丰富的水环境，改变原来呆板、单调的河道岸线模式，为改善河流水质，并为水生动植物生长创造条件。

6.3.2 妫水河世园段生态护坡构建

以前在河流治理中为了减小河道岸坡的糙率,河道岸坡通常采用浆砌石或混凝土进行衬砌,这种硬质护坡材料阻断水和空气交换,很难保证河道生物的生长环境。在妫水河生态廊道构建中我们强调要尊重自然的水循环,软化河底及河坡,促进地表水和地下水的交换。

6.3.2.1 干流护岸设计

妫水河世园段河道护岸工程采用工程治理和生态治理相结合的方式。工程治理对现状冲刷和坍岸较严重的地段进行工程措施护坡,通过清淤疏挖河道、加固堤防来提升河道的防洪能力。治理断面基本维持原断面形式、走向和位置不变,只在局部进行修理护砌。边坡为大于1:2的按原坡度护砌,原边坡小于1:2的,按1:2进行局部削坡;河道主河槽采用17cm厚的铅丝笼护砌至堤顶,主河槽两侧铺设10cm厚混凝土生态连锁砖。除桥头等需要防护的特殊区域,对妫水河世园段所有干流堤岸采取生态驳岸的处理手法,主要采用植物的方式来护岸固土,减少冲刷。用自然土质岸坡自然缓坡、植树、植草、干砌、块石堆砌等各种方式护岸,为水生动植物的生长、繁育创造条件。形成连续的生态岸线,强化滨河绿地与河流之间的生态联系:根据水流动力学原理,结合现状堤岸状况,提出生态处理措施:在滨河道路和水面之间保留连续的、宽窄不等的缓坡绿带,与水滨湿地带共同起到稳定河岸、提高生态效益和景观效果的作用。

6.3.2.2 三里河护岸设计

三里河河道断面基本采用"主槽与浅水湾"相结合的断面型式,河道坡度尽量放缓,减少直立式护岸主槽保证行洪,浅水湾种植水生植物,以利于河道水体净化,保证了生态的功能和景观的需要,方便人水相亲。三里河河道内不再进行硬质护砌,选用自然型或者人工自然型护砌,缓于1:3的坡面选用自然式护坡;坡面较陡区域选用抛石、连柴捆、山石堆砌等人工自然型护砌,并辅以相应的植物措施,形成植被缓冲过滤带,稳固岸坡,并能与周边环境充分融合。

6.3.3 支流三里河湿地公园构建

湿地拥有众多的野生动植物资源，是城市环境的肾。它在抵御洪水、控制污染、调节气候、美化环境等方面发挥很重要的作用，具有非常重要的生态休闲价值，对维持良好的生态发展具有重要意义。

三里河湿地工程主要是对天然河道补水和生态修复。湿地引水工程主要为取水泵站的建立及沿线水利设施维护。取水泵站位于南端西湖岸边农场，距妫水河西湖橡胶坝约 1800m。利用人工湿地将妫水河河水循环净化后，将清水重新打入三里河河道，满足河道表流湿地的景观用水水质。在湿地区块内部进行景观分区，开辟水流带，设置人行栈道等景观节点，将原本工程性的湿地区域打造为可游、可赏、可玩的城市公园。同时提取延庆区地标性景观元素，呼应世园会。在满足净水功能的基础上，加强景观和文化的融合，达到功能与形式的和谐统一。三里河湿地公园效果如图 6-4 所示。

图 6-4　三里河湿地公园效果图

6.3.4 妫水河世园段绿色河岸带构建

在妫水河世园段河岸与陆地之间设计绿色植物生长区，对河岸两侧 1m 范围内进行生态植被绿化。通过园林景观的规划设计，种植水生植物，水位线以上种植观赏乔木，树下间作花卉和药材并搭配草皮，形成点线面结合、有层次的岸线绿化带，强化道路边缘地带、景观节点的植物配置，设计林相、季相色相丰富的植物景观。植物带不仅过滤进入河中的水体，将面源污染大大降低，而且可营造景观休闲带，优美河道景观。对有条件的雨水口布设雨水净化装置，花园平面模拟自然水系形式，初期雨水不再直接入河而是通过微型湿地过滤净化后再排入河内，有效保证水质。

在妫水河世园段沿岸构建木桥、木坐凳、溪流架桥、水渠架桥等岸边小品，增加人们的亲水面，体现"以水为本、和谐自然"的设计理念。同时设计休闲广场、水上舞台、卵石步道、林荫小径、露天茶座、临水走廊、嬉水乐园、灯光喷泉、涉水台阶等，为人们提供了独具特色的生态景观和亲近自然的休憩空间。

6.3.5 生物浮岛工程

6.3.5.1 构建生态浮岛与湖心岛

为全面提升世园会核心区水环境质量，打造优美水景观，在妫水河世园段设置生态浮岛及湖心岛。

（1）生态浮岛

生态浮岛采用世园会标志形态（图6-5），面积为1600m²。浮体材料为聚酯纤维与天然植物纤维复合材料，浮体标准模块单体规格为2.0m×1.5m×0.16m。主要参数：孔隙率95%以上，比表面积大于1∶2000；载重（浮力）>50kg/m²；抗老化、抗冻，使用寿命不小于20年。采用标号304或以上级别不锈钢连接件，抗腐蚀性满足设计要求。

世园会举办时间是2019年4月29日至10月7日，为了在展会期间呈现出生态浮岛的世园会标志，植物选用色叶植物，标志花心采用旱生色叶植物，底层做防渗200mm+0.6mm防渗膜+200mm营养土，隔根用复合聚酯纤维板，填筑厚约200mm营养土。各色块植物选择如下。

①底色：面积1398m²，做成绿色，采用菖蒲，种植密度不小于16株/m²。

②红色（粉红色）：面积33m²，采用炸酱草，种植密度40~45棵/m²。

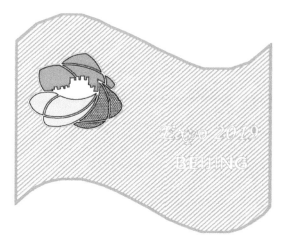

图6-5 妫水河生态浮岛布局平面图

③白色：面积33㎡，采用银叶菊（草），种植密度32～38棵/㎡。

④黄色：面积52㎡，采用硫华菊，种植密度40～50棵/㎡。

⑤蓝色：面积55㎡，采用彩叶植物，采用蓝羊毛，种植密度17～20棵/㎡。

⑥EXPRO 2019：面积18㎡，采用美人蕉摆盆。

⑦BEIJING：面积15㎡，采用美人蕉摆盆。

（2）湖心岛

在妫水河世园段生态廊道构建中，设计了两处湖心岛，与岛结合的区域设置了栈道、平台、凉亭等，营造画廊般的风景。在河心岛的区域种植垂柳、碧桃、樱花、连翘等，使岛屿更富有季节变化和生机。湖心岛1面积3.5万㎡，湖心岛2面积5万㎡。设计湖心岛露出水面1m，湖心岛填方所用土料来自于妫水河西湖堆浅水湾剩余清淤开挖料。岛正常蓄水位以下部分迎水面采用高镀锌铅丝土工石笼袋进行护面。岛表面覆种植土厚度0.5～1.2m，采用乔灌草结合方式绿化，边坡主要种植水生植物。

6.3.5.2 妫水河河口跌水设计

新城北部循环外循环生态沟渠通过暗管入妫水河。为保障河道水质，增加河道景观及河道亲水功能，在妫水河日上桥以下，现状管涵出水口与妫水河河底存在一定高差，建议在入湿地前端设置跌水，巧妙地引入水力学原理，利用自然落差产生的冲力，使水在不同高差的阶梯间跳跃，一方面展现水的立面和动态之美，同时让水在回旋、震荡中充分地曝气充氧，增加含氧量。同时在滩地内种植水生植物加以绿化，通过植物措施增加单位河长的水流停留时间，增强河岸带植物对水体中污染物的物理滞留、吸附及吸收作用，从而达到更好的自然净化效果。岸边种植多种耐湿并利于生物利用循环的野生花卉，呈现五彩缤纷、野花烂漫宜人的景象，同时加强生物物质循环。另外，结合一些亲水设施为游人提供休息戏水空间，在水岸之间辅以步石及栈桥等道路形式，增添水景的自然之趣。

根据高差，入河口与河道高差约 2m，利用面积为 0.79 万 m^2 的日上桥与现状河道公园的三角区域，结合高差设计为跌水湿地。湿地设置为 4 级跌水，每级高差 0.5m，跌水堰采用千层石铺筑，总用量约 30m^3。每层湿地内种植水生植物，种植面积 0.47 万 m^2，种植土面铺设约 0.1m 后火山岩填料，具有净化水质及保持水体清洁的功效。

6.3.5.3 三里河景观跌水设计

在满足重现期 20 年行洪标准的前提下，综合考虑现状河道主要跨河建筑物基础安全及与上下游河底衔接等因素，确定河道纵坡，局部段通过设置多级跌水进行调整河道纵坡，降低流速。三里河纵断面设计打破传统驻堤以形成大水面景观的设计，除现有江水泉公园的静湖以外，其他均采用梯级跌坎以形成小水面的设计，整个河道共设置 8 座景观跌水，以达到促进水循环流动，增加含氧量，为水生动植物提供更佳生境的效果。跌水采用景石包裹砌筑的形式，可以同时起到过河汀步的作用，增加游览情趣。

6.4 妫水河河流受损生境质量综合评价

6.4.1 妫水河生境调查

6.4.1.1 调查点位的布设

妫水河生境调查采用线路调查与典型样地调查相结合的方法，选取妫水河干流和 3 条支流（三里河、蔡家河、古城河）上的 7 个具有代表性的监测点位开展河流生境调查，见图 6-6。在研究区域每隔 1km 设置一个采样点，这样在整个调查河流长度范围内共形成 7 个采样点。在每个采样点处取 200m 长、左右河岸带各 100m 宽的代表性河段作为植物调查单元。每个研究样地内选取 50m×50m 的研究样方，并在其内设置 2 ~ 3 条样线，共设置 18 条样线，每条样线上按照沿河岸带至水面纵向设定 3 个 1m×1m 的小样方，每个样方间距离大于 5m，这样 18 条样线合计有 54 个 1m² 的植物分布小样方。

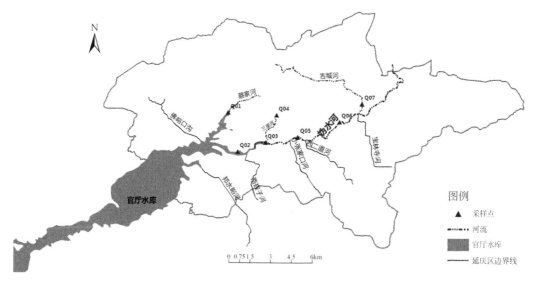

图 6-6　研究区样点分布图

6.4.1.2　调查方法与样品采集

实地调查工作于 2018 年 5 月、7 月和 10 月进行，调查方法参考英国河流栖息地调查（RHS）和《河流生态调查技术方法》，结合研究区河流生境实际情况，在每个监测点取 200m 长、左右河岸带各 100m 宽的代表性河段作为生境调查单元。采用从上游到下游步行的方法，使用手持 GPS 仪记录调查路线的经纬度和海拔。目测法判定河道弯曲程度、护岸形式、水量充满河道程度、河岸坡度等情况，并拍摄照片辅助记录。在每个采样点同步采集底栖动物样品和水样，样品的采集与处理按照下述方法进行。

水样：现场利用水质多参仪（YSI）测定表层水温、pH、溶解氧、总溶解性固体（TDS），使用采样瓶采集 1000mL 水样，置于 4℃ 保温箱带回实验室，测定氨氮（NH_4^+-N）、总磷（TP）、化学需氧量（COD_{Cr}）等化学指标。水样的保存和预处理严格按照《水和废水监测分析方法》中的相关实验方法进行。为减小系统误差，以上样品均重复测定 3 次，数据分析过程取 3 次测定结果的平均值。

底栖动物：采用改良式彼得生采泥器采集底泥，用 40 目金属筛过滤，对于肉眼可见的底栖动物用镊子挑取筛上全部肉眼所看到的底栖动物，用质量分数为 75% 酒精固定带回实验室。每个采样点重复收集 3 次，按照不同断面的动物类别称重、计数，其中，软体动物可肉眼直接鉴定，寡毛类和摇蚊幼虫固定后在显微镜下鉴定。

湿地植物：按照 RHS 河流生境调查的方法建议，由水面至岸上纵向设置样方，记录湿地植物种类、植物群落结构及其生长环境。

6.4.1.3 调查结果与分析

(1) 河道水质情况

由图 6-7 和图 6-8 来看，妩水河流域各样点水体中总磷含量为 0.036 ~ 1.07mg/L，平均值为 0.22mg/L；氨氮含量为 0.15 ~ 0.75mg/L，平均值为 0.34mg/L；COD_{Cr} 含量为 6 ~ 37mg/L，平均值为 19.14mg/L。7 个采样点中，Q01、Q02 和 Q03 水质较差，Q01、Q03 处水质符合国家地表水环境标准中 V 类水标准，Q02 符合国家地表水环境标准中 IV 类水标准。Q04、Q05 和 Q06 水质较好，符合国家地表水环境标准中 II 类水标准。样点 Q07 处水质符合国家地表水环境标准中 III 类水标准。其中，总磷、氨氮和 COD_{Cr} 浓度较高的样点出现在流域中的支流三里河和下游地区。

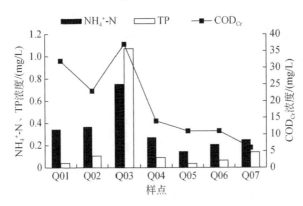

图 6-7 不同采样点总磷、氨氮和 COD_{Cr} 浓度变化

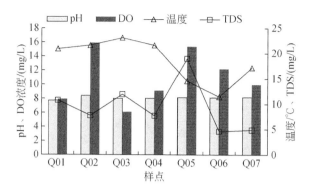

图 6-8 不同采样点 pH、溶解氧、温度和 TDS 变化

各样点水温维持在 11.5 ~ 23.1℃，平均温度为 18.64℃，溶解氧含量介于 6.1 ~ 15.9mg/L，平均值为 10.94mg/L，所有采样点溶解氧含量优于国家地表水环境标准中Ⅱ类水标准，pH 介于 7.71 ~ 8.38，平均值为 8.09。TDS 含量在 4.62 ~ 18.97mg/L，平均值为 9.51mg/L。

（2）湿地植物调查情况

根据三次野外调查和采样工作情况，共鉴定出妫水河现有湿地植物 93 种，隶属于 46 科 73 属。其中，菊科、禾本科为物种丰富度较高的科，分别包括 11 种和 7 种植物，其次为豆科、莎草科和藜科，包括 6 种植物。

参考《北京湿地植物》可划分为挺水、沉水、浮水、旱-沙-盐生、湿生、杂草和边缘植物 7 种生活型，所占比例依次为 6.52%、3.26%、8.70%、13.04%、30.43%、17.39% 和 20.65%。从图 6-9 可以看出，妫水河湿地植物以湿生类型为主，所占比例高达 30.43%；湿地边缘型植物和杂草同样占据较

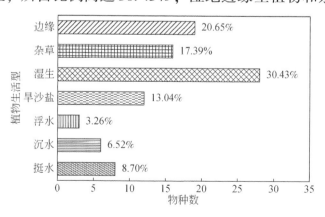

图 6-9 妫水河湿地植物调查种类及占比情况

大份额，合计达到 38.04%；旱-沙-盐生植物所占比例较少达 13.04%；水生植物所占比例最少，合计达到 18.48%。

本研究共调查出水生植物 17 种，隶属于 15 科 15 属，包含香蒲（*Typha orientalis*）、芦苇（*Phragmites australis*）、扁杆藨草（*Scirpus planiculmis*）、荷花（*Nelumbo nucifera*）、黑三棱（*Sparganium stoloniferum*）、菰（*Zizania latifolia*）、菖蒲（*Acorus calamus*）、梭鱼草（*Pontederia cordata*），共 8 种挺水植物，狸藻（*Utricularia vulgaris*）、黑藻（*Hydrilla verticillata*）、金鱼藻（*Ceratophyllum demersum*）、眼子菜（*Potamogeton distinctus*）、菹草（*Potamogeton crispus*）、水毛茛（*Batrachium bungei*），共 6 种沉水植物，槐叶萍（*Salvinia natans*）、荇菜（*Nymphoides peltatum*）、浮萍（*Lemna minor*）3 种浮水植物，具体见表 6-3。其中，优势科为眼子菜科（Potamogetonaceae）、龙胆科（Gentianaceae）、伞形科（Apiaceae）、金鱼藻科（Ceratophyllaceae）、浮萍科（Lemnaceae），共 4 科；常见科为禾本科（Poaceae）、香蒲科（Typhaceae）、天南星科（Araceae），共 4 科；偶见科为槐叶萍科（Salviniacae）。

表 6-3　妫水河现状水生植物名录

生活类型	科	种名
挺水型	香蒲科（Typhaceae）	香蒲（*Typha orientalis*）
	禾本科（Gramineae）	芦苇（*Phragmites australis*）
	莎草科（Cyperaceae）	扁杆藨草（*Scirpus planiculmis*）
	莲科（Nelumbonaceae）	荷花（*Nelumbo nucifera*）
	黑三棱科（Sparganiaceae）	黑三棱（*Sparganium stoloniferum*）
	禾本科（Gramineae）	菰（*Zizania latifolia*）
	天南星科（Araceae）	菖蒲（*Acorus calamus*）
	雨久花（Pontederiaceae）	梭鱼草（*Pontederia cordata*）
沉水型	狸藻科（Lentibulariaceae）	狸藻（*Utricularia vulgaris*）
	水鳖科（Hydrocharitaceae）	黑藻（*Hydrilla verticillata*）
	金鱼藻科（Ceratophyllaceae）	金鱼藻（*Ceratophyllum demersum*）
	眼子菜科（Potamogetonaceae）	眼子菜（*Potamogeton distinctus*）
	眼子菜科（Potamogetonaceae）	菹草（*Potamogeton crispus*）
	水茛科（Ranunculaceae）	水毛茛（*Batrachium bungei*）
浮水型	槐叶萍科（Salviniacae）	槐叶萍（*Salvinia natans*）
	龙胆科（Gentianaceae）	荇菜（*Nymphoides peltatum*）
	浮萍科（Lemnaceae）	浮萍（*Lemna minor*）

在整个研究区域，芦苇（*Phragmites australis*）是常见种，与其他水生植物形成群落。挺水植物是优势生态型，占水生植物物种总数的47.06%。从调查样方统计数据看，挺水植物为建群种，在45个样方中的出现率为83.3%。建群种类型以香蒲（*Typha orientalis*）、芦苇（*Phragmites australis*）为主，平均高度0.95m，平均盖度为16%；菖蒲（*Acorus calamus*）、菰（*Zizania latifolia*）为主要的伴生种，平均高度0.52m，平均盖度19%。浮水植物和沉水植物出现率分别为17.65%和35.29%，浮水植物的平均盖度为21%，以荇菜（*Nymphoides peltatum*）和浮萍（*Lemna minor*）为主；沉水植物的平均盖度为25.8%，以指示河流污染的金鱼藻（*Ceratophyllum demersum*）、水毛茛（*Batrachium bungei*）为主，其中，水毛茛（*Batrachium bungei*）是指示水质状况良好的物种。妫水河现状水生植物群落分布见表6-4。

表6-4　妫水河现状水生植物群落分布

群落类型	采样点	河段类型	水深/cm
群落Ⅰ：芦苇+香蒲–狸藻–荇菜 （Com. *Phragmites australis*+*Typha orientalis*-*Utricularia Vulgaris*-*Nymphoides peltatum*）	Q01 蔡家河段	缓坡型	30~200
群落Ⅱ：菰+香蒲–眼子菜 （Com. *Zizania latifolia*+*Typhaorientalis*-*Potamogeton distinctus*）	Q02 妫水河 环湖南路段	缓坡型	60~150
群落Ⅲ：菰+香蒲+菖蒲 （Com. *Zizania latifolia*+*Typha orientalis*+*Acoruscalamus*）	Q03 三里河 汇入妫水河主干	城区型	30~80
群落Ⅳ：菰+芦苇+水芹 （Com. *Zizania latifolia*+*Phragmites australis*+*Oenanthejavanica*）	Q04 三里河 温泉度假中心附近	城区型	10~50
群落Ⅴ：菹草+水毛茛+金鱼藻 （Com. *Potamogeton crispus*+*Batrachium bungei*+*Ceratophyllum demersum*）	Q05 妫水河 龙顺路段	缓坡型	20~80
群落Ⅵ：浮萍–金鱼藻 （Com. *Lemna minor*-*Ceratophyllum demersum*）	Q07 古城河 滨河北路桥段	山区型	20~60

(3) 河流生境现状

通过妫水河受损生境实地调研情况来看，妫水河流域部分样点存在着水系连通性差，河道生态水量明显不足，水体流动性差，水质浑浊等问题。在位于支流蔡家河段样点Q01，整体生境状况较好，该处河面较为宽阔，水量较多，但水体流速缓慢，受河道周围道路和桥梁人为活动影响，河岸周围偶见生活垃圾遍地、河滨带芦苇、香蒲等水生植物丛生等现象。

在位于妫水河主干河道的样点 Q02，生境状况较差，该处河道较宽，大约150m左右，河岸高度约4m，河岸剖面呈垂直状态。在河岸左侧有一处明显的居民生活排污口，污水横流，臭气熏天，且受夏季炎热天气影响，排污口污物与河流暴发的绿色藻类混合，形成较大面积的绿色污物覆盖在水面上，不仅影响河道水质状况，还严重破坏下游居民生活环境。

在样点 Q03 三里河汇入妫水河主干处，河流生境状况最差，河道最宽约10m左右，最窄仅1m，河道生态水量明显不足，水体发黑发臭，基本静止不动。受周围居民生活影响，河道存在生活垃圾倾倒现象。河流左岸高约5m，土壤松动，有明显被土块填高的现象，右岸高约2m，人为修筑堤坝，两侧河岸剖面均垂直。

在样点 Q04 三里河湿地附近，河流生境状况较好。河道水质较清，水体流速较缓，河道两岸均为人工栽植的水生植物，挺水和沉水植物共同形成优美的河道景观，是周边居民选择休闲娱乐的活动场所。

在样点 Q05 妫水河主干-龙顺路附近，河流生境较为自然。此处河宽约10m左右，中间水深约1m，河流左岸高约2m，右岸高约8m，河岸剖面呈平缓状态，该处可肉眼看到有大量沉水植物悬浮于河道中。

在样点 Q06 妫水河主干-龙顺路附近，该处河流生境状况较好。河宽约8m，水深约1m左右，水体流速较快，河岸剖面呈平缓状，河流左岸高3~5m，右岸高5m左右。由于河道远离人类频繁活动区域，因此河道整体较为自然，河滨带湿地植物种类也较为丰富。

在样点 Q07 古城河-滨河北路桥附近，该处属于古城河支流河段，河流生境状况较好，但河道水量明显不足。河宽约3m左右，水深约0.2m，河道左右两岸均高约2m左右，水体流速较缓。受水量不足影响河流水深较浅，且河道中间形成裸露的浅滩，可肉眼观察到河道中有大量金鱼藻等沉水植物出现，金鱼藻作为指示水质良好的指标，说明该处水体水质状况较好。

6.4.2 评价指标体系构建

6.4.2.1 指标体系的确立

根据河流生境的定义和内涵，参考国内外河流生境质量评价的相关文献，结合北方河流生态系统的环境特点，构建涵盖河流形态结构、水质水量、河岸带状况、景观环境、水生生物等多种特征的评价指标体系，并运用层析分析法将该评价体系分为目标层、准则层和指标层共3个层次（图6-10）。其中，目标层为北方缺水河流生境质量（A）；准则层为河流形态结构（B₁）、水质水量（B₂）、河岸带状况（B₃）、景观环境（B₄）和水生生物（B₅）；指标层为河道弯曲程度（C₁₁）、河道护岸形式（C₁₂）、河道生态水量满足程度（C₂₁）、水功能区水质达标程度（C₂₂）、河岸坡度（C₃₁）、河岸带宽度（C₃₂）、河岸稳定性（C₃₃）、河岸带土地利用类型（C₃₄）、河岸带人类干扰程度（C₃₅）、河流自然程度（C₄₁）、河岸植被覆盖率（C₄₂）、景观小品多样性（C₄₃）和大型无脊椎动物（C₅₁），共13项，见图6-10。

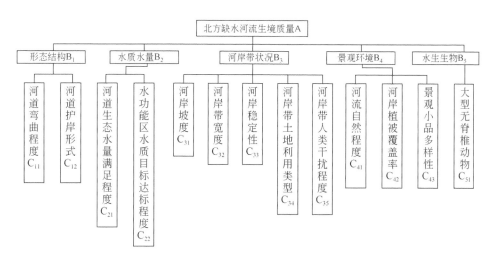

图6-10　北方缺水河流生境评价指标体系

立足于北方地区缺水干旱的河流现状，本研究指标选取不仅要反映该地区河流生境存在的共性问题，又要体现河流生境的差异性。

（1）河流形态结构

河流的裁弯取直、河道硬质渠化和筑坝等人工造成的河流形态均一化和非连续化会改变河流蜿蜒的基本形态，大量使用混凝土、浆砌石等人工硬质材料不仅隔挡了水域生态系统同陆地生态系统之间的生物交流，破坏了水体护岸原本的自然风貌，还影响到了当地的生态环境，而生态护岸具备自然河岸的可渗透特点，拥有一定的抗干扰和自我修复能力。河道弯曲程度指标阈值参考刘培斌等对北京拒马河河流生境评价体系中的标准。

（2）水质水量

1）河道生态水量满足程度。国内外学者提出了多种关于生态流量的计算方法，国外生态流量的计算方法大致可以分为历史流量法、水力定额法、栖息地定额法、整体分析法共4类，国内主要参照《水电水利建设项目河道生态用水、低温水和过鱼设施环境影响评价技术指南（试行）》（环评函〔2006〕4号）中的水文法、水力学法、组合法、生境模拟法、综合法、生态水力学法。但上述大部分计算方法需要的专业性较强，不利于基层工作人员实际操作，因此，以 Tennant 方法为基础，同时参照蒙大拿法来确定生态流量的阈值。

2）水功能区水质目标达标程度。水功能区水质目标达标程度能够反映受城市化进程和旅游业发展影响下的河流水质状况，以《地表水环境质量标准》（GB3838-2002）作为评价依据，考虑北方地区有河皆枯、有水皆污的特点，将地表水Ⅱ类标准设为最好标准，劣Ⅴ类标准设为最差标准。

（3）河岸带状况

河岸带是河流生态系统与陆地生态系统连接的重要纽带，其特殊的生境使其具有明显的边缘效应，能为各种生物提供栖息地，并具有较高的生物多样性。

1）河岸坡度。河岸坡度是一项形态指标，坡度较小的岸堤，雨水流速较小，有利于植被对面源污染的拦截，还能为陆生生物提供更大的生境面积，容纳更多生物，坡度较大的直立河岸有可能发生崩塌，因此河岸坡度越小越好。

2）河岸带宽度。河岸带宽度对缓冲污染物、调节气候、提供陆生生境以及景观娱乐价值等生态环境效应的发挥具有重要的影响。

3）河岸稳定性。河岸稳定性是表征河岸受水流侵蚀作用而遭到冲刷变形的过程，常用侵蚀率表示，稳定的河岸不仅可以防止岸坡水土流失，还能防止河道出现淤积现象。

4）河岸带土地利用类型。河岸带土地利用类型的变化直接影响流域涵养水源的能力，对水生生物群落、河岸带管理和河流生态系统修复都至关重要。

5）河岸带人类干扰程度。人类在河岸带范围内的活动会对河滨岸带生境产生较大干扰，甚至会破坏植被造成水土流失，影响河道生物的生存环境，研究人为活动对河岸带生态系统的干扰程度有助于人类评价和保护河流生境。

（4）景观环境

1）河流自然程度。河流自然程度反映的是河流作为生态系统所具有的本质特征，即保持河流生态系统活性和生机的能力，由于受人类强烈干扰导致河流逐渐偏离了其自然状态，一定程度上出现水系衰退、连通受阻、河流功能下降以及水环境恶化等水资源和水环境问题，视觉上更能真切直观地感受河流遭受的人为改造和破坏。

2）河岸植被覆盖率。河岸植被是河岸生态系统的重要组成部分，茂密的河岸植被不仅可以吸收和截留污染物，还能够控制河岸侵蚀、截留地表径流、泥沙和养分，具有保护河流水质、调节河流微气候及水温的作用，因此植被覆盖程度越高越好，以高于80%设为最优标准，低于10%设为最差标准。

3）景观小品。景观小品造景是绿地空间的重要设计部分，构筑具有地域文化、生态保护、宜景宜人的绿色空间对于实现人与自然的和谐发展具有重大作用。

（5）水生生物

大型底栖无脊椎动物是最常用的监测对象，对水质有良好的指示作用，是当前国际上使用较广的水质生物评价指标。

6.4.2.2 评分标准

根据生境质量状况优劣程度，每项指标的评分标准采用十分制，生境状况越好，赋予的分值就越高，依次按照10~9、8~7、6~5、4~3、2~1打分，如表6-5所示。定量和定性指标分值分别通过标准指数法和目测评分法获取。

6.4.2.3 指标权重

采用层次分析法（AHP）确定指标权重，通过咨询相关专家将各项指标进行两两比较，确定其相对重要性给出判断值，并使用 Matlab 软件辅助计算，结果见表6-6。

表6-5 北方缺水河流生境质量评价指标与评分标准

项目	评价指标	评分标准				
形态结构 B_1	河道弯曲程度 C_{11}	弯曲度≥2.5	2≤弯曲度<2.5	1.2≤弯曲度<2	0.5≤弯曲度<1.2	没有弯曲
	河道护岸形式 C_{12}	全部为生态护岸	基本为生态护岸，少部分为人工护岸	生态护岸为主，辅助有人工护岸	人工护岸为主，辅助有生态护岸	全部为人工护岸
水质水量 B_2	河道生态水量满足程度 C_{21}	生态基流大于多年平均流量的30%	生态基流为多年平均流量的20%~30%	生态基流为多年平均流量的10%~20%	生态基流小于多年平均流量的10%	河道基本干涸，仅汛期有少许水量
	水功能区水质目标达标程度 C_{22}	属于Ⅱ类水	属于Ⅲ类水	属于Ⅳ类水	属于Ⅴ类水	属于劣Ⅴ类水
河岸带状况 B_3	河岸坡度 C_{31}	0°~15°	15°~30°	30°~45°	45°~60°	60°~90°
	河岸带宽度 C_{32}	>河宽1倍	河宽0.5~1	河宽0.25~0.5	河宽0.1~0.25	<河宽0.1
	河岸稳定性 C_{33}	稳定，很少或不存在河岸冲淤或不稳定现象，侵蚀率<10%	较稳定，少部分区域有冲淤现象，并已得到修复，侵蚀率<20%	不太稳定，一半以下区域有冲淤现象，侵蚀率20%~50%	不稳定，过半以上区域有冲淤现象，侵蚀率50%~80%	非常不稳定，整个区域几乎全部被冲淤，侵蚀率>80%
	河岸带土地利用类型 C_{34}	林地、灌丛、草地，无耕地或居民区	林地、灌丛、草地，有少量耕地，无居民区	耕地与林地、灌丛、草地交错，有居民区	无耕地，有居民生活区	建筑物和居民生活区
	河岸带人类干扰程度 C_{35}	几乎没有人类活动	干扰较小，少量非机动车和行人通过	干扰较大，少量机动车经过，有闸坝等水工设施	多种人类活动，对河流影响大，但污染不严重	人类活动密集，污染严重
景观环境 B_4	河流自然程度 C_{41}	自然原型	近自然型	轻微受破坏，基本保持自然	受到破坏，不太自然	明显受到破坏，严重脱离自然状态
	河岸植被覆盖率 C_{42}	>80%	50%~80%	20%~50%	10%~20%	<10%
	景观小品多样性 C_{43}	岸线景观小品种类繁多	岸线景观小品种类较多，分布不均匀	岸线景观小品种类较少，分布不均匀	岸线周边零星分布景观小品	岸线周边几乎没有景观小品

项目	评价指标	评分标准				
水生生物 B₅	大型无脊椎动物 C₅₁	丰富	较丰富	较少	极少	罕见
	赋予分值	9～10	7～8	5～6	3～4	1～2

表6-6　河流生境评价指标体系权重值

目标层	准则层	权重	指标层	权重	综合权重	排序
河流生境综合质量 A	河流形态结构 B_1	0.1708	河道弯曲程度 C_{11}	0.5	0.0854	4
			河道护岸形式 C_{12}	0.5	0.0854	4
	水质水量 B_2	0.3303	河道生态水量满足程度 C_{21}	0.6667	0.2202	2
			水功能区水质目标达标程度 C_{22}	0.3333	0.1101	3
	河岸带状况 B_3	0.1152	河岸坡度 C_{31}	0.1103	0.0127	12
			河岸带宽度 C_{32}	0.1103	0.0127	12
			河岸稳定性 C_{33}	0.1988	0.0229	9
			河岸带土地利用类型 C_{34}	0.1988	0.0229	9
			河岸带人类干扰程度 C_{35}	0.3818	0.0440	7
	景观环境 B_4	0.0923	河流自然程度 C_{41}	0.5278	0.0486	6
			河岸植被覆盖率 C_{42}	0.3325	0.0307	8
			景观小品多样性 C_{43}	0.1396	0.0129	11
	水生生物 B_5	0.2914	大型无脊椎动物 C_{51}	1	0.2914	1

准则层 B 中各因子所占权重大小依次为：水质水量 B_2 > 水生生物 B_5 > 河流形态结构 B_1 > 河岸带状况 B_3 > 景观环境 B_4，指标层 C 各项指标所占综合权重值大小依次为：大型无脊椎动物 C_{51} > 河道生态水量满足程度 C_{21} > 水功能区水质目标达标程度 C_{22} > 河道弯曲程度 C_{11} = 河道护岸形式 C_{12} > 河流自然程度 C_{41} > 河岸带人类干扰程度 C_{35} > 河岸植被覆盖率 C_{42} > 河岸带土地利用类型 C_{34} = 河岸稳定性 C_{33} > 景观小品多样性 C_{43} > 河岸坡度 C_{31} = 河岸带宽度 C_{32}。由此可以看出，大型无脊椎动物、河道生态水量满足程度和水功能区水质目标达标程度对河流生境质量具有较大影响。

6.4.2.4　评价方法

对评价体系的各级指标层得分值采用加权平均法来计算，二级指标（即准则层）评分利用加权平均法对三级指标（即指标层）得分进行计算，计算公式如下：

$$B_i = \sum_{i=1,j=1}^{n=5,\, m=2/5/3/1} C_{ij} \cdot \mu_{C_{ij}} \qquad (6\text{-}1)$$

式中，B_i 为二级指标得分；C_{ij} 为三级指标得分；$\mu_{C_{ij}}$ 为三级指标 C_{ij} 的权重；n 为 5，代表二级指标总数；m 为 2 或 5 或 3 或 1，代表各二级别下的三级指标总数。

一级指标（即目标层）评分利用加权平均法对二级指标（即准则层）得分进行计算，得到河流生境质量综合指数，将总得分乘以 10 以区分各监测样点分值间的差异，计算公式如下：

$$A = \sum_{i=1}^{n=5} B_i \cdot \mu_{B_i} \cdot 10 \qquad (6\text{-}2)$$

式中，A 为一级指标得分，此值代表河流生境现状；B_i 为二级指标得分；μ_{B_i} 为二级指标 B_i 的权重；n 为 5，代表二级指标总数。

根据生境质量指数的分布范围划分河流生境等级，本研究最终得分范围为 10~100，属于"好"等级的频数分布数值小于 25%，属于"较好"等级的频数分布数值在 25%~40%，属于"一般"等级的频数分布数值在 40%~55%，属于"较差"等级的频数分布数值在 55%~70%，属于"最差"等级的频数分布数值大于 70%，以此划定河流生境质量分级标准（表6-7）。

表6-7　河流生境质量分级标准

河流生境质量分级	频数分布/%	分级标准
好	<25	>75
较好	25~40	$60 < I \leqslant 75$
一般	40~55	$45 < I \leqslant 60$
较差	55~70	$30 < I \leqslant 45$
最差	>70	$\leqslant 30$

6.4.3　综合评价结果

受区域地理环境的影响，河流不同河段发挥的自然生态功能和社会服务功能有所差异，选取妫水河干流和 3 条支流（三里河、蔡家河、古城河）上的 13 个具有代表性的监测点位开展河流生境调查，见图 6-11。结合研究区四周地势较高以山地为主，中部地势较低属平原区的特点，将妫水河干流和蔡家河划分为缓坡型河段，古城河划分为山区型河段，三里河划分为城区型河段。13 个样点中属于缓坡型河段的样点 R1 ～ R5、R8 ～ R10，属于城区型河段的样点 R6 ～ R7，属于山区型河段的样点 R11 ～ R13。

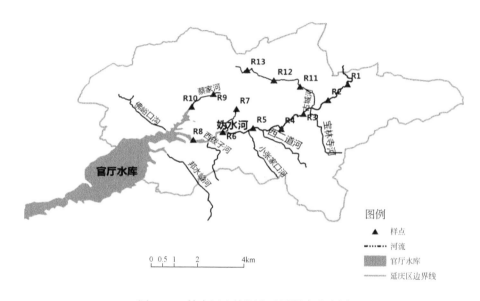

图 6-11　妫水河生境调查监测样点分布图

从调查水系来看，研究区域 13 个监测样点的河流生境质量综合评价指数分值介于26 ～ 93 之间，等级水平差距大。根据调查数据，在 13 个监测样点中75 分以上为"好"的监测点有 6 个，占 46.2%；介于60 ～ 75 分为"较好"等级的监测点有 2 个，占 15.3%；介于 45 ～ 60 分为"一般"的监测点有 1 个，占 7.7%；介于 30 ～ 45 分为"较差"等级的监测点有 3 个，占 23.1%；30 分以下为"最差"等级的监测点有 1 个，占 7.7%（图 6-12）。从评价结果总体来看，妫水河干流及 3 条支流生境质量整体较好。其中，为好和较好等级的样点均处于上游河段，在中下游河段生境质量分值逐步下降，在支流三里河段生境质量分值达到最低，到下游蔡家河河段生境质量分值虽有下降但是仍处于"好"的等级。

从不同类型河段的生境质量平均得分来看，缓坡型河段的生境质量明显优于山区型河段和城区型河段，等级为"好"，而山区型和城区型河段均属于

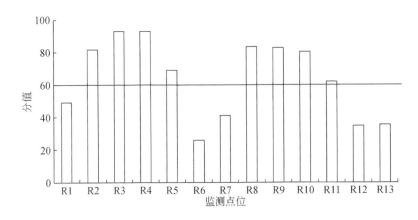

图 6-12　妫水河流域监测样点生境质量综合评价指数值

"较差"等级（表6-8）。

表 6-8　妫水河流域生境质量综合评价结果

河段类型	监测点位	生境质量得分	生境质量平均得分	等级
缓坡型	R1	49	79	好
	R2	81		
	R3	93		
	R4	93		
	R5	69		
	R8	83		
	R9	83		
	R10	80		
山区型	R11	62	44	较差
	R12	35		
	R13	36		
城区型	R6	26	34	较差
	R7	41		

　　在缓坡型河段中，样点 R2、R3、R4、R5 生境质量等级为"好"，河道水量较多，大型无脊椎动物的种类和数量也较为丰富，周围均为繁茂的森林植被，受人类活动影响较小；样点 R1 生境质量一般，水量较小，且河岸缺乏有效的植被缓冲带；样点 R8、R9、R10 处生境质量等级为"好"，水量相对其他河段较大，河岸周围自然植被覆盖度高，样点 R8 附近水域有人工修筑的栈道、

观景平台，景观小品呈现多样化。属于山区型河段的样点 R11、R12、R13，河岸具有一定坡度，受人类活动影响较小，但缺水断流导致该河段生物种类稀少，河流严重脱离自然程度。属于城区型河段的样点 R6、R7 的生境等级分别为"最差"和"较差"，主要原因是支流三里河穿越延庆城区，受人为干扰影响较为严重，不仅水量较小，水体富营养化问题严重，河水浑浊或有腥臭味，河道明显受到破坏，严重脱离自然状态，加之河岸带周边土地利用类型多为建筑和居民区，人类活动对河流影响较大，造成该河段生境质量较差。

6.4.4　结果分析

6.4.4.1　北方缺水河流生境评价指标选取适宜性分析

在河流生境质量评价中，指标的选取和权重的设置是重要环节之一，尤其针对特定区域来说，不同指标的选择和赋权的偏差程度都会直接影响评价结果。本研究充分考虑了北方缺水河流的特点，如不同河段生境的空间异质性、生态基流难以保障、土地短缺导致人为活动挤占河道严重等突出问题，结合已有参考文献中关于河流生境和生态健康评价的相关成果，遴选了河流形态结构、水质水量、河岸带状况、景观环境和水生动物 5 个准则层和 13 个指标层，在指标选择上删去了已有学者建立的评价体系中流速、流态、宽深比、脉冲流量等专业性较强的指标，纳入了生态学指标。指标构建遵循"适用、实用"原则，既能够较全面地反映北方缺水河流生境的限制性因素，又能在实际河流管理中实现应用。

6.4.4.2　评价指标体系构建对妫水河生态治理的指导作用

利用构建的评价指标体系对妫水河进行了评价，从评价结果来看，妫水河河流生境质量整体较好。13 个监测样点中生境质量等级为好和较好的样点约占 62%，生境质量等级为好、较好、一般、较差、最差的河段比例分别为 46.2%、15.3%、7.7%、23.1%、7.7%。缓坡型河段生境质量明显优于山区型河段和城区型河段，从生境质量平均分值来看，缓坡型河段的生境等级为"好"，山区型和城区型河段的生境等级均为"较差"。

从妫水河河流生境质量现状评价结果来看，水质水量是影响河流生境综合分值的重要因素，其次是人类活动干扰程度。在一定程度上，生态水量不足会直接影响河流大型无脊椎动物的丰富程度、河岸稳定性和河道弯曲程度等评价指标，还会间接影响其他指标。支流古城河生境质量较差，主要原因在于河流断流导致河道生态水量满足程度不够。支流三里河生境质量差的主要原因是受人类生产生活的影响较大，作为排水河道，密集的人类活动导致河道严重被侵占，三里河湿地公园湿地功能也逐步退化。通过利用构建的河流生境质量评价指标体系和方法对妫水河河流生境质量进行评价，其评价结果较为真实地反映了研究区域的实际调查情况，在今后流域水生态保护和管理工作中应设法向河道补水，使河道生态水量满足生物生存，同时控制好人类活动对生境的负面影响，逐步恢复河流自然生态功能和社会服务功能。

6.5 妫水河水循环系统修复示范工程生态监测

6.5.1 监测任务

以妫水河河流–湿地群生态连通及水体净化技术研究与示范项目的执行区域作为研究区，具体区位如图6-13所示。分别于2018年和2019年进行了多次野外调查和采样工作。整体工作、方案方法在各年度间保持一致，外业主要由野外固定样方调查和水样测定组成。样方设置由水面至岸上纵向设置样方，获得植物群落数据包括种类、多度、盖度和生长环境等，并对典型植物及其群落进行拍照记录，另采集水样、土壤样品和植物样品。在内业工作中，进行了群落结构、多样性水平和排序分析等处理，主要回答以下三类问题：①示范工程前后，妫水河流域地区的植物多样性各自是什么水平；有无变化；变化呈现出什么格局。②妫水河有哪些主要植物群落类型；各自有哪些骨干物种；如何维持这些群落的稳定性。③对于主要的植物种类，哪些环境因子影响其分布；这些物种各自生态位对恢复实践有何启示。

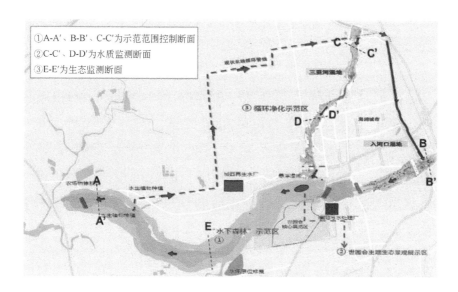

图 6-13　植物监测区域示意图

6.5.2　工程生态监测方案

6.5.2.1　野外调查样地设置与数据归类方法

植物群落结构监测，主要依据《植物生态学》（宋永昌版）中标准样方法进行调查。具体来说，以工程涉及的所有断面为核心，实行完全覆盖采样，每个断面上都有设置 5 ~ 10 个监测样点，每个监测样点视实际情况设置 10 ~ 15 个 1m×1m 的样方，采集植被和环境因子数据，并且额外在夏都公园和东大桥以东（B-B'以东）的区域设置了两个监测样点，因为这两个地点分别代表人为活动干扰较为严重的区域，以及基本原生态、无干扰两种情况，具有一定的代表意义。

根据数据计算需要，将采样区域总体上划分为 4 个区段：①上游区域为东大桥监测站及其以东方向；②中游区域为东大桥以西至雅荷园区域；③下游区域为雅荷园以西至橡胶坝附近；④支流区域主要包括三里河周边的区域，直至三里河与妫水河的交汇处。该划分大体上反映了河道从窄到宽再到基本稳定的梯度变化，从直觉上可能与植被的变化呈现出一定的相关性，后续的计算将在这一框架下展开。

植物数据方面，主要依据《北京湿地植物》（徐景先版）划分，并针对项目要求进行微调，总共分为6个类型：沉水植物（sub）、浮水植物（flo）、挺水植物（eme）、湿生植物（hyd）、中生植物（mes）和旱沙盐植物（halo）。在数据记录上，样方总盖度、植物名称、多度、盖度等主要信息，取各样方的记录平均值作为该点位的植被数据。对重要物种，拍摄标本照片。盖度的记录遵循投影原理，对多度的记录采取布隆布朗奎特方法（Brown-Blannquet），设置1~5个多度等级，进行记录。同时采集水样，重点监测溶解氧值等水质指标，所有数据资料均进行存档备份，并按照约定频次进行监测活动。

6.5.2.2 群落结构分析与重要值计算

植物群落结构分析，主要依据《中国植物志》中的原则进行分类，着重确定群落中各种植物的重要值。计算过程主要在 R 语言中完成，依赖"Biodiversity R"程序包中的 importantvalue 函数，其中重要值的计算公式如下所示。其中，相对显著度这个指标，在使用于草本植物群落时，通常用盖度数据来代替。

$$相对频度(F_r) = \frac{F(某个种的频度)}{\sum F(全部种的总频度)} \times 100\% \tag{6-3}$$

$$相对多度(D_r) = \frac{D(某个种的株数)}{\sum D(全部种的总株数)} \times 100\% \tag{6-4}$$

$$相对显著度(P_r) = \frac{P(某个种的断面积)}{\sum P(全部种的总断面积)} \times 100\% \tag{6-5}$$

$$重要值(Ⅳ) = F_r + D_r + P_r \tag{6-6}$$

6.5.2.3 植物多样性指数计算与分析

植物群落研究中，常用多样性指数来表征群落中物种数量的丰富程度以及分布的均匀程度。指数得分越高，说明其多样性程度越高。本次计算中，使用常用的 α 多样性指数来表征时间上的变化，采用香农-维纳指数、辛普森指数和佩鲁均匀度指数3种，适用 Bray-Curtis 指数来表征不同区段间的变化情况，属于 β 多样性范畴。本监测中的多样性指数计算主要在 R 语言中完成，依赖"Vegan"程序包中的 biodiversity 函数。各自计算公式如下：

辛普森指数：

$$D_s = 1 - \sum_{i=1}^{s} \frac{n_i(n_i - 1)}{N(N - 1)} \qquad (6-7)$$

式中，s 为群落中的物种类别总数；N 为群落中所有物种的个体总数；n_i 为第 i 个物种的个体总数。

香农–维纳指数：

$$H' = - \sum P_i \log_2 P_i \qquad (6-8)$$

式中，p_i 为群落中第 i 个物种，其个体数在所有物种个体总数中所占的比例。

佩鲁均匀度指数：

$$J = \left(- \sum P_i \log P_i \right) / \log S \qquad (6-9)$$

Bray-Curtis 指数：

$$BC_{ij} = 1 - \frac{2C_{ij}}{S_i + S_j} \qquad (6-10)$$

式中，i 和 j 是待比较的集合；S_i 和 S_j 分别是其各自元素总数量；C_{ij} 则是取两个集合中相同类别元素中最小的值。

6.5.2.4 植物种类与环境因子的对应分析

关键环境因子的确定，本质上属于多元统计回归分析。即在多种环境因素中，通过各种数学方法，提取和鉴定主要因子或者主要因子的组合形式，并确定其对目标问题的解释效力，以及这种效力是否具有统计学意义。在植被生态学中，多使用约束性排序（constrained ordination）来进行这种计算，即对多种因素进行降维，通过组合后的新变量来解释物种的分布情况，并探明哪些因素参与这种组合，各自贡献度是多少。在本次报告中，主要采取了 CCA 分析的方法（典范对应分析），并采用蒙特卡罗方法进行模拟，验证所获得的组合是否具有统计学意义。计算过程主要在 R 语言中实现，依赖 Vegan 包中的 CCA 等函数。排序的概念示意图如图 6-14 所示。

植被的排序

- 排序的概念：

  各取样单位在单维或多维空间中顺序的排列。

- 实质：

  将样方或者植物种类之间的关系，以及两者与环境因素之间的关系，进行可视化展示

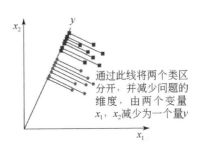

通过此线将两个类区分开，并减少问题的维度，由两个变量 x_1，x_2 减少为一个量 y

图 6-14　植被排序概念图

6.5.3　工程运行效果

6.5.3.1　植物群落结构情况

（1）数目与类别情况

从不同类别的植物数量来看，在全流域的尺度上，示范工程开始前的植物类别情况和示范后相比，发生了较明显的变化。从生态监测断面来看，各监测点的植被平均盖度由示范前的 45.27% 提升至 55.45%。各种植物的平均多度等级由示范前的 1.76 提升至 1.91，平均多度等级标准差由示范前的 1.00 下降至 0.92。而从各类型植物种类的绝对数目和比例情况来看，水生和湿生植物种类数量都有所增加，详情见图 6-15。总体上来说，种类数目、盖度和多度都获得了提升，群落结构也趋向于更加均匀。

可以看出，在绝对数量上，总共增加了 34 种，增长率为 36.56%，其中沉水、挺水、浮水和湿生植物分别增加了 1 种、4 种、2 种和 13 种，增长率分别为 16.67%、133.33%、25% 和 44.83%。在相对比例上（图 6-16），湿生植物增加了 2%，旱沙盐植物减少了 4%。总体上来说，物种类别多样性有所提升，其提升规律符合边际效应。

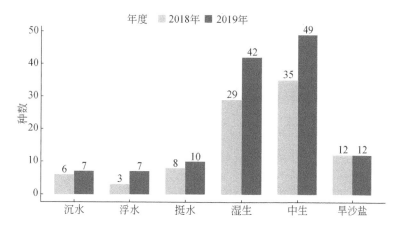

图 6-15 流域尺度内各类型植物数量在示范前后的变化情况

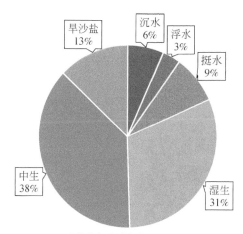

示范前各类型植物所占比重

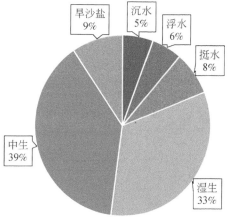

示范后各类型植物所占比重

图 6-16 示范前后各类型植物所占比例的变化情况

（2）建群物种与配置模式筛选

通过物种重要值的计算，我们结合整个妫水河流域的植物种类情况，筛选出了沉水、浮水、挺水及其他类型植物种的前5～10位重要植物，并总结出主要的植物群落类型，并对其发育状况、建群种、伴生种、偶见种及实践意义等方面情况加以汇总，以期为相关实践提供参考建议，其详细情况如下。

1）沉水植物的主要群落类型解析（表6-9）。

表6-9　沉水植物中的前五位优势植物

项目	相对频率/%	相对密度/%	相对优势度/%	重要值
菹草	40.000	48.315	48.315	1.366
北京水毛茛	14.286	13.483	13.483	0.413
黑藻	14.286	13.483	13.483	0.413
狐尾藻	14.286	12.360	12.360	0.390
金鱼藻	8.571	7.865	7.865	0.243

a. 北京水毛茛群落

北京水毛茛（*Batrachium pekinense*），为毛茛科、水毛茛属下的一个种，为北京市一级保护植物（图6-17）。一般认为生于海拔120～400m间山谷或丘陵溪水中。本次调查中在妫水河也有发现。尤其在上游临河村附近，有较大规模种群分布。

图 6-17　北京水毛茛

该群落为单优势种群落，北京水毛茛占据多盖度成分的95%以上，偶见伴生有零星的黑藻、菹草等种类，发育良好。该物种对水质要求极为苛刻，大量种群的出现，说明该区域水质是非常优秀的。此外，在工程起点附近橡胶坝下游，也发现了较少量的北京水毛茛，说明工程可能对环境条件有较显著的改善作用。

b. 黑藻+金鱼藻群落

黑藻（*Hydrilla verticillata*）是水鳖科黑藻属植物（图6-18）。多年生沉水草本。茎伸长，有分支，呈圆柱形，质地较脆，全草可做猪饲料，亦可作为绿肥使用。金鱼藻（*Ceratophyllum demersum*）是金鱼藻科金鱼藻属的多年生沉水植物（图6-19）。全株暗绿色。茎细柔，有分枝。叶轮生，具刺状小齿。多见于小湖泊、河流的缓流处。黑藻+金鱼藻群落，见图6-20。

图 6-18 黑藻

图 6-19 金鱼藻

图 6-20 黑藻+金鱼藻

该群落类型在妫水河东大桥水文站附近常见，以黑藻为主要优势种，金鱼藻为伴生种，黑藻生长旺盛，占据群落多盖度成分的70%以上，金鱼藻主要分布在岸边，或依附缠绕于黑藻之上。该群落类型发育良好，是在水质状况有所下降后，接替北京水毛茛出现的群落类型。该群落中偶见大茨藻的出现，不对群落结构产生影响。其建群种黑藻，喜光照充足的环境，喜温暖，因此可用作浊度较低的开阔水域建群种备选，但需保证一定的越冬温度，一般推荐不低于4℃。

c. 菹草+狐尾藻+金鱼藻

菹草（*Potamogeton crispus*）是眼子菜科、眼子菜属多年生沉水植物，革质叶左右二列密生，边缘具有细锯齿（图6-21）。狐尾藻（*Myriophyllum verticillatum*）是小二仙草科狐尾藻属植物，茎圆柱形，多分枝（图6-22）。水上叶互生，披针形，较强壮，鲜绿色，裂片较宽。菹草+狐尾藻+金鱼藻，见图6-23。

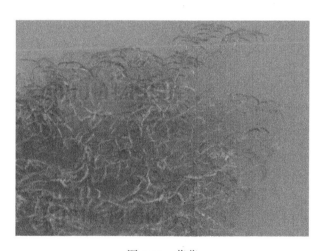

图6-21　菹草

该群落类型为整个妫水河中下游广布的群落类型，也是流域最主要的沉水植物类型。通常以菹草和狐尾藻为共同优势种，群落个体密度大，两种植物各自组成多盖度成分的30%～40%，金鱼藻为伴生种，通常占据10%以下。群落类型发育良好，对水体浊度和N、P元素的污染具有较好的耐受能力。是妫水河流域内，拓展较严苛生境的先锋群落类型。群落群中偶见有槐叶萍和欧菱的出现，对群落结构的影响较小。

图 6-22 狐尾藻

图 6-23 菹草+狐尾藻+金鱼藻

2) 浮水植物的主要群落类型解析 (表 6-10)。

表 6-10 浮水植物中前五位优势植物

优势植物	相对频率/%	相对密度/%	相对优势度/%	重要值
苔菜	24.000	32.558	32.558	0.891
槐叶萍	20.000	18.605	18.605	0.572
水鳖	16.000	18.605	18.605	0.532
睡莲	20.000	13.953	13.953	0.479
浮萍	8.000	6.977	6.977	0.220

a. 莕菜群落

莕菜（*Nymphoides peltata*）为睡菜科莕菜属植物，茎圆柱形，多分枝，密生褐色斑点，叶片飘浮，近革质，花冠金黄色。挺出水面，花多且花期长，是点缀水景的极佳备选植物。莕菜群落，见图 6-24。

图 6-24　莕菜群落

该群落类型为单物种绝对优势，在流域的中下游广泛分布，喜生于平稳水域，水面扰动小处常见，在流动的水中生长不良。对光照和水位条件的要求比较高，水深一般不能超过1m，光照要十分充足。此外，对底泥的营养条件也有要求，喜富含有机质的土壤。群落发育良好，可形成连续的大面积分布，偶见水鳖，浮萍等伴生种，对群落结构影响不大。

　　b. 水鳖+槐叶萍+浮萍群落

水鳖（*Hydrocharis dubia*），水鳖科水鳖属多年生浮水植物，叶圆状心形或近肾形，全缘，叶面深绿色，叶背略带紫色并具有宽卵形的泡状贮气组织（图6-25）。槐叶萍（*Salvinia natans*），蕨类植物，漂浮于水面，因其叶片形似槐树叶而得名（图6-26）。叶片上面深绿色，下面密被棕色茸毛。还有一叶悬垂水中，细裂成线状，被细毛，形如须根，起着根的作用。浮萍（*Lemna minor*），微小的漂浮植物，叶状体对称，上面绿色，下面浅黄、绿白或紫色（图6-27）。一般在水体中呈零星分布，只在水质富营养化时形成连续大面积的分布。

图6-25　水鳖

　　该群落类型以水鳖为主要建群种，辅以槐叶萍和浮萍为伴生种，偶见欧菱点缀其中。是妫水河流域最为常见的野生浮水植物群落类型，在全流域都有较广泛的分布，常见于岸际5m的范围内，多呈零星散布，很少形成连续的大面积分布，多分布于水流静缓处，生性向阳喜暖。水鳖花形美丽，可用作景观点缀。槐叶萍和浮萍对水体营养成分要求高，不推荐作为配置植物，容易引起水

图 6-26　槐叶萍

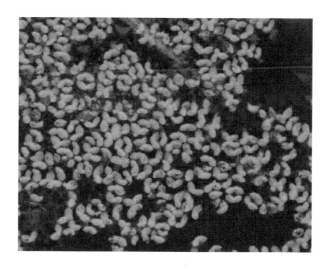

图 6-27　浮萍

体的富营养化。

　　c. 睡莲群落

　　睡莲（*Nymphaea tetragona*）是睡莲科睡莲属多年生浮水植物，浮水叶浮生于水面，基部深裂成马蹄形或心脏形，叶缘波状全缘或有齿，沉水叶薄膜质，柔弱。花单生，颜色与形态多样，景观价值高。睡莲群落见图6-28。

图 6-28　睡莲群落

睡莲也是妫水河流域常见的浮水植物群落类型，为单优势种群落，常呈小面积的聚集分布，多数为人工种植起源，或者为逸生种群。发育良好，景观效果好，偶见水鳖、欧菱等伴生其中。睡莲性喜阳光充足、通风良好的环境，对土壤的要求不高，pH 6～8 均生长正常，在富含有机质的壤土中生长更好。水深要求以不超过 80cm 为宜。但是睡莲群落的人造性比较强，不同品种的睡莲可能会有不同的生活习性，如果选为备选种类，需要消息了解其需求。

3）挺水植物的主要群落类型解析（表 6-11）。

表 6-11 挺水植物中前五位优势植物

优势植物	相对频率/%	相对密度/%	相对优势度/%	重要值
香蒲	29.870	31.500	31.500	0.929
芦苇	25.974	31.500	31.500	0.890
菰	10.390	9.500	9.500	0.294
扁杆荆三棱	9.091	7.000	7.000	0.231
荷	3.896	3.500	3.500	0.109

a. 香蒲+芦苇群落

香蒲（*Typha orientalis*），香蒲科香蒲属，多年生挺水植物，叶片条形，叶鞘抱茎，经济价值较高，花粉即蒲黄可以入药（图 6-30）；叶片用于编织、造纸等；雌花序可作枕芯和坐垫的填充物；叶片挺拔，花序粗壮，也使其具有很好的观赏价值。芦苇（*Phragmites communis*），禾本科芦苇属，多年生挺水植物，叶舌边缘密生一圈长约 1mm 的短纤毛，易脱落；叶片披针状线形，无毛，

图 6-29 芦苇

顶端长渐尖成丝形（图6-29）。圆锥花序大型，分枝多数。由于芦苇的叶、叶鞘、茎、根状茎和不定根都具有通气组织，所以它在净化污水方面有较好的效力。香蒲+芦苇群落见图6-31。

图 6-30　香蒲

图 6-31　香蒲+芦苇

　　该类型为妫水河地区最为常见的挺水植物类型，广泛分布于各个区域。两种植物，既可以各自单独构成单物种优势群落，又可以共存，互相补充。作为群落中的建群种，这两种植物的高度优势是非常明显的，可达2m以上。本地区没有其他水生植物可达此高度。多盖度等级也比较高，甚至可以形成郁闭效果，为其下的伴生植物提供伞护。该群落发育良好，生态幅广泛，可以适应各种条件。主要伴生种类为扁杆荆三棱、菖蒲等，主要分布在群落的外围，以避免被荫蔽。所以，将这两种植物作为配置时，应留好空隙，为其他植物提供必需的光照条件。

b. 菰群落（图6-32）

菰（*Zizania caduciflora*），禾本科菰属多年生植物，具匍匐根茎，须根粗壮。秆高大直立，高 1 ~ 2m，径约 1cm，具多数节，基部节上生不定根。菰的茎部在被特定细菌感染后，会形成日常食用的蔬菜"茭白"，其种子在经过处理后也是传统食物"雕胡米"的原料。

该群落类型常见于妫水河中下游的开阔水面，尤其以南岸为多，形成单物种绝对优势的群落。菰属喜温性植物，生长适温 10 ~ 25℃，不耐寒冷和高温干旱，但对日照长短要求不严。在底泥选择上，应该注意选择微酸性的基质环境，以促进其生长，另外，该植物用途广泛，文化意义充沛，可以兼具一定的科普作用。

图 6-32 菰群落

c. 扁杆荆三棱群落（图 6-33）

扁杆荆三棱（*Bolboschoenus planiculmis*）是莎草科荆三棱属的多年生植物，是河漫滩、湖岸等湿地边际生境中常见的湿生/挺水植物，该物种在自然状态下能通过地下根茎和球茎等结构不断进行营养繁殖而产生大量无性系分株，因而形成大片连续分布的单物种优势群落。

该群落类型见于妫水河下游河岸边际，偏好有机质含量丰富的土壤条件，并且能够成为水面涨退频繁的滨水生境中的先锋植物，但是不耐长久的水淹。由于其具有旺盛的无性繁殖习性，在配置时可考虑采用其球茎、根茎系统作为繁殖材料，以获得快速的繁殖效果。此外，其球茎中富含淀粉，通常可作为冬季经停鸟类的食源性植物，在以招停鸟类为目的的实践中也可重点考虑此植物。

图 6-33　扁秆荆三棱群落

d. 菖蒲+黑三棱群落

菖蒲（*Acorus calamus*），菖蒲科菖蒲属多年生植物，叶片剑状线形，草质，绿色，光亮，两面中肋隆起（图 6-34）。肉穗花序斜上或近直立，浆果红色；黑三棱（*Sparganium stoloniferum*），香蒲科黑三棱属多年生草本，叶长，上部扁平，下部呈凸起状（图 6-35）。雌花为头状花序，成熟后形似一个长满尖刺的圆球。这两种植物容易混淆，并且分布范围较一致，区别主要在花序和果序上。菖蒲+黑三棱群落见图 6-36。

该群落主要见于妫水河上游河岸边际，属于共优群落。各自占据群落多盖度成分的 50% 左右。这两种植物也经常作为其他高大挺水植物群落的伴生种出现。其中菖蒲喜冷凉湿润气候，阴湿环境，耐寒耐阴；黑三棱与之相似，生

图 6-34　菖蒲

图 6-35　黑三棱

图 6-36　菖蒲+黑三棱

态位比较重合，但是在腐殖质丰富的土壤中，黑三棱容易取得竞争优势。菖蒲可以提取芳香油，有香气，是端午节传统香草，而黑三棱则为中药"三棱"的来源。以其作为植物配置，具有一定的科普意义。

e. 莲群落（图6-37）

莲（*Nelumbo nucifera*），睡莲科莲属植物，多年生水生草本。根茎肥厚，横生地下，叶盾状圆形，伸出水面，叶柄长1～2m，中空，常具刺。花单生于花葶顶端。

该群落主要为人工种植群落，为单物种优势群落，建群种占据群落多盖度成分的95%以上。偶见有菖蒲、荇菜等点缀在群落中间。该物种具有极佳的观赏价值，但极不耐阴，喜相对稳定的静水，种植需注意控制水位落差。

图 6-37　莲群落

f. 黄菖蒲群落（图 6-38）

黄菖蒲（*Iris pseudacorus*），鸢尾科鸢尾属植物，根状茎粗壮，径达 2.5cm。基生叶灰绿色，宽剑形，中脉明显，花茎粗壮，高 60～70cm，花黄色，明显。

该群落在妫水河流域主要见于东大河水位站以东的区段。多分布于河岸边沿水陆交错的狭窄地带，适应范围广泛，可在水边或露地栽培，有一定的耐涝和耐盐碱性，又可在浅水中挺水栽培。野生群落发育良好，偶见有菖蒲点缀其间。由于名称的相似，经常与菖蒲科的菖蒲混淆，两者叶形相似，但菖蒲叶片更硬直，具有黄绿色的穗状花序，而黄菖蒲则花朵较少，但大而美丽，一般呈亮丽的黄色。

图 6-38　黄菖蒲群落

4）其他主要群落类型解析（表 6-12）。

表 6-12　湿中生类型植物中前十位优势植物

优势植物	相对频率/%	相对密度/%	相对优势度/%	重要值
夏至草	4.255	6.013	6.013	0.163
车前	3.404	3.563	3.563	0.105
早开堇菜	2.128	3.118	3.118	0.084
老鹳草	2.128	2.895	2.895	0.079
披碱草	1.702	2.673	2.673	0.070
独行菜	2.128	2.450	2.450	0.070
水芹	2.553	2.227	2.227	0.070
臭草	2.128	2.227	2.227	0.066

续表

优势植物	相对频率/%	相对密度/%	相对优势度/%	重要值
豆瓣菜	2.128	2.227	2.227	0.066
野大豆	1.702	2.227	2.227	0.062

主要湿生植物群落类型：

a. 豆瓣菜群落（图6-39）

豆瓣菜（*Nasturtium officinale*），十字花科豆瓣菜属，茎匍匐或浮水生，多分枝，节上生不定根。奇数羽状复叶，花瓣白色，倒卵形或宽匙形，具脉纹。

图6-39 豆瓣菜群落

　　该群落类型在妫水河区域主要分布在上游水流浅缓处，多出现于积水不超过5cm的浅水，或者无积水的湿润土壤上。呈现出大面积的连续分布，开白色小花，景观效果佳，偶有水蓼、苈草等伴生种点缀其间。豆瓣菜对生境要求较高，对环境污染很敏感。适宜作为洁净生境的指示植物。

　　b. 水芹群落（图6-40）

　　水芹（*Oenanthe javanica*），伞形科水芹属多年生草本，茎直立或基部匍匐，下部节生根。基生叶柄基部具鞘；叶三角形，一至二回羽裂，复伞形花序顶生，茎叶可食，全草民间作药用。

图 6-40　水芹群落

该群落类型主要分布在妫水河上游区段，群落规模较小，经常形成小片的分散分布，伴生种主要有水蓼、豆瓣菜、薹草等，在群落结构中，水芹植株高度最好，可以达到 1m 左右，伞护性较强。水芹喜湿润、肥沃土壤，耐涝及耐寒性强，偏向于无污染生境，可和豆瓣菜搭配形成洁净生境中的湿生植物配置。

c. 慈姑+酸模叶蓼+节节草群落

慈姑（*Sagittaria trifolia*），泽泻科慈姑属多年生植物，叶片宽大，肥厚，顶裂片先端钝圆，匍匐茎末端膨大呈球茎（图 6-41）；酸模叶蓼（*Polygonum lapathifolium*），蓼科蓼属一年生草本。茎直立，分枝，节部膨大，叶披针形或宽披针形，上面常具黑褐色新月形斑点（图6-42）；节节草（*Equisetum ramo-sissimum*），木贼科，木贼属，中小型蕨类。根茎直立、横走或斜升，黑棕色，孢子囊穗短棒状或椭圆形（图6-43）。

图6-41 慈姑

图6-42 酸模叶蓼

该群落类型为妫水河流域最为广泛分布的湿生植物类型，但基本不形成大面积的连续分布，呈散布状态。以慈姑为主要建群种，酸模叶蓼为群落中层结构的骨干，节节草为下层主要物种。三者构成群落多盖度成分的85%以上。

图 6-43　节节草

主要伴生物种有荩草、水蓼、褐穗莎草等蓼科、禾本科和莎草科湿生植物，群落物种配置多样化。兼具观赏性与稳定性。建群种慈姑性喜温湿及充足阳光，适于黏性土壤上生长，通常能够忍受 10cm 内的水淹，但在其幼小时，生长缓慢，需肥较少，水位宜浅，保持 3cm 左右为宜，以利提高土温，促进生长和发根。

6.5.3.2　植物多样性水平在时空尺度上的变化情况

（1）时间尺度上的变化——α 多样性水平

植物多样性的 α 多样性指数表征的是所设定总体尺度内的多样性情况，不区分单元内部的分异，适合做大区域尺度，时间序列上的多样性比较。因此，选用 α 多样性指数来比较妫水河流域植物多样性在年际间的变化情况，并且详细比较不同流域区段的情况。详细数据见附表。两类比较的结果如图 6-44 和图 6-45 所示。

比较结果从总体上来看，示范后辛普森（Sim）、香农-维纳（SW）和佩鲁（Pei）三种 α 多样性指数都得到了提升，不论是在流域总体还是流域各个区段。以香农-维纳指数（SW）为例，总体上来看，示范前平均值为 1.050±0.451，最大值为 1.846，示范后平均值为 1.429±0.556，最大值 2.058，大致相当于单位调查面积上增加了 1.3 种植物。分区段来看，上游示范前平均值为 0.958±0.448，示范后 1.016±0.696；中游示范前平均值为 1.252±0.192，示范

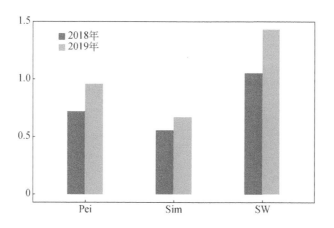

图6-44 α多样性水平在示范前后的变化情况

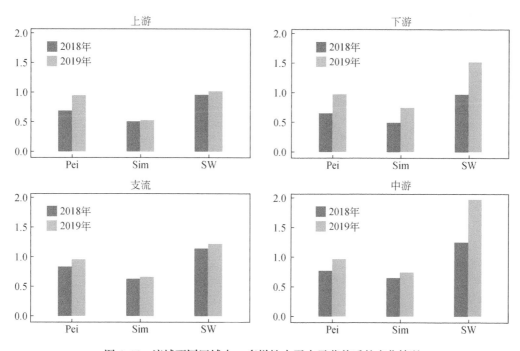

图6-45 流域不同区域内α多样性水平在示范前后的变化情况

后1.971 ± 0.645，下游示范前平均值为0.971 ± 0.531，示范后1.514 ± 0.448，支流示范前平均值为1.134 ± 0.339，示范后1.215 ± 0.463。综上可看出，示范后全流域的α多样性得到了一定程度的改善。

（2）空间尺度上的变化——β多样性水平

植物多样性的β多样性指数表征的是所设定总体尺度之间的多样性情况，

着重探究单元之间的分异，适合做区域之间，空间序列上的多样性比较。因此，选用β多样性指数来比较妫水河流域不同区段间植物多样性水平变化情

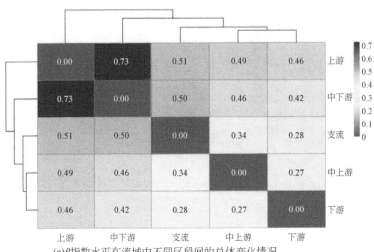

(a)β指数水平在流域内不同区段间的总体变化情况

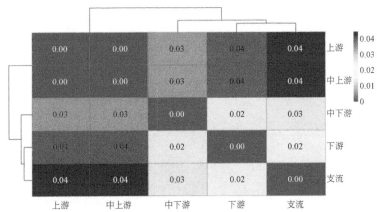

(b)沉水植物β指数水平在流域内不同区段间的总体变化情况

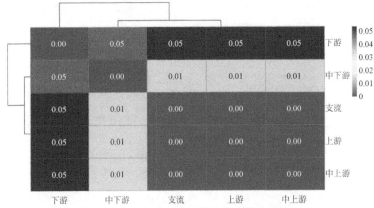

(c)浮水植物β指数水平在流域内不同区段间的总体变化情况

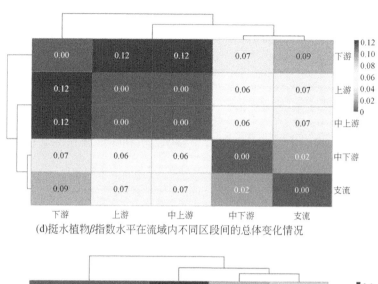

(d)挺水植物β指数水平在流域内不同区段间的总体变化情况

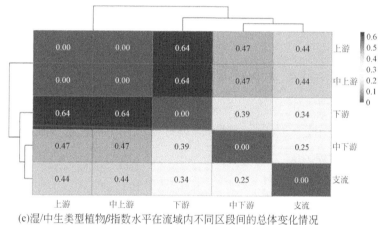

(e)湿/中生类型植物β指数水平在流域内不同区段间的总体变化情况

图6-46　β多样性指数表征的妫水河流域不同区段间植物多样性水平变化情况

况，并且分析不同类型植物各自的情况。详细数据见附表。两类比较的结果如图 6-46 所示，其中颜色偏蓝的色块表征两者之间的变化较小，而偏红的色块表征两者之间的变化较大。（a）为总体的变化情况，（b）、（c）、（d）、（e）分别为沉水、浮水、挺水和其他 4 种类型植物具体的变化情况。

可以看出，总体的变化是较显著的（0.7），但是沉水（0.04）、浮水（0.05）和挺水（0.12）三种类型在区域间的变化都非常小，其他类型（0.6）占据了区域间植物变化的绝大部分，详细的 Bray-Curtis 系数值见附表。这个结果可以说明，流域内不同区段间的植物种类的差异情况主要来源于湿生、中生等水体与陆地交界处生境中，而不是来源于水体内部的植物，这也符合"边际效应"假说在生物多样性格局中的解释，即生态系统的交界处，往往是生物多样性较高的地区，这在恢复工程中值得注意，比如加强堤岸修筑时护坡植物的选择、增大水体与岸际的接触面积，以及塑造更异质性的河流形状以多样化扰动节律等，都可能对区域生物多样性起到促进作用。

6.5.3.3　妫水河流域植物分布与环境因子的关系

关键环境因子的确定，本质上属于多元统计回归分析。即在多种环境因素中，通过各种数学方法，提取和鉴定主要因子或者主要因子的组合形式，并确定其对目标问题的解释效力，以及这种效力是否具有统计学意义。在植被生态学中，多使用约束性排序来进行这种计算。在本项目中，采用约束性排序的一种，典范对应分析（canonical correspondence analysis，CCA）来探明植物分布与环境因子的关系。

图 6-47 为 CCA 分析的样点和环境因素的双排序展示。重点关注的信息为各环境因素对排序轴的贡献情况，以及各环境因子对排序空间的总体贡献程度。一方面，环境因子箭头的长度表征了该因素的整体贡献程度，即物种的变化在多大程度上能用这种因子来解释。在图 6-47 中，较长的箭头为溶解氧、Nitr、totP 和 pH 四种因素。另一方面，环境因子箭头与各轴的夹角大小，表征了该因素对这一个轴的贡献程度，夹角是锐角还是钝角，则大致上表征了正负

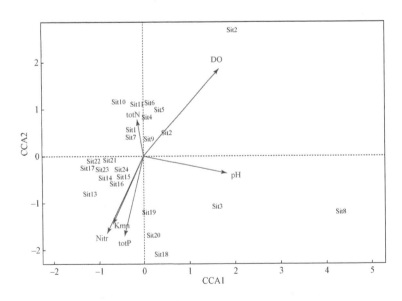

图 6-47　CCA 分析的样点 vs 环境因素的双排序图

相关关系。在图 6-47 中，CCA1 轴主要由溶解氧和 pH 表示，其正方向表示了两者的增加梯度。CCA2 轴主要由各种形式的 N，P，K 元素含量来表征，正方向表示了全氮的增加，负方向表示了铵态氮，全磷和锰酸钾的增加。对排序效力和显著性的统计显示，CCA 各排序轴合计解释了 30% 的变化来源，其中CCA1 和 CCA2 两轴各贡献了占 24% 和 21% 的解释效力。除全氮的显著性较弱以外，其余各环境因素都达到了显著水平，整体 CCA 分析效力可信。

以下 4 幅图片为植物物种在排序空间中的分布情况，可以说明其对环境因素的选择倾向性，其中越分散在边缘的物种，说明其选择性越强；越居于中间的物种，说明其选择性或关联性不强。

1）上部排序空间。

该分幅处于整个排序空间的上部（图 6-48），物种主要分布在 CCA2 轴的负方向（0.5 至 2.0），而在 CCA1 轴上分散扩展（−1 至 2）。比较突出的水湿生植物有荇菜、眼子菜、扁杆荆三棱、泽泻和节节草。这 5 种植物分布在较为边缘的空间。其中荇菜和眼子菜分布在 CCA1、CCA2 两个轴的正方向，说明其需要较高的溶解氧值、较少的 NP 污染以及偏碱性的水体条件。其余三种湿生植物，则可能需要含 N 较丰富的土壤，对 N 素条件的要求可能比较高。处于中部的芦苇、水蓼、臭草等植物，则对各种环境因素的选择性比较小，适宜在多种条件下生存。

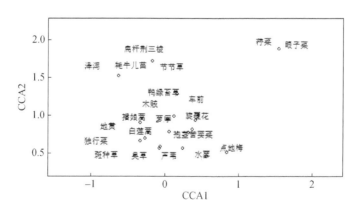

图 6-48　上部排序空间

2）中部排序空间（图 6-49）。

该分幅处于排序图的中部，包括了排序空间原点附近的植物情况。从图上可见，大部分植物分布在（-0.5，+0.5）的空间内，说明这些植物对环境条件的选择性并不强，适宜作为普适性的植物选择材料，其中的水生或湿生植物，如香蒲、泽芹、长芒稗、鹅绒委陵菜等都是比较有代表性的物种，在流域范围内广泛存在。这四种植物中，香蒲为挺水植物，泽芹、长芒稗和鹅绒委陵菜为湿生植物。此外，该还在CCA1轴上有所扩散，其中菰和豆瓣菜两种植物值得关注。这两种植物在CCA1轴负方向上的展开，说明其生境选择偏向于较低的pH，这一点值得在实践过程中予以注意。

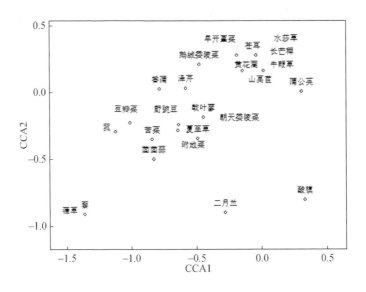

图6-49 中部排序空间

3）下部排序空间（图4-50）。

该分幅为排序图的下部。其外围植物明显地表现出与氨氮、磷等离子的强

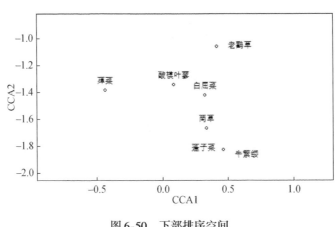

图6-50 下部排序空间

相关性。该区域大部分为湿生和中生植物，其中菵草、牛繁缕、酸模叶蓼可以作为较抗污染的湿生植物候选材料。蓬子菜、白屈菜和蔊菜则是较为干旱环境中抗污染之物的首选。

4）右部排序空间。

该分幅处于排序图的右下方（图6-51），主要处于CCA1轴的正方向和CCA2轴的负方向，空间最外围分布的多为典型沉水植物，表征了调查区域内沉水植物较强的污染耐受能力，对溶解氧的较高需求，以及对偏碱性环境的喜好。其中主要的种类为菹草、金鱼藻、狐尾藻，偶见有大茨藻等物种。

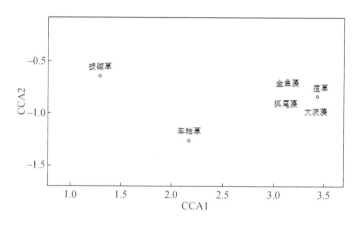

图6-51　下右部排序空间

综上分析可得，影响妫水河流域植物分布的主要环境因素前4位为溶解氧，pH，铵态氮和全磷，合计能够解释30%的变化信息，并且效力可信。在主要植物种类方面，菰和豆瓣菜偏向于较低的pH；蒪菜、眼子菜需要较高的溶解氧值和偏碱性的水体条件，对污染敏感；菹草、金鱼藻、狐尾藻则对污染不敏感；香蒲、泽芹、长芒稗、鹅绒委陵菜则对生境无明显偏好，适宜在复杂条件下存活。菵草、牛繁缕、酸模叶蓼可作为较抗污染的湿生植物候选材料。蓬子菜、白屈菜和蔊菜则是较为干旱环境中抗污染植物的首选。

6.6　小　　结

1）植物种类多样性方面：从种类绝对数目和比例情况看，流域内监测区域的水生和湿生植物种类数量都有所增加，总共增加了34种，增长率为

36.56%，其中沉水、挺水、浮水和湿生植物分别增加了 1 种、4 种、2 种和 13 种，增长率分别为 16.67%、133.33%、25% 和 44.83%。在相对比例上，湿生植物增加了 2%，旱沙盐植物减少了 4%。从生态监测断面来看，各监测点的植被平均盖度由示范前的 45.27% 提升至 55.45%，提升率为 22.5%。各种植物的平均多度等级由示范前的 1.76 提升至 1.91，平均多度等级标准差由示范前的 1.00 下降至 0.92。

2）植物群落结构方面：总共解析出流域内 15 种稳定的植被类型，包括 3 种沉水植物群落、3 种浮水植物群落、6 种挺水植物群落、3 种湿生植物群落类型，就其各自建群种、适宜生境和应用潜力等方面进行了分析，为相关恢复和维护时间提供参考。

3）植物多样性的时空变化方面：用 α 多样性指数来比较妫水河流域植物多样性在年际间的变化情况，结果表明不论是在流域总体还是流域各个区段，辛普森（Sim）、香农–维纳（SW）和佩鲁（Pei）三种 α 多样性指数都得到了提升，说明示范后全流域的 α 多样性可能得到了一定程度的改善。用 β 多样性指数来比较妫水河流域不同区段间植物多样性水平变化情况，并且分析不同类型植物各自的情况。结果表明，流域内不同区段间的植物种类的差异情况主要来源于湿生、中生等水体与陆地交界处生境中，而不是来源于水体内部的植物，这在恢复工程中值得注意，比如加强堤岸修筑时护坡植物的选择、增大水体与岸际的接触面积，以及塑造更异质性的河流形状以多样化扰动节律等，都可能对区域生物多样性起到促进作用。

4）植物与环境因子关系方面：影响妫水河流域植物分布的主要环境因素前 4 位为溶解氧、pH、铵态氮和全磷，合计能够解释 30% 的变化信息，并且效力可信。可分辨的排序植物种类中，菰和豆瓣菜偏向于较低的 pH；苦菜、眼子菜需要较高的溶解氧值和偏碱性的水体条件，对污染敏感；菹草、金鱼藻、狐尾藻则对污染不敏感；香蒲、泽芹、长芒稗、鹅绒委陵菜对生境无明显偏好，适宜在复杂条件下存活。菌草、牛繁缕、酸模叶蓼可以作为较抗污染的湿生植物候选材料。蓬子菜、白屈菜和薜菜则是较为干旱环境中抗污染植物的首选。

5）示范工程建设规模 $3km^2$，位于妫水河延庆城区段妫水桥至农场橡胶坝段，以及三里河再生水补水段。示范工程基于河流原位修复与旁路湿地处理双循环强化净化技术,通过妫水河底泥清理、固化堆积生境岛、堤岸清洗与平整等工程措施,达到了区域总氮、总磷去除率平均值 10% 以上、考核断面溶解氧浓度≥5mg/L、水质由Ⅳ~Ⅴ类提升为Ⅲ类、水生植物多样性指数平均由 0.3 提升到 2.05,完成考核目标要求。

第7章 | 八号桥大型仿自然复合功能湿地示范工程生态监测

7.1 八号桥大型仿自然复合功能湿地示范工程概况

官厅水库八号桥水质净化湿地工程位于河北省怀来县，永定河入官厅水库口，大秦铁路至八号桥水文站下游3.5km河道滩地，工程占地范围全部位于官厅水库479m高程以内管理范围，因丰沙铁路八号桥位于工程范围内，故得名。官厅水库八号桥水质净化湿地工程区位如图7-1所示。

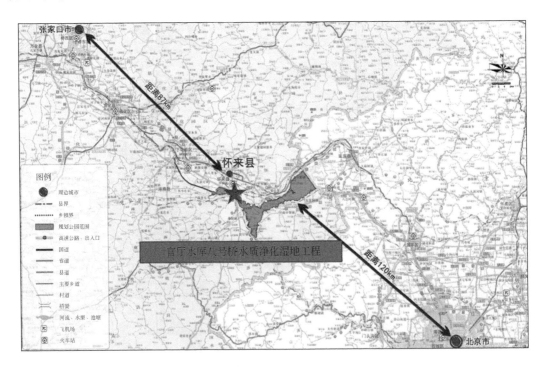

图7-1 官厅水库八号桥湿地区位图

项目在秉承自然生态理念的基础之上，将溪流、生态塘、表流湿地、潜流湿地进行高度有效集成，通过深水、浅水、急流、缓流以及水位变动、截留、沉淀等的有效调配，冷季型沉水植物、耐低温微生物的优化配置，并配以底泥调理的缓释钙基除磷的人工强化措施以及冬季冰盖运行的管控机制，实现了北方寒冷地区仿自然湿地系统对 N、P 污染物削减率高于 30% 的预期目标，有力支撑了永定河入库水质稳定达到地表水 III 类标准的规划需求。

仿自然河道湿地建设总面积约 210hm²，设计处理规模 $1 \sim 3m^3/s$，折合约 8 万 ~ 26 万 m^3/d。

基于人工湿地结构特征和技术要点，同时借鉴生物脱氮除磷技术原理，针对永定河河道受污染来水水质波动大、氮磷污染物超标、功能湿地出水长效稳定达标难等重点难点问题，开展仿自然湿地系统构建、复合功能型湿地生境构建、低温仿自然复合功能型湿地运行管理相关研究，并将研究结果进行工程应用转化，同时开展湿地系统的氮磷、有机物污染物去除能力的实际监测。

7.1.1 仿自然湿地系统构建研究

针对人工湿地工艺特征、低能耗要求、低碳氮比来水等特点，开展人工湿地短程硝化反硝化生物脱氮技术研究。旨在基于组合人工湿地结构特征和技术特点，借鉴生物脱氮净水原理，通过对传统工艺进行结构优化，构建缺氧/厌氧—好氧环境，形成仿自然强化生物脱氮净化系统。重点探讨湿地系统运行方式、布水形式、基质层优化配置、水生植物配置、微生物强化净化、多级湿地单元优化组合等条件对其脱氮性能的强化效果。

7.1.2 高效稳定除磷技术研究

基质是人工湿地的重要组成部分，不仅为动植物和微生物提供栖息空间，同时通过吸附、过滤、离子交换、络合反应等物理化学作用，可以直接去除污染物，特别是基质除磷作用特征及机理的研究已逐渐受到关注。人工湿地对磷的去除作用主要包含三方面：基质填料吸附沉淀、植物吸收和微生物吸收转化。其中，基质填料的吸附沉淀是人工湿地除磷的主要途径，污水中约 70% 的磷是通过上述途径去除，植物吸收的磷仅占 17%。为此，进一步摸清湿地基质对磷的吸附性能、稳定性、温度影响等规律，是确保人工湿地系统稳定除磷的关键；同时，选择、开发对磷吸附能力强、经济效益好的基质材料用于人工湿地，是强化人工湿地除磷效果的重要措施。

本书综合考虑粒料填料可获得性、造价适宜性，优先选取焦炭、石灰石为主要研究对象，通过静态试验对比分析两种基质对可溶性磷酸盐的吸附能力、稳定性，着重探讨温度、吸附时间等条件对基质吸附效果的影响。此外，针对常规湿地填料吸附容量小，经过一定时间的使用之后，容易出现饱和现象，影响出水除磷效果的问题，通过研制新型人工湿地除磷填料，筛选出除磷吸附容量大的填料，为人工湿地水质净化效率的提高及湿地技术的推广应用提供新的技术保障。

7.1.3 水生植物优化配置和立体生态浮岛构建技术

开展水生植物优化配置和立体生态浮岛构建技术研究，将生态浮岛、河道原位净化、水生植物优化配置等技术有机结合，强化仿自然湿地净化系统净水效果。通过以仿真根须为核心、以水生动物优化配置为基础的模块式生境构建，为微生物群落提供适宜的附着面积、为水生动物提供栖息环境，进而通过水生动物、水生植物、微生物的协同作用，实现对水体中污染物质高效去除。

7.2 复合功能型湿地生境构建技术研究

7.2.1 不同湿地基质净化效果

对活化沸石、生物陶粒、火山石、无烟煤、砾石、蛭石、陶瓷滤料、页岩和麦饭石等9种填料净化污水效果进行比较，结果如图7-2。

由图7-2可看出，9种填料对COD_{Cr}的净化效果大致相同，均在40%～60%，生物陶粒与火山石相对最高。而对氨氮的净化效果，则表现出了明显差异，其中活化沸石最高，达到了91.2%，其次是火山石与陶瓷滤料，分别为73.0%和70.5%，再次是生物陶粒64.2%和蛭石52.4%，其余四种则在30%

以下。活化沸石离子交换能力强，对于氨氮有较为稳定高效的去除能力，而火山石与陶瓷滤料表面粗糙，孔隙率大，容易挂膜。9种填料对总氮的净化效果与氨氮相似，也是活化沸石、陶瓷滤料、火山石和生物陶粒最好，均高于50%。对于总磷，无烟煤表现出了极强的净化效果，去除率78.4%，明显高于其他填料。生物陶粒对总磷也有一定净化效果，去除率35.5%，其他7种填料去除率均在20%以下，效果较差。

根据9种填料对典型污染物的去除效果可知，活化沸石、火山石、生物陶粒、无烟煤、蛭石及陶瓷滤料都属于具有极高应用前景的备选基质。

结合填料对污染物的净化效果，并考虑实际应用中可能出现的问题，对湿地基质进行筛选。

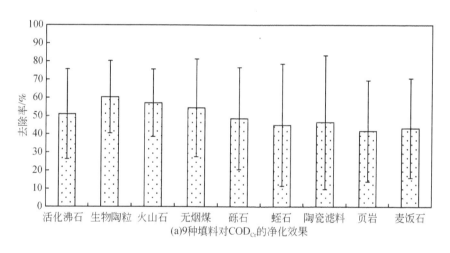

(a)9种填料对COD$_{Cr}$的净化效果

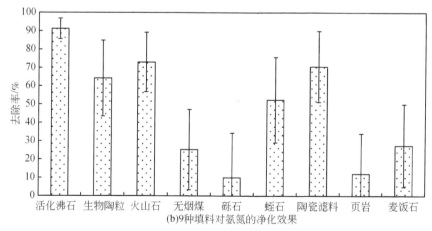

(b)9种填料对氨氮的净化效果

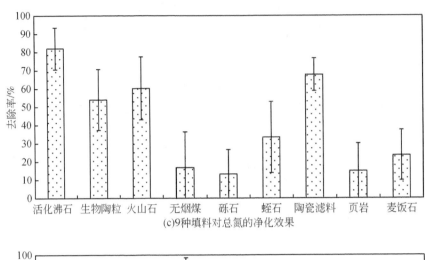

(c)9种填料对总氮的净化效果

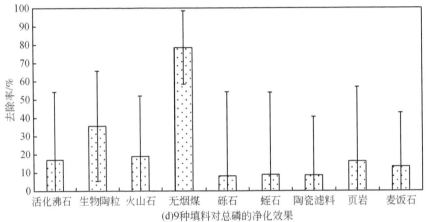

(d)9种填料对总磷的净化效果

图 7-2　九种填料净化效果对比图

人工湿地去除常规污染物的机制中，氮、COD_{Cr} 等主要依赖于微生物作用，而磷的去除作用主要依靠湿地基质的吸附作用。植物吸收去除氮磷等污染物也具有一定效果，但与微生物作用与基质吸附作用相比较弱。筛选湿地基质时，在净化效果相近的情况下，优先考虑对磷净化效果好的填料。

蛭石用作人工湿地基质时，容易发生堵塞，严重影响湿地的运行寿命，排除蛭石。无烟煤虽然总磷去除率极高，明显优于其他材料，但是其滤液偏酸，可能会导致处理水的 pH 大幅下降，进而可能对硝化作用产生一定抑制作用，并可能降低湿地对重金属的净化能力，暂不考虑使用无烟煤。

综合考虑以上因素，选取活化沸石、生物陶粒和火山石作为湿地基质填料。

7.2.2　复合功能型湿地基质优化组合净化效果

随着人工湿地研究及应用的深入，湿地基质组合逐渐成为湿地研究热点之一。选择不同的基质进行组合，不仅可以综合基质之间的优势进行互补，还可以为系统中微生物提供更加多样的生长环境，提高微生物多样性与净化效果。

将活化沸石、生物陶粒和火山石按照表7-1的比例混合成四种组合填料。

表7-1　混合填料组成

填料编号	活化沸石（体积份数）	生物陶粒（体积份数）	火山石（体积份数）
A	1	1	1
B	1	1	3
C	1	3	1
D	3	1	1

以组合填料作为湿地基质进行污染物净化效果比较，结果如图7-3。

与单一填料净化效果进行比较，可看出组合填料对净化污染物有明显的互补作用，并具有较好协同作用。

对 COD_{Cr} 的净化效果最佳的是组合填料 C （66.31%）与 A （65.84%），都优于单一填料。

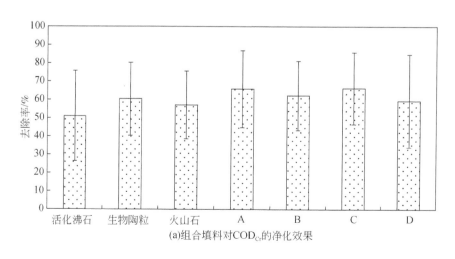

(a)组合填料对COD_{Cr}的净化效果

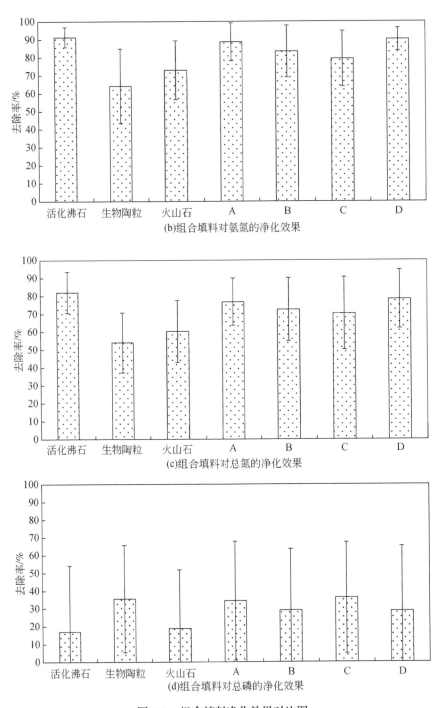

图 7-3　组合填料净化效果对比图

对氨氮净化效果最佳的是组合填料 D （90.11%） 和 A （88.61%），两种混合填料仅略低于活化沸石，明显优于生物陶粒与火山石。

对总氮净化效果最佳的是组合填料 D（78.24%）和 A（76.69%），与氨氮净化效果相似。

对总磷的净化效果最佳的是组合填料 C（36.21%）和 A（34.44%），与生物陶粒净化效果接近，明显高于活化沸石和火山石。

综合考虑对常规污染物（COD 及氮磷）的净化效果，四种组合填料的排序为 A>D≈C>B，其中组合填料 D 在氨氮、总氮净化效果最佳，组合填料 C 则是在总磷与 COD_{Cr} 的净化效果占优，而最优湿地基质是组合填料 A，即活化沸石、生物陶粒与火山石混合比例1：1：1（体积比）。

7.2.3 复合功能型湿地植物的优化配置

湿地植物是人工湿地的重要组成部分，是湿地去除污染物的重要部位。湿地植物的选择应符合适地适种、抗逆性强、净化能力强、根系发达等原则，优先考虑观赏价值和经济价值高的植物，并注意物种间的合理搭配。

7.2.3.1 不同湿地植物净化效果

根据北京市气候特点，在考察北京市公园的水生植物的基础上，结合可操作性与湿地植物筛选原则，选择了菖蒲、香蒲、芦苇、水葱、美人蕉、鸢尾、菰、红蓼、荷花、千屈菜、泽泻和三棱草等 12 种适合的水生植物作为备选湿地植物，进行净化效果对比，结果见图 7-4。

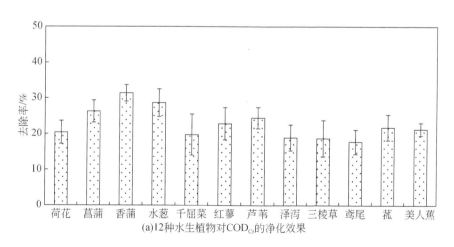

(a)12种水生植物对COD_{Cr}的净化效果

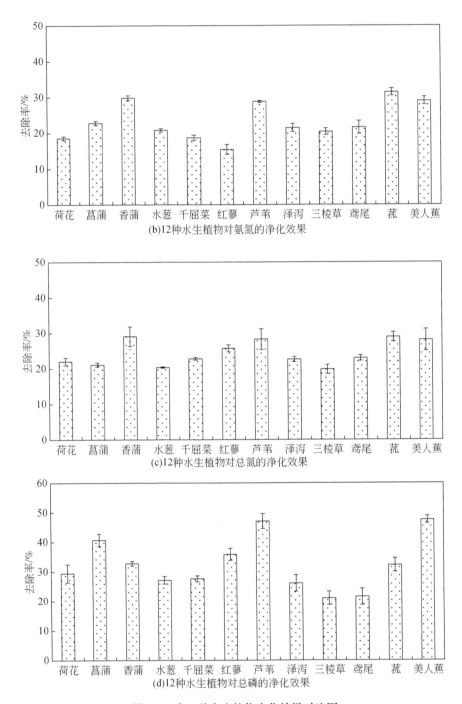

(b)12种水生植物对氨氮的净化效果

(c)12种水生植物对总氮的净化效果

(d)12种水生植物对总磷的净化效果

图7-4　十二种水生植物净化效果对比图

由图7-4可看出，适宜北京地区的水生植物中，对COD$_{Cr}$净化效果最好的是香蒲、水葱、菖蒲与芦苇，去除率在25%以上，其次为红蓼、菰、美人蕉、荷花与千屈菜，去除率约为 20%，泽泻、三棱草和鸢尾最差。

对氨氮净化效果最好的是菰、香蒲、美人蕉和芦苇，去除率在 30% 左右，其次为菖蒲、鸢尾、泽泻、水葱与三棱草，去除率在 20% 左右，千屈菜与红蓼最差，去除率不到 20%。

对总氮净化效果最好的是香蒲、菰、芦苇和美人蕉，去除率均为 28% ~ 29%，其次为红蓼 25.69%，其余 7 种植物对总氮去除率均在 20% 左右。

对总磷净化效果差异明显，效果最好的是美人蕉（47.57%）和芦苇（47.06%），其次为菖蒲（40.66%）、红蓼（35.81%）、香蒲（32.74%）和菰（32.23%），再次为荷花、千屈菜、水葱和泽泻，去除率在 25% ~ 30%，三棱草与鸢尾最差，只有 21% ~ 22%。

综合考量 12 种水生植物的净化效果，选择香蒲、芦苇、美人蕉、菖蒲、菰、红蓼和水葱作为备选植物。

人工湿地水体的常规污染物中，COD_{Cr} 可通过微生物最终分解成二氧化碳与水去除，氮可通过微生物硝化作用与反硝化作用最终以氮气形式去除，而磷则只能通过被基质吸附或被微生物、植物吸收富集从水体中去除。基质吸附与微生物吸收富集去除磷的量是有限的，且这部分磷依旧在湿地系统中，可随着解吸或微生物死亡解体而再次释放到水体中。因此，通过水生植物吸收，并由收割地上部分方式而去除的磷才是湿地去除磷的有效途径。根据这一特性，在选择湿地植物考察净化能力的时候，结合实际需求，可优先考虑对总磷净化能力强的植物。

综合上述考量，试验最终选取除磷效果好且易于种植的芦苇与菖蒲两种植物作为湿地植物构建湿地系统。在湿地工程建设时，可以选用芦苇与菖蒲为先锋优势种，并适量种植美人蕉、香蒲、菰、红蓼和水葱等其他植物，增加生物多样性及景观价值。

7.2.3.2 复合功能型湿地植物优化配置效果分析

人工湿地植物配置时，一般选用多种植物进行搭配，一方面是为了增加植物量，使植物尽可能覆盖更多区域，而增强净化效果，另一方面是为了增加湿地生态系统多样性，使湿地系统长期稳定运行。在研究植物搭配的过程中，许多研究表明，植物之间的合理搭配可能存在一定协同作用，搭配种植的净化能力强于单一种植。搭配种植时除考虑净化能力，还应充分考虑植物的生长习性，进行合理配置。筛选出的 7 种植物生长习性如下。

芦苇 (*Phragmites australis*)，禾本科芦苇属，多年水生或湿生的高大禾草，根状茎十分发达，秆高 1 ~ 3m，圆锥花序，花果期 7 ~ 11 月。全球分布广泛，生于江河湖泽、池塘沟渠沿岸和低湿地，扩展繁殖能力强，易形成连片的芦苇群落。芦苇可用做造纸原料及饲料，同时具有一定景观价值。

菖蒲 (*Acorus calamus*)，天南星科菖蒲属，多年生草本植物，根茎横走，具毛发状须根，根系发达。叶基生，叶片剑状线形，长 0.5 ~ 1.5m，中部宽 1 ~ 3cm。花期 6 ~ 9 月，果期 8 ~ 10 月。原产中国及日本，广泛分布于温带与亚热带，生于沼泽湿地或湖泊浮岛上，繁殖能力强，最适宜温度 20 ~ 25℃，10℃ 以下停止生长。喜冷凉湿润气候、阴湿环境，耐寒、忌干旱。菖蒲可用作驱虫药剂及室内盆栽，具有良好的观赏价值。

美人蕉 (*Canna indica*)，美人蕉科美人蕉属，多年生草本植物，具块状根茎，株高可达 1.5m。单叶互生，叶片卵状长圆形，长 10 ~ 30cm，宽达 10cm。总状花序，花单生或对生，萼片 3，花冠多为红色、黄色，花期 5 ~ 10 月。原产美洲、印度等热带地区，由人工引种栽培，全国均可栽种。喜温暖湿润气候，适宜温度 25 ~ 30℃，喜阳光充足土地肥沃，畏强风，不耐寒，霜冻后花朵及叶片凋零，北方需挖出根茎保持 5℃ 以上越冬。美人蕉茎叶纤维可制造人造棉、麻袋等，叶片提取芳香油的残渣可用于造纸。美人蕉花期长，花色艳丽，具有极高的观赏价值。

香蒲 (*Typha orientalis*)，香蒲科香蒲属，多年生水生或沼生挺水草本植物，根系发达，根状茎乳白色，地上茎粗壮，向上渐细，叶片条形，株高 1.4 ~ 2m。肉穗状花序，顶生圆柱状似蜡烛，花粉鲜黄色，花期 6 ~ 7 月，果期 7 ~ 8 月。主要分布于我国东部湿润与半湿润地区，生于沼泽湖泊、池塘沟渠及河流缓流带，繁殖较快。喜高温多湿气候，最适宜温度为 15℃ ~ 30℃，10℃ 以下停止生长，35℃ 以上生长缓慢，可耐 70 ~ 80cm 深水。香蒲嫩茎可食用，叶片可做手工编织品，全株纤维含量高可用于造纸。另外，香蒲是水生自然景观中常用配景材料，具有一定景观价值。

菰 (*Zizania latifolia*)，禾本科菰属，多年生浅水草本植物，具匍匐根状茎，基部生不定根，根系发达。秆高 1 ~ 2m，叶片扁平，长 50 ~ 90cm，宽 1 ~

3cm。圆锥花序,花期7~9月。原产中国及东南亚,分布于我国湿润与半湿润地区,多生于湖泊沼泽及河边。菰对水肥要求高,最适宜温度为10~25℃,不耐寒、不耐高温干旱。菰是一种较为常见的水生蔬菜(秆基嫩茎为茭白,果实称作菰米),全株可做优良饲料,经济价值高。

红蓼(*Polygonum orientale*),蓼科蓼属,一年生草本植物,茎粗壮直立,高达2m。总状花序呈穗状,花期6~9月,果期8~10月。除西藏外,广泛分布于全国各地,多生于山谷、路旁、河川两岸及河滩湿地,生长迅速、茂盛,适应性强,易成片生长。喜温暖湿润环境,要求光照充足,喜肥沃土壤也耐贫瘠,喜水也耐干旱,生命力强,几乎无病虫害。红蓼花淡红色或白色,观赏价值高,果实可入药。

水葱(*Scirpus validus*),莎草科藨草属,匍匐根状茎粗壮,具须根。秆高大,长侧枝聚伞花序,花果期6~9月。多生于湖边、浅水塘、沼泽或湿地中。最佳生长温度15~30℃,10℃以下停止生长,能耐低温,可露地越冬。水葱可用于编织草席,同时具有一定景观价值。

妫水河流域人工湿地工程建设中,建议选用芦苇、菖蒲和香蒲作为主要植物进行栽种,三者繁殖能力较强,净化效果好,搭配种植适量菰和水葱,增加生物多样性,外围可多种植红蓼、鸢尾与美人蕉,增加湿地景观性。另外,建议在湿地系统中分散构建部分表面流湿地,在其中种植狐尾藻、黑藻等沉水植物,增加湿地系统复氧能力。在可能发生铜超标区域,如农田灌溉水汇入口、水产养殖区下游,增种千屈菜、香蒲等植物。

需要特别注意的是,美人蕉是一种外来引入种,优良特性使其在园林建设中使用率非常高,净化能力也很强,唯一的缺点是十分不耐寒,在北方地区过冬需人工打理,建议在有条件的湿地边缘区域适量种植。

7.3 低温仿自然复合功能型湿地运行管理技术研究

7.3.1 水位/流量调控技术研究

针对湿地系统运行方式进行优化,通过水量调节和出水水位控制措施,重

点考察湿地系统对 COD_{Cr}、总氮、氨氮和总磷等主要污染物指标的去除效果；采取湿地系统内增加回流、曝气的方式，考察运行方式调控对人工湿地内部水位、溶氧等变化的影响，及对人工湿地去除 COD_{Cr}、总氮、氨氮和总磷的强化效果。基于上述研究成果，优化湿地系统布水方式和运行参数，提升净水效率。

（1）工艺流程和布置

1 号和 2 号两处湿地净化系统采用相同的工艺流程，为"预处理池+人工湿地+强化生态塘"。人工湿地采用两级湿地处理，进水经预处理池后，进入一级湿地、二级湿地，湿地出水进入强化生态塘，塘内布置立体生物浮床等净化措施，最终出水外排。

1 号和 2 号两处湿地净化系统工艺流程如图 7-5 所示。

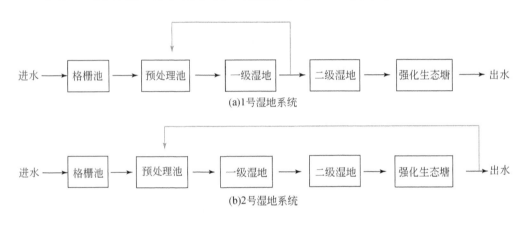

图 7-5　湿地系统工艺流程图

1 号湿地系统一级单元出水集水井和 2 号湿地系统强化生态塘内分别设置回流系统，通过水泵和回流管路，将部分水体回流至预处理池，形成内部回流；以调节湿地床内部水位，增强复氧能力，改善潜流湿地内部溶解氧环境，为湿地内部营造更适合于生物脱氮的运行环境，湿地净化系统如图 7-6 所示。

湿地净化系统具有以下主要特点：

1）填料层设计以石灰石为主，部分增设沸石、焦炭以加强净化效果。

2）出水部分回流至预处理池，通过回流水量变化，调节潜流湿地内部水位变化（水位变幅约50cm）、增强复氧，强化对总氮和氨氮的去除。

3）1 号湿地处理站生态塘内设浮床；2 号湿地处理站生态塘内种植狐尾

图 7-6 湿地净化系统照片

藻，在土壤中掺混除磷填料，并采用间歇降水运行方式。

4）潜流湿地床中，采用建筑陶粒、火山岩等粒料进行保温，保障低温期稳定运行。

5）预处理池内设曝气装置，曝气装置间歇运行，以改善潜流湿地内部溶解氧环境，为湿地内部营造更适合于生物脱氮的运行环境；同时以备冬季越冬运行。

（2）工艺设计运行参数

1）平面尺寸。

一级湿地 10m×7.5m，1 号湿地深 1.4m，2 号湿地深 1.4m；二级湿地 10m×7.5m，1 号湿地深 1.3m，2 号湿地深 1.2m；强化生态塘 14m×7m，深 1.3m。

2）处理水量。

实测处理水量：1 号湿地系统处理水量为 30~57m³/d。2 号湿地系统运行处理水量为 14~30m³/d，前期偏小，后期基本稳定达到 30m³/d。

3）水力负荷。

1 号湿地系统：一级湿地 0.51m³/(m²·d)，二级湿地 0.51m³/(m²·d)，潜流湿地总水力负荷 0.25m³/(m²·d)；生态塘 0.38m³/(m²·d)。湿地净化系统总水力负荷 0.15m³/(m²·d)。

2 号湿地系统：一级湿地 0.33m³/(m²·d)，二级湿地 0.33m³/(m²·d)，湿地总水力负荷 0.17m³/(m²·d)；生态塘 0.26m³/(m²·d)。湿地净化系统总水力负荷 0.1m³/(m²·d)。

4）水力停留时间。

1 号湿地系统：一级湿地 1.22d，二级湿地 1.13d，潜流湿地总水力停留时间2.35d；生态塘水力停留时间3.33d。

2号湿地系统：一级湿地1.89d，二级湿地1.60d，潜流湿地总水力停留时间3.49d；生态塘水力停留时间3.60d。

5）回流量。

1号湿地系统：系统回流总量54m³/d，回流水泵间歇运行，增加系统回流后，一级湿地水力负荷增至1.23m³/(m²·d)，水力停留时间约0.57d。

2号湿地系统：系统回流总量54m³/d，回流水泵间歇运行，增加系统回流后，一级湿地水力负荷增至1.12m³/(m²·d)，水力停留时间约0.625d。

(3) 试验结论

1）水位调控对主要污染物净化效果。

对两处湿地工程运行效果进行连续监测，在约10个月的运行周期内，取样频率平均为2~3次/月，对各项主要污染物浓度去除效果进行对比，如图7-7、图7-8所示。

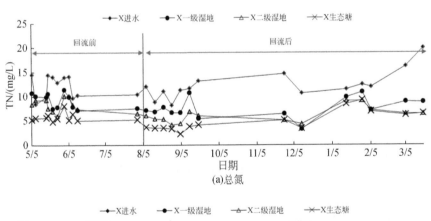

(a)总氮

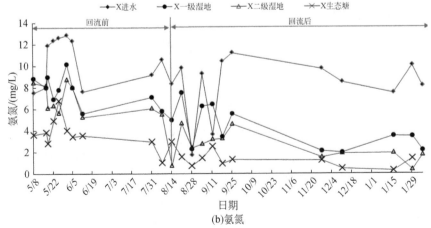

(b)氨氮

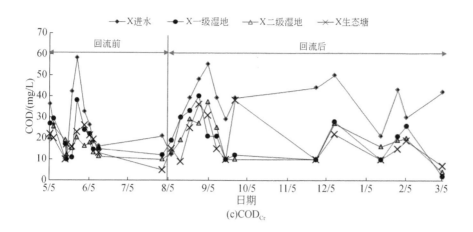

(c)COD_{Cr}

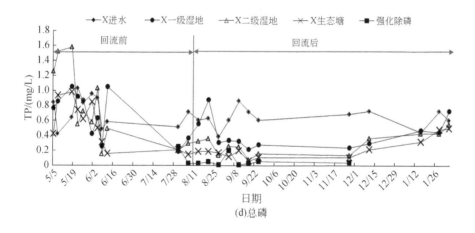

(d)总磷

图 7-7 1 号湿地系统净化效果图

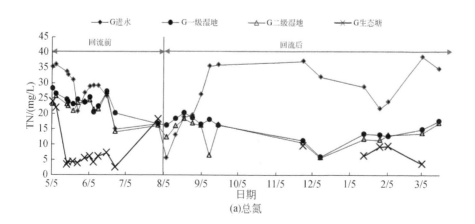

(a)总氮

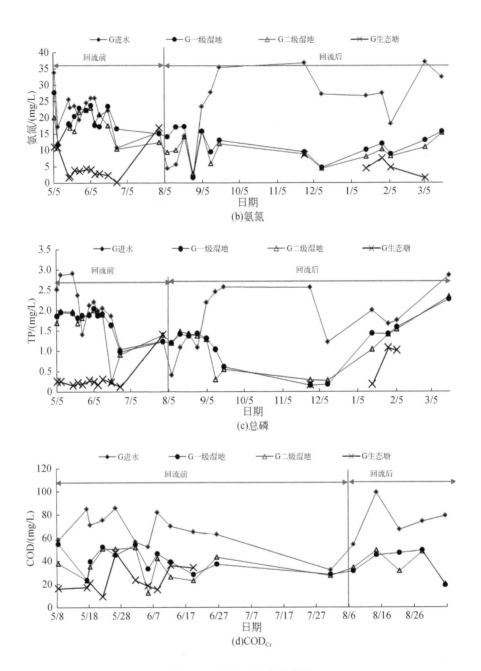

图 7-8　2 号湿地净化效果图

1 号湿地系统进水中总氮、氨氮、COD$_{Cr}$和总磷的浓度分别约 12.23mg/L、9.85mg/L、35mg/L 和 0.68mg/L，对主要污染物净化效果如图所示，增加回流前后湿地系统对上述污染物的出水平均浓度分别为 5.65mg/L 和 4.99mg/L、4.09mg/L 和 1.76mg/L、17.34mg/L 和 15.73mg/L，0.57mg/L 和 0.22mg/L。

前两级湿地单元对总氮和氨氮的平均去除率由 29.93% 和 31.64% 提升至 49.2% 和 60.87%；其中，一级湿地单元对总氮和氨氮的去除效果由 22.14% 和 21.1% 增长至 36.61% 和 40.7%，可见增加间歇式系统回流后，一级湿地单元内水位变幅增大，在上部水位变化区自然复氧能力提升，在湿地特殊的内部结构中，形成上部好氧，底部缺氧/厌氧的环境。同时，在间歇曝气系统的共同作用下，为生物脱氮提供了适宜的环境条件，有效促进系统对氮类污染物的去除。此外，系统对总磷和 COD_{Cr} 的去除 32.87% 和 23.4% 增长至 52.83% 和 49.3%。

2 号湿地系统进水中总氮、氨氮、COD_{Cr} 和总磷的浓度分别约 27.2mg/L、22.5mg/L、67mg/L 和 1.87mg/L，对主要污染物净化效果如图 7-8 所示，增加回流前后对湿地单元上述污染物的出水平均浓度分别为 22.47mg/L 和 12.85mg/L、18.69mg/L 和 9.25mg/L、35mg/L 和 33mg/L，1.64mg/L 和 1.11mg/L。前两级湿地单元对总氮和氨氮的平均去除率由 17.61% 和 18.46% 提升至 45.7% 和 59.1%，增长较为明显，其中一级湿地单元对氨氮的去除效果由 8.34% 增长至 47.66%，二级湿地单元对其去除率由 8.46% 增长至 16.45%；同时，系统对总磷和 COD_{Cr} 的去除率由 17.6% 和 51.2% 增长至 33.8% 和 52.3%。

两组湿地系统回流前后对总氮、氨氮去除率差异性均达到了显著水平（$P<0.05$），1 号湿地系统去除效果差异性（0.025、0.00）较 2 号系统（0.15、0.01）更显著。增加间歇式系统回流后，湿地单元内水位变幅增大，有效促进床体上部自然复氧能力提升，在湿地特殊的内部结构中，形成更适于好氧微生物生长和硝化反应上部好氧区域，中下部缺氧/厌氧的环境为反硝化反应提供条件，有效促进对含氮污染物的去除。

1 号湿地系统回流前后一级单元氨氮去除率、二级单元总氮和氨氮去除率也表现出明显差异（$P<0.05$）；而 2 号湿地系统仅在一级单位内总氮和氨氮去除率差异效果明显（$P<0.05$），原因在于 1 号湿地系统回流设施设置于一级、二级湿地之间，运行过程中同时调整两级单元内水位，且变幅大于 2 号系统中的同级单元，为硝化反硝化反应提供了更适宜的溶氧环境。

系统回流前后两系统对化学需氧量 COD_{Cr} 去除率的增长与湿地系统生物脱氮作用强化，过程中需要消耗更多碳源有一定关系。

2）运行条件对微生物多样性变化影响。

为考察不同运行条件对微生物生长及分布的影响，调整湿地运行工况：维持1号湿地系统间歇式回流运行，2号湿地系统在取样前6个月停止系统回流。微生物样本名称、属性及采样深度如表7-2所示。所采集样本在16SV3-V4区域全部扩增成功。

表7-2　微生物样品名称及属性

序号	采样地点	样品属性	样品名称	深度/cm
1	1号一级湿地	基质材料	XZYS_S	25
2		基质材料	XZXS_S	50
3	1号二级湿地	基质材料	XZES_S	25
4		基质材料	XZEX_S	50
5	2号一级湿地	基质材料	GZYS_S	25
6		基质材料	GZYX_S	50
7	2号二级湿地	基质材料	GZES_S	25
8		基质材料	GZEX_S	50

8个样本于16SV3-V4区域中产生种下单元（Operational Taxonomic Units，OTU）总数目为19 892个，各样本间于同一区域内虽有差异，但基本属于同一数量级内。

如图7-9所示，就单元内样本进行对比发现，1号和2号湿地系统取自一级和二级单元样本中微生物内共有种下单元数目分别为576个和1003个。二级单元内微生物分布更为相似，一级单元内明显的差异，与增加系统回流后，强化水位变幅，对内部微生物生长环境改善有一定关系，而微生物的生长对空间环境具有敏感性，其种群结构、数量、多样性等变化也真实反映出湿地内部环境发生变化。

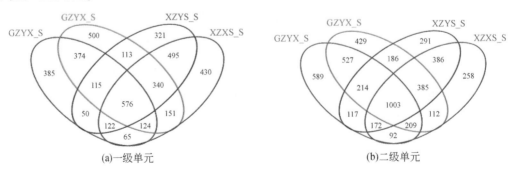

(a)一级单元　　　　　　　　(b)二级单元

图7-9　不同湿地单元OTU分布Venn图

对比两湿地系统样本所检测出 Chao1、OTU 和 Shannon 等指数，其数值差异不大。表征样本文库覆盖率的指数 goods coverage 均达到95%以上，认为数值结果可反映微生物的真实情况。Chao1 指数是反映菌种丰富度的指数，其数值与 OTU 数目具有一致性，1 号湿地系统一级单元内 Chao1 指数（3022.4522，3349.2942）明显高于 2 号系统同级单元（2481.1008，2542.569），说明其中微生物群落丰富度更高；两系统二级单元内差异不大，说明系统回流后对水位的调控主要作用于对一级单元内溶氧环境的改善。2 号湿地系统一级单元内 Shannon 指数（8.703344，9.6590692）较 1 号系统同级单元内（8.451 959 4，8.579 178 5）更高，说明其中微生物群落多样性更高（表7-3）。

表 7-3　多样性指数统计表

名称	Chao1	goods coverage	OTU	Shannon
XZYS_S	3022.4522	0.965 001 5	2130	8.451 959 4
XZXS_S	3349.2942	0.960 513 5	2303	8.579 178 5
XZES_S	3528.3757	0.962 123 3	2754	9.740 815
XZEX_S	3573.4632	0.959 874 9	2617	9.447 956 9
GZYS_S	2481.1008	0.974 550 5	1809	8.703 344
GZYX_S	2542.569	0.980 560 8	2291	9.659 069 2
GZES_S	3702.8106	0.960 001 7	2923	9.915 464 3
GZEX_S	3883.4782	0.955 881 2	3065	9.849 689 3

3）微生物群落结构变化

通过高通量测序方法对试验系统内所采集的 8 个样本进行分析，共涵盖 54 门、160 纲、200 目、351 科及 600 属，其中样本间物种群落分布差异如图 7-10 和 7-11 所示。

门水平微生物物种组成如图 7-11 所示，图中所标注的微生物为在单个样本检测结果中丰度占比高于 1% 的物种，主要包括变形菌门（Proteobacteria）、拟杆菌门（Bacteroidetes）、绿弯菌门（Chloroflexi）、放线菌门（Actinobacteria）、酸杆菌门（Acidobacteria）、硝化螺旋菌门（Nitrospirae）、芽单胞菌门（Gemmatimonadetes）等。

上述 7 种微生物丰度占总测序序列的 80% ~ 90%，相关研究中也曾被报道为优势菌群，其中变形菌门（Proteobacteria）涵盖具有脱氮功能的亚硝化细

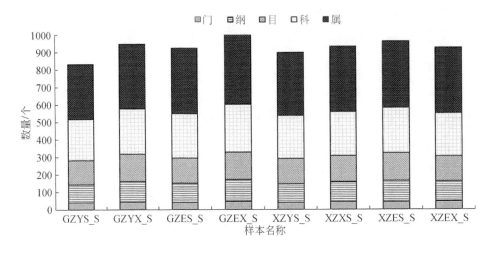

图 7-10　微生物数量分布图

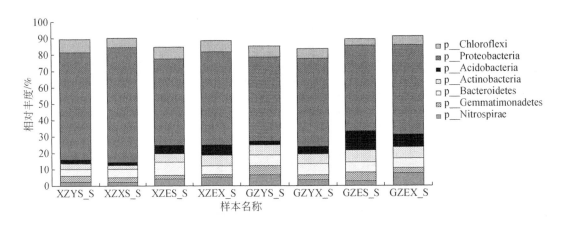

图 7-11　物种组成分析柱状图（门水平）

菌、硝化细菌和反硝化等多种微生物，在各样本中均占有明显的优势，丰度均达到 50% 以上，其中 1 号湿地系统一级单元内所占丰度最高，达 63%～70%，据此推测在具备水位调控功能的湿地单元内，为其提供了更好的生存环境，有利于微生物的富集和脱氮反应。拟杆菌门（Bacteroidetes）在 8 个样本中的分布差异不大，约为 5%～8% 范围内；绿弯菌门（Chloroflexi）、放线菌门（Actinobacteria）、硝化螺旋菌门（Nitrospirae）、芽单胞菌门（Gemmatimonadetes）在不同样本间的分布没有显著区别，丰度分别处于 4%～8%、2.4%～7.5%、1.4%～8% 和 1.9%～5.5% 范围内。

如图 7-12 所示，在属水平上 8 个样本中共有优势属为硝化螺菌属

（*Nitrospira*），该菌属亚硝酸盐氧化细菌，在氮循环硝化过程中起到重要作用，本次监测的各样本中群落丰度占 2%~7%。

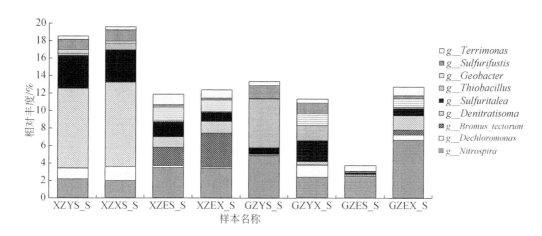

图 7-12 物种组成分析柱状图（属水平）

取自同系统同单元样本间微生物分布具有一定相似性。XZYS_S 和 XZXS_S 两样本优势微生物为红环菌属（*Denitratisoma*），丰度分别达到 9.5%、10%，丰度随取样深度变化不大；其他样本中所占丰度均低于 1%。1 号系统增加回流后，水位调控增强一级单元内复氧能力变化，从而促进了氨氮向硝酸盐的转换具有一致性。GZYS_S、GZYX_S 两样本中优势微生物为硫杆菌 *Thiobacillus*，丰度分别为达到 5.7% 和 1.7%，可见虽同样取自一级单元，但两套系统的运行条件导致其内部环境变化，造成微生物生长的差异性。

通过 PCA 分析法进行基于 OTU 水平的微生物分布差异度矩阵，说明试验系统和单元基质层内样本微生物群落组成的相似性，如图 7-13 所示。

两轴对排序结果的解释度分别为 25.15% 和 22.55%，取自 1 号湿地系统内相同单元的基质样本两两距离较近，分别表明 XZYS_S、XZXS_S 和 XZES_S、XZEX_S 的微生物群落结构更相似。2 号湿地系统内 GZYS_S、GZYX_S 和 GZES_S、GZEX_S 距离较远，表明虽分别取自相同湿地单元，但样本中微生物群落分布差异均较大，且与 1 号湿地内样本也有明显差异。结果表明，水位调控有助于改善湿地内部环境，微生物菌落结构更具一致性，该结论与微生物物种组成分析结论一致。

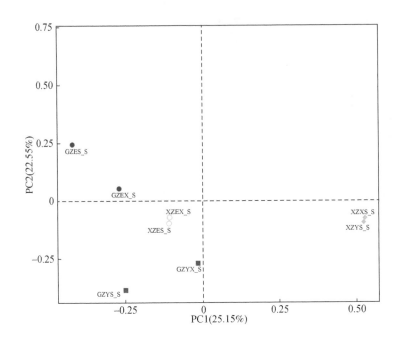

图 7-13　基于 OTU 水平的 PCA 分析图

7.3.2　低温期稳定运行技术研究

人工湿地冬季运行效果不佳，也是制约我国北方地区广泛应用的主要因素之一。由于我国幅员辽阔，南北方气候、植被等差异很大，南方湿地运行经验与技术在北方应用存在一定不适应性，为此，通过文献查阅、调研等方式，梳理人工湿地低温期运行存在的主要问题，并有针对性地进行低温期人工湿地运行效果的保障和强化措施研究，旨在突破北方地区低温期湿地运行效果技术瓶颈。

7.3.2.1　人工湿地低温期运行的主要问题

（1）低温对微生物的影响

人工湿地中微生物的代谢情况与温度有关，温度降低使微生物活性也降低。北方冬季湿地系统温度和氧含量低造成微生物活性降低，使微生物对有机物的分解能力下降，而且低温时硝化作用受到影响，硝化细菌的适应温度是20~30℃，温度过低，低于15℃，反应急速下降，5℃几乎停止。反硝化细菌的适宜温度在 5 ~ 40℃，但低于 15℃，反应速度也下降。研究表明，湿地中 85% 的氮是通过反硝化作用实现的，反硝化作用是湿地脱氮的最有效途径，温度过低同样使反硝化作用停止，使污水中氮的去除率降低。

（2）低温对植物的影响

植物对人工湿地的去污机理主要是通过植物根茎吸收及其通气组织传输的氧气来为湿地微生物提供好氧环境。北方地区冬季气温低，大部分植物进入休眠状态、枯萎或死亡，造成人工湿地整体的净水效果大幅下降，枯萎植物的残体进入污水会分解出含氮和磷的物质，使湿地负荷增加。

（3）低温对基质的影响

人工湿地的基质，应考虑其机械强度、稳定性、比表面积、孔隙率及表面粗糙度等因素确定。北方冬季低温条件下，基质对总磷的吸附性能降低，同时也阻碍了氧在湿地中的传递，低湿地的水力传导性，使湿地运行效率降低。

目前我国北方寒冷地区工程规模的人工湿地构建较少，高效安全地运行经验积累尚且不足，通过对相关研究成果和文献资料整理，总结出对低温期人工湿地运行效果提升的措施，主要集中在表层覆盖的保温隔离、湿地植物优选、基质材料配置等结构优化措施，及采用增强人工湿地预处理、人工曝气、延长水力停留时间等工艺强化措施。

本研究中，基于现状人工湿地领域研究成果，针对北方地区和课题示范区冬季低温特点，重点开展潜流人工湿地冬季保温增效技术研究，通过增温、保温、低温微生物菌群优化筛选与培育等技术研究。

7.3.2.2 仿自然湿地冬季水体增温技术

对课题示范区进行低温期地温监测，分析地温分布及其梯度变化规律，可为后期进一步进行低温期强化运行技术研究和工程示范提供依据和参数。

（1）监测场址

本次低温期地温监测场址选定于八号桥水质净化示范工程建设范围内，现状为河道周边滩地。监测位置如图 7-14 所示。

（2）监测方法

探索试验区内地下 1 ~ 3m 范围内地层深度与温度的关系、温度梯度变化规律。通过在场区内进行钻孔并布设测温探头进行数据的采集和记录；共布置 3

图 7-14　地温监测区域示意图

个地温监测孔，分别对地下 1m、2m 和 3m 位置温度进行监测。如图 7-15 所示。

图 7-15　地温现场检测

（3）监测结果

地温监测周期为12月~2月，地温监测结果如表7-4所示，地温监测同时也对地表温度进行了同步监测。

表7-4　低温期地温监测结果

地层深度/m	气温/℃	地温/℃
1		3
2	-5.2	6~7
3		8~10

由于监测深度范围内仍属于外热层（变温层），该层地温主要是受太阳辐射的影响，其温度随季节、昼夜的变化而变化，故也称作变温层。日变化造成的影响深度较小，一般仅1~1.5m，年变化影响较大，其影响的范围可达地下20~30m。

监测期间，外部环境中地表平均温度为-5.2℃，地温变化与深度变化呈纵向正相关性，即随底层深度增加，地温呈增长趋势；深度每增加1m，地温增长约1~3℃，地下3m深度时，地温可达8~10℃。由于地热梯度是表示地球内部温度不均匀分布程度的参数，一般埋深越深处的温度值越高，以每百米垂直深度上增加的℃表示。不同地点地温梯度值不同，通常为（1~3）℃/10^2m；监测场地位于延庆区，该区域冬季温度较北京市冬季平均气温偏低，而监测结果显示该区域温度变化梯度较为明显，加上透水性较高，此地质条件为加强仿自然湿地水体增温等相关技术措施提供了较好的实施条件，并将上述技术应用于示范设计。

7.3.2.3　冷季型水生植物优化配置技术

由于北方地区冬季温度较低，大部分植物进入休眠状态、枯萎或死亡，进而影响湿地系统的整体净水效果。本次研究中，选取北京市内具有代表性的河道及湿地系统，进行不同时期（低温期、常温期等）水生植物生长情况的调研和观测，定性描述水生植物，特别是沉水植物的生长状况，识别耐低温能力较强的水生植物，为后期研究工作和示范应用提供参考依据。

（1）调研地点

沉水植物调研地点重点选在具有代表性的河道、湿地系统、生物塘等位置，具体包括官厅黑土洼湿地、顺义潮白河上游河道、房山区湿地净化系统生物塘、房山小清河、怀柔区某水生植物园艺场、密云水库周边河道（潮河、清水河、白马关河等）。调研区域水体水深约 1.5~2m。

对上述区域冬季及其他不同时段沉水植物生长情况进行调研，定性描述各类沉水植物、挺水植物的生长状况，识别耐低温能力较强的水生植物。

（2）调研方法

沉水植物调研分 3~4 次开展，初步定为 1 月、3 月、7 月开展，分别代表不同季节和温度条件下沉水植物生长的调研和观测结果。

（3）调研结果

目前已完成 1 月、3 月和 7 月的调研工作，基本可说明本市低温及不同时期沉水植物的自然条件下生成长情况，在调研的同时，也对水温、光照、气温、溶解氧等环境参数进行了监测。结果如表 7-5 所示。

从调研结果分析，低温期生长的沉水植物以菹草为主，其对温度、水温、光照、溶解氧等外部生长条件的适应性比较强，可在外界环境温度低至 -5.5℃、水温低于 1℃时生长；在本次调研区域的河道、湿地、生物塘等不同环境中均有生长，且较其他沉水植物量大。此外，在低温期调研过程中还发现少部分区域有狐尾藻生长，在气温 -1℃以上、水温 1.3℃以上的环境条件下发现少量生长，但生物量和长势低于菹草。在 1 月的调研过程中也发现局部区域生长有小叶眼子菜、轮藻，但生物量少，且生长的区域水温条件均高于 3℃，且水深相对较浅，3 月的沉水植物调研中未发现上述两种沉水植物。综上所述，低温期生长的沉水植物主要为菹草和狐尾藻，其他物种虽也有少量发现，但大范围生长具有一定困难。

后续 7 月的沉水植物调研中还发现了黑藻、龙须眼子菜、大茨藻，但除局部区域（房山生物塘）的黑藻生长旺盛外，其他河道等区域的沉水植物均生长量少且植株矮小，生长的区域内水温均高于 21.2℃，pH 均偏高，且相对于菹草，其他沉水植物的生长区域水深较浅。

针对本市不同季节水生植物调研，对示范工程中水生植物配置提供理论支撑。示范工程内实施以人工引导为主的水生植物优化配置，对植物的选取搭配综合考虑其水质净化效果及季节性交错接替，配置菹草、狐尾藻为主的冷季型沉水植物，通过水生植物植株及根系形成的生物滤网，强化低温期对污染物的拦截、过滤等净化作用。

表 7-5 不同季节沉水植物调研结果

序号	时间	水生植物	气温/℃	平均水温/℃	底部光照/LX	DO/(mg/L)	水深/m	生长情况	照片
1	1月	菹草	-5.5~-5.2	0.35~0.58	800~4 960	10~11	1~1.5	绿色，植株约15~20cm	
2		狐尾藻	-1~1.8	1.35~4	110~4 940	10.74~22	0.6~1.3	植株矮小，长势一般	
3		狐尾藻	0.6~1.7	1.3~4.4	730~26 800	5.24~14.5	0.3~1.5	冬芽饱满，长势弱，新生根系少量	
4		小叶眼子菜	-5.5	3.4	730	5.23	0.7~1.5	少量，茎绿色，部分叶片呈褐色	
5		轮藻	-1	3.6	4 940	21.26	0.5	数量少，植株矮小	
6	3月	菹草	16~25	7.7~12.9	12 000~38 500	8.1~21	0.5~2	绿色，植株约15~30cm	
7		狐尾藻	14~25	7.7~10	320~2 545	2.52~8.1	0.3~0.6	长势弱，新生根系少量	
8		菹草	7.95~9.65	21.2~29.8	390~94 000	0.16~20.12	0.2~1.5	数量少	
9	7月	狐尾藻	8.94~9.85	25.8~29	10 270~94 000	2.27~8.53	0.2~0.5	仅局部地区（生物塘）生长旺盛，其他河道等区域生长量少且植株矮小	
10		黑藻	8.61~9.85	25.3~29.1	390~94 000	0.16~19.81	0.2~0.75	仅局部地区（生物塘）生长旺盛，其他河道等区域生长量少且植株矮小	
11		龙须眼子菜	8.6~8.63	29.0~29.3	10 500~65 000	10.26~19.81	0.3~0.4	少量	
12		轮藻	8.6~9.85	25.3~30.2	390~94 000	0.16~19.81	0.2~0.75	少量	
13		大茨藻	9.85	29.0	29 000~94 000	4.5~8.53	0.2~0.5	少量	

7.3.2.4 微生物菌群优化筛选与强化技术

(1) 自然环境中微生物菌群分布特征

本研究旨在针对湿地生态系统，采用高通量测序技术，对低温条件下，不同类型的环境背景下，湿地系统内微生物多样性和物种群落分布，探索不同条件下微生物分布特征，为今后进行湿地系统微生物分布变化影响因素、微生物强化净化技术等奠定基础。

1）采样地点及样品属性。

微生物多样性调研地点重点选在具有代表性的湿地系统内，具体包括官厅黑土洼湿地前置库、潜流湿地单元、表流湿地单元、湿地出水渠等不同单元，对其进行不同时期微生物样品的采集；此外，也在低温期对工程示范区八号桥和潮白河（向阳闸蓄水区、河南村橡胶坝上游河道）内进行取样分析。所采集样品包括不同环境条件下水样、土壤、基质填料等，样品名称及属性如表7-6所示。

表7-6 微生物样品名称及属性

序号	采样地点	样品属性	样品名称
1	黑土洼前置库	水	QZKF1
2	黑土洼潜流湿地	水	QLF1
3	黑土洼表流湿地	水	BLF1
4	黑土洼总出水	水	ZCF1
5	黑土洼潜流湿地	基质填料	QLS
6	黑土洼表流湿地	根系土壤	BLS
7	八号桥	土壤	BAS
8	潮白河向阳闸蓄水区	水	XYZF1
9	潮白河河南村橡胶坝	水	HNCF1

2）样品采集方法。

微生物样品采集于1月，以黑土洼湿地系统环境样本重点，旨在说明北方地区低温期不同环境条件下微生物的分布特征。

3）测试分析方法。

a. 基因DNA提取

样品总 DNA 的提取采用 FastPrep DNA 提取试剂盒法, 并利用 1% 的琼脂糖凝胶电泳检测抽提的基因组 DNA, 核对基因组 DNA 的完整性与浓度。

b. PCR 扩增

根据所需测序区域, 合成带有 barcode 的特异引物, 或合成带有错位碱基的融合引物。扩增区域和引物序列如表 7-7 所示。

表 7-7 扩增区域与引物序列

序号	扩增区域	引物序列
1	16SV3-V4	GTACTCCTACGGGAGGCAGCA
		GTGGACTACHVGGGTWTCTAAT
2	nirS (cd3a-R3cd)	GTSAACGTSAAGGARACSGG?
		GASTTCGGRTGSGTCTTGA
3	AOB amoA	GGGGTTTCTACTGGTGGT
		CCCCTCKGSAAAGCCTTCTTC
4	ANAMMOX (368-820)	TTCGCAATGCCCGAAAGG
		AAAACCCCTCTACTTAGTGCCC

全部样本按照正式实验条件进行, 每个样本 3 个重复, 将同一样本的 PCR 产物混合后用 2% 琼脂糖凝胶电泳检测, 使用 AxyPrepDNA 凝胶回收试剂盒 (AXYGEN 公司) 切胶回收 PCR 产物, Tris_HCl 洗脱; 2% 琼脂糖电泳检测。

在 1 月低温期采集样本中 16SV3-V4 区 9 个样本均扩增成功, 其他区域仅少部分样本扩增成功。原因在于 16S 为高变区内微生物群落全分析, 其他区域为针对特定功能基因微生物的群落分布分析, 而特定功能基因微生物仅为微生物群落中的一部分, 同时冬季低温也对不同类别微生物的生长有限制因素, 导致难以提出扩增成功。

c. 荧光定量

参照电泳初步定量结果, 将 PCR 产物用 QuantiFluor™-ST 蓝色荧光定量系统 (Promega 公司) 进行检测定量, 之后按照每个样本的测序量要求, 进行相应比例的混合。

d. Miseq 文库构建

连接 "Y" 字形接头, 使用磁珠筛选去除接头自连片段; 利用 PCR 扩增进行文库模板的富集; 氢氧化钠变性, 产生单链 DNA 片段。

e. Miseq 上机测序

在完成基因 DNA 提取、PCR 扩增、荧光定量及 Miseq 文库构建等预处理流程后，采用 IlluminaMiSeq PE300 上机测序。

4）微生物多样性分析。

采用 OTU 聚类分析微生物多样性，OTU，即操作分类单元，可进行不同生境下样本微生物丰度分析。OTU 是在系统发生学或群体遗传学研究中，为了便于进行分析，人为给某一个分类单元（品系、属、种、分组等）设置的同一标志。要了解一个样品测序结果中的菌种、菌属等数目信息，就需要对序列进行归类操作（cluster）。通过归类操作，对样本所有序列（tags）进行 OTU 划分，以 97% 相似度进行 cluster 聚类和生物信息统计分析；聚类每个 OTU 对应一个不同的 DNA 序列，也就是每个 OTU 对应于一个不同的微生物种。OTU 的丰度初步说明了样品物种的丰富程度，如表 7-8。

表 7-8 单个样本的 OTU 统计

序号	样品名称	序列数	OTU
1	QZKF1	23 039	311
2	BLF1	33 837	271
3	XYZF1	34 961	579
4	HNCF1	29 882	567
5	QLS	24 929	1376
6	BLS	22 748	1467
7	ZCF1	22 738	664
8	BAS	17 538	919
9	QLF1	24 027	837

如表中所示，所采集的环境样本所对应的序列数差异较大，从 17 538 ~ 34 961，经过聚类后 9 个样本共产生 2877 个 OTU，单个样本 OTU 从 271 ~ 1467 个不等，且差异较大。

从所采集样本属性分析 OTU 的分布规律，发现样本为土壤及基质填料的 OTU 数量明显高于水体样本中 OTU 数量，达到 900 个以上，可见在此生境条件下，微生物种丰度较河流水体中更高。同时发现，在所采集的黑土洼潜流湿地水体样本中的 OTU 数量较其他水体样本中更高，可能与潜流湿地布置形式有密切关系，该类型湿地中水体从基质层中流过，水体中微生物可能与基质层中更为接近。

通过 OTU 分布花瓣图进一步说明不同环境样本微生物的共有特性，花瓣图以每个花瓣代表一个样品，中间的 core 数字代表的是所有样品共有的 OTU 数目，花瓣上的数字代表该样品特有的 OTU 数目。如图 7-16 所示，9 个样本中共有 OTU 仅 22 个，可以推测能适应低温条件下不同生境环境的微生物种群数量较为有限。

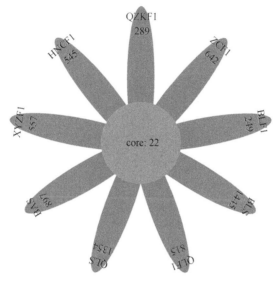

图 7-16　OTU 分布花瓣图

通过 Venn 图将属性相近的样本进行分析，即土壤或基质、水体样本分别进行共有 OTU 数目的分析，如图 7-17 所示。图中不同颜色代表不同的样本，圆圈重叠区域是为交集，即为样本共有 OTU，相对于不重叠的部分则为独有

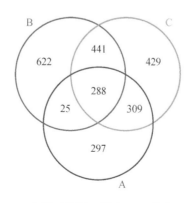

图 7-17　土壤（基质）样本 OTU 分布 Venn 图

OTU。土壤（基质）样本 Venn 图中，A、B、C 分别表征 BAS、QLS 和 BLS 样本 OTU 数量；水体样本 OTU 分布 Venn 图中，B、C、D、E 分别表征 QLF1、BLF1、QZKF1 和 ZCF1 样本 OTU 数量。

如图 7-18 所示，土壤（基质）样本和水体样本共有 OTU 数目分别为 288个和 144 个，远高于 9 个样本共有 OTU 数目，可见微生物的分布特征与其生境具有紧密关系。土壤环境中微生物物种更为丰富，由于环境相似且更为稳定，使其中微生物一致性更高；而水体在流动过程中受温度、流态、区域环境等外界条件因素影响较大，使其微生物分布有较大差异。

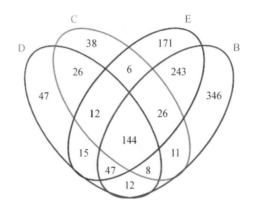

图 7-18　水体样本 OTU 分布 Venn 图

5）物种组成分析。

a. 门水平物种组成

通过高通量测序方法对低温期采集的 9 个环境样本进行分析，共涵盖 48门、144 纲、164 目、282 科及 384 属。如图 7-19 所示，为微生物在门类水平上的物种组成分析柱状图，图中纵坐标为物种在该样本中的相对丰度，所显示的均为相对丰度 1% 以上的物种信息。

如图 7-19 所示，在所采集的不同环境条件样本中，都表现为以变形菌门（Proteobacteria）、放线菌（Actinobacteria）和拟杆菌门（Bacteroidetes），上述三种物种分别占不同样本相对丰度的 25%～55%、5%～32.7% 和 3%～42.7%，为所取样本中的优势种。变形菌在各样本物种丰度中均占有最大比例，其多为专性或兼性厌氧代谢，包含较多与有机物和无机物代谢（如碳循环，氮和硫循环）有关的菌属，在生物脱氮除磷等其他污染物降解中具有核心

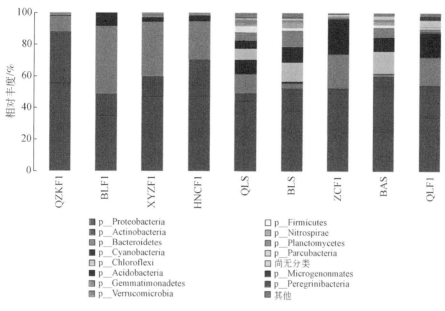

图 7-19 物种组成分析柱状图（门类水平）

作用，并且在人工湿地中广泛分布。

此外，在 BAS、QLS 和 BLS 三个代表土壤（或基质）的样本中，绿弯菌门（Chloroflexi）的丰度也相对较高，该菌种多为兼性厌氧，在上述三个样本中相对丰度分别为 14.2%、7.1% 和 12.1%，在其他水体样本中丰度均不足 1%，可见该类菌种在土壤类环境中更适宜生存。

有研究表明，人工湿地底泥中优势菌种以变形菌门、绿弯菌门和酸杆菌门为主；也有针对潜流人工湿地微生物群落特征的研究，发现系统中以变形菌门和拟杆菌门的丰度相对较高，其次为绿弯菌门（Chloroflexi）、疣微菌门（Verrucomicrobial）、厚壁菌门（Firmicutes）、酸杆菌门（Acidobacteria）等相对较高。可见，本次监测分析结果与相关研究成果具有一致性。

b. 属水平物种组成

在属的分类学水平上，9 个环境样本中主要细菌类群如下：黄杆菌属（Flavobacterium）、Albidiferax、hgcl_clade、单胞菌属（Polaromonas）和 Limnohabitans，丰度分别为 3.4% ~ 37.7%、0.2% ~ 15.1%、0.6% ~ 12.4% 和 0.15% ~ 10.66%，如图 7-20。

传统生物脱氮主要分两阶段完成整个脱氮反应，第一阶段是将氨氮氧化为 NO_3^--N 的硝化作用，第二阶段是将 NO_3^--N 还原为 N_2 的反硝化过程。参与两阶

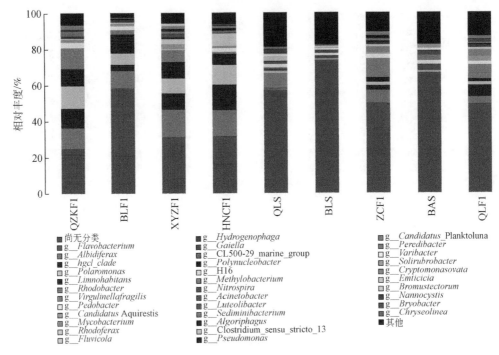

图7-20　物种组成分析柱状图（属类水平）

段的主要细菌分别为氨氧化细菌 AOB、亚硝酸盐氧化细菌 NOB 和反硝化细菌。

根据相关研究成果表明，参与上述硝化、反硝化作用的主要包括以下属水平菌种：

氨氧化细菌 AOB：亚硝化单胞菌（*Nitrosomonas*）、亚硝化螺菌（*Nitrosospira*）、亚硝化球菌（*Nitrosococcus*）、亚硝化叶菌（*Ni-trosolobus*）、节杆菌（*Arrhrobacter*）等属。

亚硝酸盐氧化细菌 NOB：硝酸菌属（*Nitrobacter*）、硝化球菌属（*Nitrococcus*）、硝化刺菌（*Nitrospina*）和硝化螺菌属（*Nitrospira*）。

反硝化细菌：目前研究成果表明，可进行反硝化的细菌约有 70 多个属，于湿地系统内较常见的包括假单胞菌属（*Pseudomonas*）、硫杆菌（*Thiobacillus*）、生丝菌属（*Hyphomicrobium*）、红杆菌属（*Rhodobacter*）、脱硫弧菌属（*Desulfovibrio*）、芽孢杆菌属（*Bacillus*）、微球菌属（*Micrococcus*）、副球菌属（*Paracoccus*）、食酸菌属（*Acidovorax*）、红环菌属（*Denitratisoma*）等。

表 7-9 脱氮功能细菌分布表

细菌种类	细菌特性	营养方式	QZKF1	BLF1	XYZF1	HNCF1	QLS	BLS	ZCF1	BAS	QLF1
亚硝化单胞菌（Nitrosomonas）	氨化细菌 AOB	自养	0	0	0	0	0.000 401	0	0.000 176	0	0
亚硝化螺菌（Ni-trosospira）	氨化细菌 AOB	自养	0	0	0.000 229	0.000 268	0.012 917	0.017 056	0	0.003 706	8.32×10^{-2}
亚硝化球菌（Nitrosococcus）	氨化细菌 AOB	自养	0	0	0	0	0	0	0	0	0
亚硝化叶菌（Ni-trosolobus）	氨化细菌 AOB	自养	0	0	0	0	0	0	0	0	0
节杆菌属（Arrhrobacter）	氨化细菌 AOB	自养	0.000 13	5.91×10^{-2}	2.86×10^{-2}	0	0.000 241	0.002 638	0.000 176	0.002 737	0
假单胞菌属（Pseudomonas）	反硝化细菌	自养	0	0	0	0	0	0	0	0	0
硫杆菌（Thiobacillus）	反硝化细菌	自养	0	0	0	0	0	0	0	0	0
生丝菌属（Hyphomicrobium）	反硝化细菌	自养	0	0	0	0	0	0	0	0	0
红杆菌属（Rhodobacter）	反硝化细菌	自养	0	0	0	0	0	0	0	0	0
脱硫弧菌属（Desulfonibrio）	反硝化细菌	自养	0	0	0	0	0	0.000 132	0	0	0
芽孢杆菌属（Bacillus）	反硝化细菌	自养	0	0	0	0	0	0	0	0	0
微球菌属（Micrococcus）	反硝化细菌	自养	0	0	0	0	0	0	0	0	0
副球菌属（Paracoccus）	反硝化细菌	自养	0	0	0	0	0	0	0	0	0
食酸菌属（Acidovorax）	反硝化细菌	自养	0	0	0	0	0	0	0	0	0
红环菌属（Denitratisoma）	反硝化细菌	自养	0	0	8.58×10^{-2}	0.000 268	0.009 667	8.79×10^{-2}	4.40×10^{-2}	0	0.000 291

将本次采集的 9 个环境样本中监测得到的属水平物种与上述细菌属进行对照，结果如下表所示，通过 16SV3-V4 区测序分析结果，所检测出的具有脱氮功能细菌仅为亚硝化单胞菌（*Nitrosomonas*）、亚硝化螺菌（*Ni-trosospira*）、节杆菌属（*Arrhrobacter*）、脱硫弧菌属（*Desulfovibrio*）和红环菌属（*Denitratisoma*），丰度均不高于 1.3%。上述细菌在各样本中均未表现为优势菌种，与低温条件下影响细菌生长和活性具有一定关系，也是导致低温期湿地系统脱氮效率较低的原因之一。

c. 功能型微生物分布

为了进一步分析不同环境样本中具有脱氮功能细菌的分布情况，分别采用专项功能基因测序的方式，对黑土洼湿地系统（QZKF1、QLF1、BLF1、ZCF1、QLS、BLS）和官厅水库八号桥（BAS）样本进行 nirS（cd3a-R3cd）、AOBamoA 和 ANAMMOX（368-820）不同区域微生物进行测序，结果如图 7-21 所示。上述区域分别表示具有反硝化、氨氧化和厌氧氨氧化专项功能作用的菌种。但上述区域除 nirS（cd3a-R3cd）7 个样本均扩增成功外，其他两区域仅 QLS 样本扩增成功。

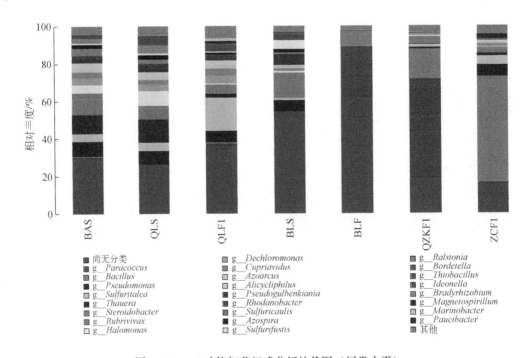

图 7-21　nirS 功能细菌组成分析柱状图（属类水平）

在扩增成功的 7 个样本中，潜流湿地水体样本（QLF1）中细菌物种组成与其他土壤（或基质）样本物种组成更为接近，可能与水体在潜流湿地基质层中停留有一定关系，此结论与 OTU 和 alpha 多样性分析结果一致。

在扩增成功的潜流湿地基质样本 QLS 中，检测出 AOB 和 ANAMMOX 功能主要微生物菌种分别为亚硝化单胞菌（*Nitrosomonas*）和 *Candidatus_Brocadia*，丰度分别为 31.5% 和 99.7%。其中 *Candidatus Brocadia* 为浮霉菌门中一类和浮霉菌属等关系较远的细菌，至今未能成功分离得到纯菌株，该细菌为厌氧氨氧化菌，能够在缺氧环境下利用亚硝酸盐（NO_2^-）氧化铵离子（NH_4^+）生成氮气。可见，在传统的脱氮作用同时，湿地系统仍具有可进行厌氧氨氧化脱氮作用的功能菌和相对环境，但菌种较为单一，其作用下的脱氮效果难以保障。

（2）耐低温生物菌剂筛选

在黑土洼湿地潜流湿地单元内进行微生物菌剂的投加及筛选试验。生物菌剂投加后，重点对比考察生物菌剂对单元湿地低温期净水效果的提升效果，通过试验结果对比分析，筛选适用的低温菌剂。

1）试验区基础资料。

实验区设置：黑土洼潜流湿地单元一级碎石床内，拟开展平行试验 4 组，其中 1 组为空白对照（图 7-22）。

图 7-22　菌剂投加区域示意图

4 组实验区选用并联的单元湿地内进行，单元湿地布置结构相同，潜流湿地单元内部填充碎石作为基质材料，单组湿地基本资料如表 7-10 所示。

表7-10　潜流湿地试验单元资料

名称	尺寸
湿地单元面积/m²	450
湿地单元尺寸/ [长 (m) ×宽 (m) ×高 (m)]	30×15×1.2
湿地单元水力负荷/ [m³/(m²·d)]	0.58
进水量/(m³/d)	260

试验单元进水为永定河地表水，试验期间（10~4月）进水总氮、氨氮、COD_{Mn}和总磷浓度分别为2~7mg/L、0.05~0.65mg/L、3~10mg/L和0.05~0.2mg/L。

2）生物菌剂及投加量。

试验中选取3种不同的生物菌剂，分别投加至试验区1号~3号组位置，同时设置一组空白对照组，具体投加菌剂类别和投加量如表7-11中所示。

表7-11　菌剂投加类别及投加量

序号	位置	菌剂名称	投加量/kg	投加量比/ [g/(m³·d)]	单价/(元/kg)	备注
1	无	无	—	—		
2	1号组	高效景观净化复合微生物（KO-JGF）	10	5~10	1990	
3	2号组	复合生物底改颗粒	2.8	0.5~1	280	絮凝沉降
		复合生物净水剂	2.8	0.5~1	280	硝化反硝化
4	3号组	微生源复合菌	200	700~800	95	低温型

a. 高效景观净化复合微生物（KO-JGF）

KO-JGF景观水净化复合菌富含大量水体生态修复有益乳酸菌及高效生物酶，构建和强化水体微生态系统，有效消除污水的各类污染物，净化水体水质。该菌剂完全从自然中筛选，以乳酸菌为主要成分，采用筛分培养复合等生物技术研制而成，具备快速分解水体中污染物的作用效果，同时恢复底栖生物活性，修复整个水体生态系统；与湿地基质和植物繁密根系相融合，高效消除污水的各类污染物，净化水体水质。

b. 复合生物菌剂

复合生物净水剂，为优选多种微生物菌群复合制备而成，具有极强的低溶氧繁殖能力，可维持生物稳定生长。该菌剂采用可饲用甚至食用的 GRAS 菌株，保障生物安全性。同时添加专利菌株——具有硝化和反硝化功能的芽孢杆菌，兼具硝化细菌转化亚硝酸盐和芽孢杆菌增殖优势，复配过程中加入了解磷解钾菌等，针对水体中的磷、重金属等具有生物絮凝及活化效果，有利于植物吸收移除。

复合生物底改颗粒，充分分解河道底部淤泥中的有机物，有效抑制底泥及底层水域中有害菌繁殖。在水体中可快速增殖并形成优势种群，竞争性抑制病原微生物（如弧菌等）。增强水体底质自净能力，生物修复底部生态环境，促进物质能量循环。可促进底栖动植物生长繁殖，有效分解沉降底部的动植物尸体及外来沉降污染物，并变为可供植物及优质藻类生长（硅藻、绿藻）的营养物质。

c. 微生源复合菌

微生源复合菌是采用世界先进的微生物母菌识别技术和母菌筛选技术从大自然中萃取优势母菌，再采用纯培养等多种培养方法驯化制得。复合菌成分包括：硝化细菌属、亚硝化菌属、亚硝化单胞菌属、亚硝化球菌属、亚硝化螺菌属和亚硝化叶菌属中的细菌，硫化细菌、反硝化细菌属、芽孢杆菌属、假单胞菌属（Pseudomonaceae）、产碱杆菌属（Al- caligenes）、科奈瑟菌科（Neisseriaceae）、红螺菌科（Rhodospirillaceae）、芽孢杆菌科（Bacillaceae）、纤维粘菌科（Cytopha-gaceae）等和活化酶以及多糖其它营养物等。当中细菌种类包含上百种，菌落数高达 5.9×10^{10} cfu/g，有效果活菌数远高于国家标准 2.0×10^{9} cfu/g，且一菌多株，快速降解污水中的有机物的同时有效避免细菌相互竞争所造成的冲击问题。

3）投加方法。

a. 菌剂活化

所采用生物菌剂均为粉末状，需根据菌剂要求对其进行活化后，再加入湿地单元内，菌剂活化方法如下：①高效景观净化复合微生物菌剂（KO-JGF）。每菌粉 500g，加入 10L 纯净水中，搅拌 3~5min，充分溶解后，静置 60min。将 10L 菌液，逐渐加入 10L 河水，搅拌 3~5min，再静置 60min 后，均匀投加入治理水体中。②复合生物菌剂。将两种菌种与河水 1∶10 比例混合，稀释过程可以加 1% 红糖（如 10kg 水溶液加 100g 红糖）曝气 6 小时投加效果较好。

混合后缓慢投放入治理水体中。③微生源菌剂。将菌种与河水混合后，搅拌3~5min使其均匀混合后，缓慢投放入治理水体中。

b. 菌剂投加

根据菌剂投加和使用说明，对各种菌剂逐一投加于不同潜流湿地单元内，投加方式为多日连续投加，具体方法如下所示：①高效景观净化复合微生物菌剂（KO-JGF）。第一日，活化5kg复合微生物菌剂，在潜流湿地进水池处逐渐加入水体，水流充分流经湿地系统；第二日，停止进出水，湿地系统静置3d；第五日，重新启动进水系统，并活化3kg复合微生物菌剂，在进水池处逐渐投加，系统连续运行；第十日，活化2kg复合微生物菌剂，在进水池处逐渐投加，系统连续运行。②复合生物菌剂。前期（富集期）每次两种菌剂各加200g，每天一次，连续投放5天；后期（维持期）每次两种菌剂各加300g，每5天投放一次。根据投放后微生物在基质富集状况来定，不方便取样检测的话，建议后期连续投加6次。③微生源菌剂。第一日，将活化后的菌剂逐渐投加于湿地进水口，一次投加即可；第二日，停止进出水，湿地系统静置3d；第五日，重新启动进水系统。

4）净化效果对比。

低温菌剂筛选试验周期为10月至次年4月，试验期间水温变化幅度显著。初期水温约维持在10~12℃，11月后，温度降至4~7℃；12月至次年2月期间，进水温度仅达到2℃左右；随后温度开始逐渐回升，至4月初期水温约为8.5℃。试验期间水温整体情况对微生物的生长具有限制性作用，不利于其水质净化作用和效果。

试验期间，不同微生物菌剂投加单元及其水质净化效果如图7-23所示。

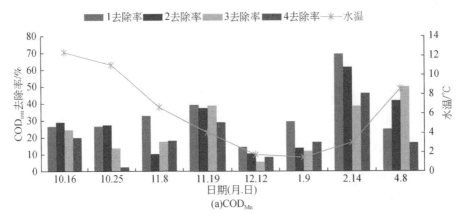

(a)COD$_{Mn}$

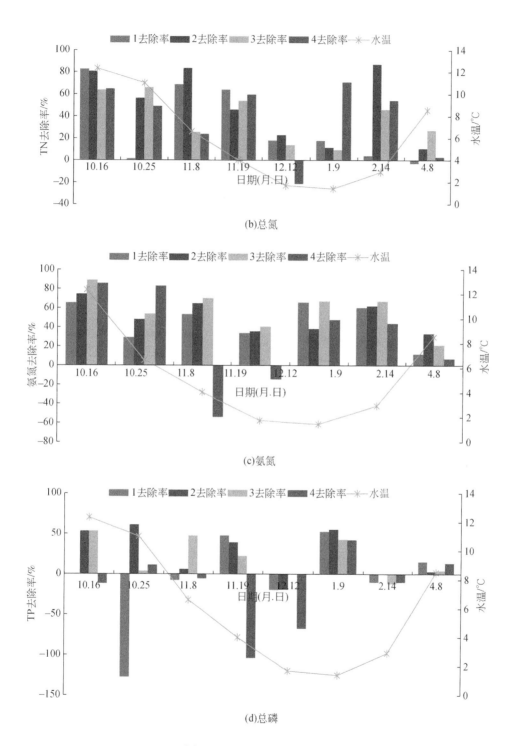

图 7-23　水质净化效果对比

试验周期内不同湿地单元污染物去除效果整体情况表明，低温条件下（水温低于15℃时），投加微生物菌剂的单元对含氮、磷污染物的净化起到一定促进作用；但对 COD_{Mn} 的去除促进效果不明显。空白对照组对 COD_{Mn} 的去除率约为 14.4% ~69.24%，平均去除率分别为 32.9%。而投加微生物菌剂后，2~4 单元对上述两项污染物的平均去除率分别为 28.91%、25.05% 和 19.73%。

试验期间，1 单元空白对照组对总磷的去除率-127% ~52.63%，平均去除率分别为-6.27%，总磷在低温时期去除率多出现负增长趋势，也表明了该污染物在低温时期出现脱附现象。投加微生物菌剂后，2~4 单元对总磷的平均去除率分别为 24.68、20.17 和-16.52%。从平均去除率而言，2、3 两单元总磷的去除效果有一定改善，但效果并不稳定；而 4 单元内所添加的微生源复合菌对磷的去除并未表现出促进效果。

对含氮污染物的水质净化效果表明，2、3 两个湿地单元投加生物菌后对总氮和氨氮的净化起到积极的促进作用，与空白组进行对照，两个湿地单元对上述含氮污染物的平均去除率分别提升了 18.3%、5.38% 和 6.53、12.87%；4 单元对上述两种污染物的平均去除率为 37.83% 和 28.30%，仅对总氮的去除效果有所提升，而氨氮并未改善。不同温度条件下的去除效果也发现，温度降至 2~4℃后，生物菌剂对总氮净化改善效果不显著，但随温度的回升，投加生物菌剂的单元去除率回升趋势更为明显。

试验结果表明，2、3 两湿地单元所投加的生物菌剂对低温期氮、磷类污染物的净化起到一定促进作用，而综合对比两种菌剂的投加量、投加比和单价等因素，3 号湿地单元所投加的复合生物菌剂效益更为显著。而所选取的生物菌剂的投加对有机物去除效果并无显著作用。

7.4 八号桥大型仿自然复合功能湿地示范工程生态监测

7.4.1 监测任务

根据《关于进一步做好"十二五"水专项示范工程第三方监测工作的通知》要求，技术示范类和产业化类课题需要在示范工程建设前，编制示范工程监测方案，详细说明监测时段、频率、点位、指标等具体要求，并附示范工程建设方案，标注采样点具体位置。八号桥大型仿自然复合功能湿地示范工程生态监测包括示范工程建设前和运行稳定后两方面的数据，其中运行稳定后的连续监测时间不少于6个月，监测频率不低1次/月。

7.4.2 工程生态监测方案

（1）监测点位

示范工程生态监测点布置如图7-24所示。

监测点1：湿地总进水（115°31′48.60″E，40°21′19.39″N）；

监测点2：单元湿地进水（115°32′21.75″E，40°20′43.19″N）；

监测点3：湿地总出水（115°32′45.05″E，40°20′12.13″N）。

图 7-24　示范工程生态监测点位示意图

（2）监测指标

项目监测指标主要包括 COD_{Cr}、COD_{Mn}、总磷、总氮、氨氮、溶解氧、pH、水温、流量9项。

（3）采样方法

水质指标采样方法参照《水环境监测规范》（SL 219-2013）中相关要求进行。

（4）采样方法

1）水质指标检测方法。

COD_{Cr} 指标检测方法采用重铬酸盐法（GB/T 11914-1989）；

COD_{Mn} 指标检测方法采用酸性高锰酸钾法（GB/T 11892-1989）；

氨氮指标检测方法采用纳氏试剂分光光度法（HJ 535-2009）；

总氮指标检测方法采用碱性过硫酸钾消解紫外分光法（HJ 636-2012）；

总磷指标检测方法采用过硫酸钾消解钼酸铵分光光度法（GB/T 11893-1989）。

2）流量指标检测方法。

采用流速仪测流法。参照《河流流量测验规范》（GB 50179-2015）中要求，用螺旋桨式流速仪测定流速（流速仪起转速小于0.05m/s），并由流速与断面面积的乘积来推求流量的方法。

7.4.3 工程运行效果

7.4.3.1 氨氮去除效果

三组湿地组合工艺对氨氮的去除效果如图7-25所示。课题考察了湿地组合工艺系统连续运行期间（从4月到8月）对氨氮的去除效果，三个组合对氨氮的去除效果都很好，并随着装置运行，稳定在90%以上。将初始浓度提高至6.98mg/L，组合系统水力停留时间缩短为12小时，三个组合对氨氮的去除率均达到95%，出水氨氮浓度分别为0.226mg/L、0.377mg/L和0.314mg/L，均达到Ⅱ类水要求。

组合工艺一在运行初期对氨氮的去除主要是第一单元垂直潜流湿地单元起作用，去除率约在60%左右，单元2（水平潜流）与单元3（表面流）氨氮还有略微上升。这可能是因为初始阶段，单元1垂直潜流单元氨氮去除效果较好，导致单元2与单元3中硝化菌落未能培养好，硝化作用弱，同时菖蒲叶片衰败后，向水中释放氨氮，造成氨氮略微上升。随着运行时间的不断增加，系统对氨氮的去除能力不断增加，水力停留时间为 12h 时，进水浓度为 6.98mg/L 时，单元 1 潜流湿地单元的去除率为 93.51%，单元出水浓度为 0.453mg/L

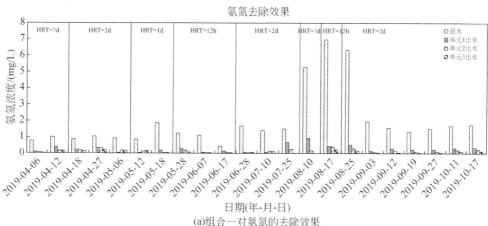

(a)组合一对氨氮的去除效果

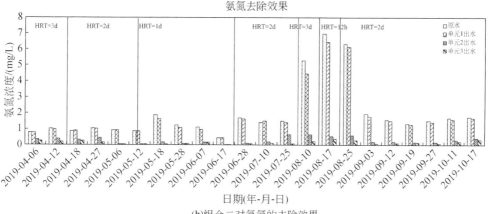

(b)组合二对氨氮的去除效果

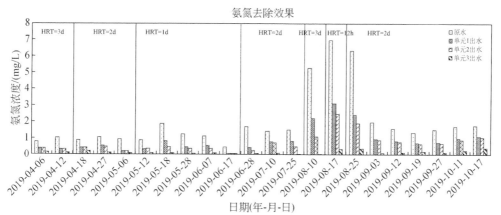

(c)组合三对氨氮的去除效果

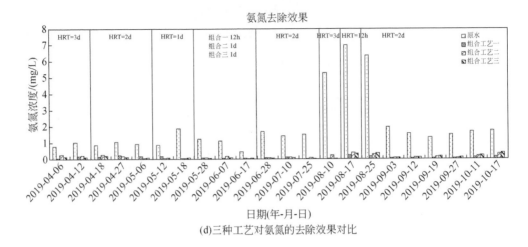

(d)三种工艺对氨氮的去除效果对比

图7-25　三组湿地组合工艺对氨氮的去除效果对比图

（满足Ⅱ类水水质标准），单元2水平潜流湿地单元的去除率为10.15%，单元2出水浓度为0.407mg/L，单元3表流湿地单元的去除率为44.47%，单元3出水浓度为0.226mg/L，组合工艺一系统去除率为96.76%。

组合工艺二在运行初期对氨氮就有比较好的去除效果，主要起作用的单元2潜流湿地单元，单元1曝气塘单元，初始（2019-4-27）阶段未投加人工净水草，去除率基本为零，2019年4月30日在系统里投加人工净水草，运行一段时间后，曝气塘对氨氮有一定的去除效果，去除率基本稳定在7%~15%范围内。单元2潜流湿地单元初始去除率约为60%左右，随着系统运行时间的增加，单元去除率逐步达到92%左右。单元3水平潜流湿地单元初始阶段去除率约为57.11%，随着系统运行前段单元的去除率增加，单元3的去除率逐步降为28.59%左右。从组合工艺二的数据中可以看出，并没有出现组合一系统单元后半段出现氨氮浓度增加的问题，而是具有较好的去除率，分析原因为单元3相比于组合工艺一单元2具有更好的氨氮浓度环境，有利于菌种的培养，致使初始阶段表现出比较好的系统去除效果。当水力停留时间为12h时，进水浓度为6.98mg/L时，单元1曝气塘单元的去除率为7.5%，单元出水浓度为6.461mg/L，单元2垂直潜流湿地单元的去除率为91.83%，单元2出水浓度为0.528mg/L（满足Ⅲ类水水质标准），单元3水平潜流湿地单元的去除率为28.59%，单元3出水浓度为0.377mg/L（满足Ⅱ类水水质标准），组合工艺二系统去除率为94.60%。

组合工艺三系统在运行初期对氨氮有比较好的去除效果，主要起作用的为单元 1 和单元 3 的水平潜流湿地单元。单元 1 水平潜流湿地单元随着进水氨氮浓度的变化，对氨氮的去除率在 48.86% ~86.06% 范围内变化。单元 3 水平潜流湿地单元对氨氮的去除率在 57.21% ~98.42% 范围内变化，平均值在 74.22% 左右。单元 2 曝气塘单元对氨氮的去除率在 9.61% ~50.79% 范围内变化，平均值在 31.35% 左右。当水力停留时间为 12h 时，进水浓度为 6.98mg/L 时，单元 1 水平潜流湿地单元的去除率为 55.30%，单元出水浓度为 3.121mg/L，单元 2 曝气塘单元的去除率为 20.92%，单元 2 出水浓度为 2.468mg/L，单元 3 水平潜流湿地单元的去除率为 87.28%，单元 3 出水浓度为 0.314mg/L（满足 Ⅱ 类水水质标准），组合工艺三系统去除率为 95.50%。

对比三种组合工艺系统，可分析出，垂直潜流湿地单元和水平潜流湿地单元对氨氮都具有比较大的氨氮去除潜能，这与湿地基质类型（活化沸石对氨氮具有很好的去除效果）、微生物富集培养以及湿地植物具有很好的正向相关关系，相同单元不同组合工艺系统去除差别，与各单元的进水浓度、溶解氧和氧化还原电位也有关系。投加人工净水草的曝气塘在组合工艺系统中亦逐渐发挥了比较明显的作用。

7.4.3.2　总氮去除效果

三组湿地组合工艺对总氮的去除效果如图 7-26 所示。课题测试了湿地组合工艺系统连续运行期间（从 5 月到 8 月）对总氮的去除效果。重点考察了妫水河流域总氮水质从 2.79mg/L 到 13.22mg/L 变化时湿地组合工艺系统在不同

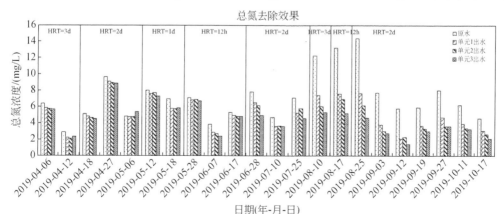

(a)组合一对总氮的去除效果

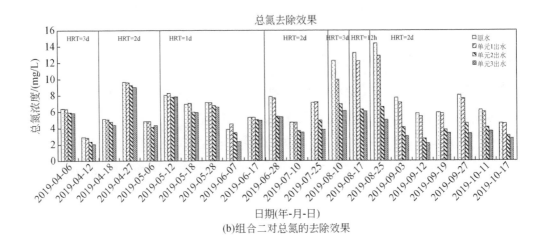

(b)组合二对总氮的去除效果

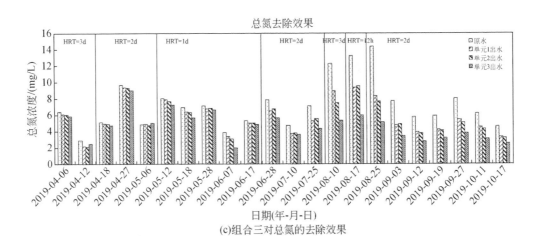

(c)组合三对总氮的去除效果

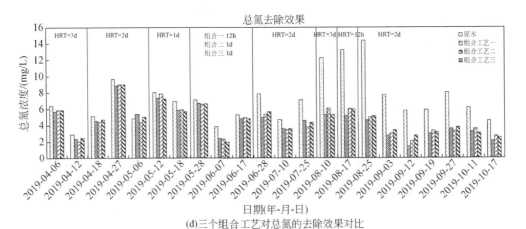

(d)三个组合工艺对总氮的去除效果对比

图7-26 三组湿地组合工艺对总氮的去除效果对比图

停留时间条件下的总氮去除效果。从图中可以看出，三种组合工艺湿地系统对总氮的去除效果相差不多，组合工艺一系统略好，稳定运行三个月后，停留时间为0.5d时，总氮去除率约为60%左右，组合工艺二湿地系统相同条件下的去除率约为52.26%，组合工艺三湿地系统总氮的去除率约为54.90%。

组合工艺一湿地系统运行初期水力停留时间为1d时，进水浓度8.02mg/L时，系统对总氮的去除率约为8.98%，进水浓度为6.94mg/L时，系统对总氮的去除率约为15.56%，随着运行时间的不断增加，系统对总氮的去除能力不断增强，运行中期时，当进水浓度为6.09mg/L时，系统对总氮的去除率约为28.08%，进水浓度为4.82mg/L时，系统对总氮的去除率约为30.50%。系统运行三个月后，当进水浓度为13.22mg/L时，水力停留时间为0.5d时，系统对总氮的去除率约为60.82%，出水浓度约为5.18mg/L。

组合工艺二湿地系统运行初期水力停留时间为1d时，进水浓度8.02mg/L时，系统对总氮的去除率约为2.36%，进水浓度为6.94mg/L时，系统对总氮的去除率约为14.41%，随着运行时间的不断增加，系统对总氮的去除能力不断增强，运行中期时，当进水浓度为6.09mg/L时，系统对总氮的去除率约为11.66%，进水浓度为4.82mg/L时，系统对总氮的去除率约为9.96%。系统运行三个月后，当进水浓度为13.22mg/L时，水力停留时间为0.5d时，系统对总氮的去除率约为54.24%，出水浓度约为6.05mg/L。

组合工艺三湿地系统运行初期水力停留时间为1d时，进水浓度8.02mg/L时，系统对总氮的去除率约为9.60%，进水浓度为6.94mg/L时，系统对总氮的去除率约为18.44%，随着运行时间的不断增加，系统对总氮的去除能力不断增强，运行中期时，当进水浓度为6.09mg/L时，系统对总氮的去除率约为17.89%，进水浓度为4.82mg/L时，系统对总氮的去除率约为17.22%。系统运行三个月后，当进水浓度为13.22mg/L时，水力停留时间为0.5d时，系统对总氮的去除率约为54.84%，出水浓度约为5.97mg/L。

对比三种湿地组合工艺系统对总氮的去除效果，在启动后很长一段时间内（约2个月），总氮去除率维持在25%以下，这与系统硝化、反硝化菌群的培养有关，运行初期进水溶解氧较高（饱和），不利于反硝化细菌生长。随着系统逐渐稳定运行，三种组合工艺的脱氮能力逐步增加，进入运行的第4个月，组合工艺一单元1垂直潜流湿地单元对总氮的去除率在41.09%，单元2水平潜流湿地单元对总氮的去除率在 13.13%，单元 3 表流湿地单元对总氮的去除率在 19.19%；组合工艺二单元 1 曝气塘单元、单元 2 垂直潜流湿地单元、单元 3 水平潜流湿地单元对总氮的去除率分别约为 13.01%、39.43% 和 8.16%；组合工艺三单元 1 水平潜流湿地单元、单元 2 曝气塘单元、单元 3 水平潜流湿地单元对总氮的去除率分别约为 25.8%、10.42% 和 33.28%。可以看出湿地系统稳定运行后，潜流湿地单元具有最好的脱氮效果，其次是水平潜流湿地单元、表流湿地单元和曝气塘单元，这与湿地基质、微生物菌群培养、环境条件以及植物相关。

7.4.3.3 总磷去除效果

湿地系统对总磷的去除效果如图 7-27 所示。试验监测了湿地组合工艺系统连续运行期间（从 6 月到 8 月）对总磷的去除效果。重点考察了妫水河流域

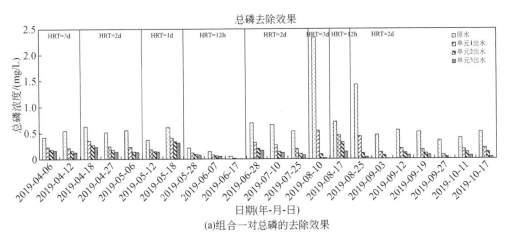

(a)组合一对总磷的去除效果

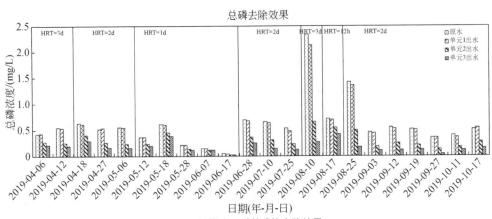

(b)组合二对总磷的去除效果

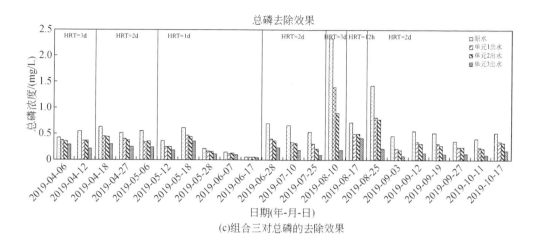

(c)组合三对总磷的去除效果

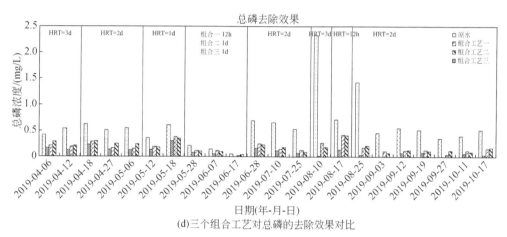

(d)三个组合工艺对总磷的去除效果对比

图7-27 湿地系统对总磷的去除效果图

总磷水质从0.15mg/L到2.33mg/L之间变化时湿地组合工艺系统在不同停留时间条件下的总磷去除效果。从图中可以看出，三种组合工艺湿地系统对总磷的去除效果相差明显，组合工艺一系统最好，其次是组合工艺三，最后是组合工艺二。

组合工艺一对总磷的去除率基本可稳定在80%以上。当进水浓度2.33mg/L时，水力停留时间为3d时，系统出水的总磷浓度为0.01mg/L，优于Ⅰ类水质标准，当进水浓度分别为0.53mg/L和0.71mg/L时，其水力停留时间分别为2d和0.5d，系统出水总磷浓度分别为0.07mg/L（满足Ⅱ类水质要求）和0.14mg/L（满足Ⅲ类水质要求）。通过以上数据可以看出水力停留时间对湿地组合工艺系统总磷去除效果具有明显的影响作用。

组合工艺二系统对总磷的去除效果与停留时间也有很大的相关关系。当进水浓度为2.33mg/L时，水力停留时间为3d时，系统出水的总磷浓度0.28mg/L，优于Ⅳ类水质标准，当进水浓度分别为0.53mg/L和0.71mg/L时，其水力停留时间分别为2d和0.5d，系统出水总磷浓度分别为0.13mg/L（满足Ⅲ类水质要求）和0.42mg/L。

组合工艺三系统当进水浓度为2.33mg/L时，水力停留时间为3d时，系统出水的总磷浓度为0.19mg/L，优于Ⅲ类水质标准，当进水浓度分别为0.53mg/L和0.71mg/L时，其水力停留时间分别为2d和0.5d，系统出水总磷浓度分别为0.09mg/L（满足Ⅱ类水质要求）和0.41mg/L。

对比三种湿地组合工艺系统对总磷的去除效果，在测试期间，其对总磷的去除能力均表现不错。组合工艺一单元1垂直潜流湿地单元对总磷的去除率平均在58.92%，单元2水平潜流湿地单元对总磷的去除率在47.21%，单元3表流湿地单元对总磷的去除率在51.98%；组合工艺二单元1曝气塘单元、单元2垂直潜流湿地单元、单元3水平潜流湿地单元对总磷的去除率平均值分别约为9.04%、39.46%和29.13%；组合工艺三单元1水平潜流湿地单元、单元2曝气塘单元、单元3水平潜流湿地单元对总磷的去除率分别约为26.67%、11.71%和50.26%。总磷的去除主要与湿地基质的吸附、微生物作用以及植物的吸收有关。

7.4.3.4 对有机物的去除效果

湿地系统对COD_{Cr}的去除效果如图7-28所示。试验监测了湿地组合工艺系

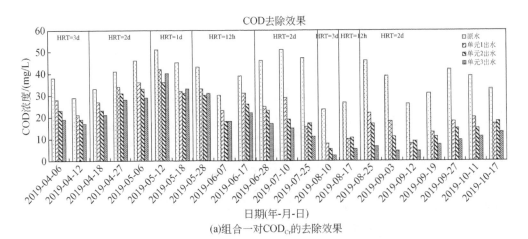

(a)组合一对COD_{Cr}的去除效果

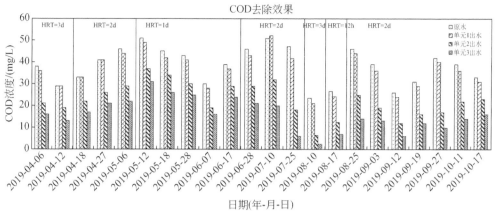

(b)组合二对COD$_{Cr}$的去除效果

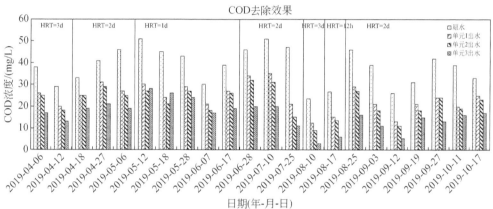

(c)组合三对COD$_{Cr}$的去除效果

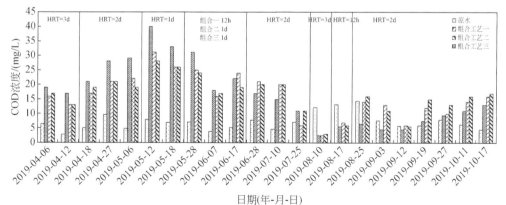

(d)三个组合工艺对COD$_{Cr}$的去除效果对比

图7-28 湿地系统对COD$_{Cr}$的去除效果图

统连续运行期间（从5月份到8月份）对COD$_{Cr}$的去除效果。重点考察了妫水河流域COD$_{Cr}$水质从21mg/L到51mg/L之间变化时湿地组合工艺系统在不同停

留时间条件下的 COD_{Cr} 去除效果。从图 7-28 中可以看出，三种组合工艺湿地系统对 COD_{Cr} 的去除效果相近，初期去除率在 20% ~ 45%，后期在 65% ~ 90%，相对而言，组合工艺一稳定性更高，水力停留时间及冲击负荷对其影响较小，组合工艺二对冲击负荷抗性强，但对水力停留时间依赖性强，组合工艺三对水力停留时间依赖性处于三组中等，对冲击负荷抗性稍弱。三种组合工艺湿地系统对 COD_{Cr} 削减量均达到 10mg/L 以上，达到试验设计任务中 COD_{Cr} 去除的要求。

组合工艺一系统对 COD_{Cr} 的去除率随着系统运行，基本可稳定在 75% 以上。当进水浓度 23.6mg/L 时，水力停留时间为 3d 时，系统出水的 COD 浓度为 2.5mg/L，优于 I 类水质标准，当进水浓度分别为 47.2mg/L 和 20.6mg/L 时，其水力停留时间分别为 2d 和 0.5d，系统出水 COD_{Cr} 浓度分别为 11.0mg/L 和 5.5mg/L（均达到 I 类水质要求）。水力停留时间对 COD_{Cr} 去除效果的影响作用较小。

组合工艺二系统对 COD_{Cr} 的去除效果随系统运行可达到 65% 以上。当进水浓度为 23.6mg/L 时，水力停留时间为 3d 时，系统出水的 COD_{Cr} 浓度 2.5mg/L，优于 I 类水质标准，当进水浓度分别为 47.2mg/L 和 20.6mg/L 时，其水力停留时间分别为 2d 和 0.5d，系统出水 COD_{Cr} 浓度分别为 6.0mg/L 和 7.0mg/L（均达到 I 类水质要求）。

组合工艺三系统对 COD_{Cr} 的去除效果随系统运行可达到 70% 以上。当进水浓度为 23.6mg/L 时，水力停留时间为 3d 时，系统出水的 COD_{Cr} 浓度为 3.0mg/L，优于 I 类水质标准，当进水浓度分别为 47.2mg/L 和 20.6mg/L 时，其水力停留时间分别为 2d 和 0.5d，系统出水 COD_{Cr} 浓度分别为 11.0mg/L 和 6.0mg/L（均达到 I 类水质要求）。

对比三种湿地组合工艺系统对 COD_{Cr} 的去除效果，在运行后期，其对 COD_{Cr} 的去除能力均表现不错。组合工艺一单元 1 垂直潜流湿地单元对 COD 的去除率平均在 63.24%，单元 2 水平潜流湿地单元对 COD_{Cr} 的去除率在 1.49%，单元 3 表流湿地单元对 COD_{Cr} 的去除率在 42.60%；组合工艺二单元 1 曝气塘单元、单元 2 垂直潜流湿地单元、单元 3 水平潜流湿地单元对 COD_{Cr} 的去除率平均值分别约为 13.68%、52.98% 和 58.22%；组合工艺三单元 1 水平潜流湿地单元、单元 2 曝气塘单元、单元 3 水平潜流湿地单元对 COD_{Cr} 的去除率分别约为46.72%、22.79%和46.81%。COD_{Cr}的去除主要与微生物作用有关，两个曝气塘单元对COD_{Cr}亦有一定去除，表明曝气塘中新型生物填料上已生长附着一定量微生物菌群。

7.5 小 结

（1）关键技术应用效果

1）植物滤网截留净化、多生境多塘控碳脱氮技术应用于八号桥大型仿自然复合功能湿地示范工程，实现沉水植物生物量（鲜重）$200 \sim 10\,000\text{g/m}^2$，单元表流湿地中挺水和漂浮植物覆盖度接近$80\% \sim 90\%$条件下，系统对$COD_{Cr}$和总氮平均去除率分别为15.68%和64.11%；水体C/N由进水$1.7 \sim 1.9$提升至$3.7 \sim 4.5$。不同湿地单元基质层中功能型微生物分布以nirS和AOA为主，生物量分别达$2.6 \times 10^6 \sim 5.4 \times 10^6\text{copies/g}$和$1 \times 10^6 \sim 11 \times 10^6\text{copies/g}$，随系统内水流方向，基质层反硝化强度由$1.61 \sim 55\text{mg/(kg} \cdot \text{h)}$提升至$47 \sim 99\text{mg/(kg} \cdot \text{h)}$，与基质中nirS生物量变化趋势一致。

2）底质调节缓释除磷技术应用于八号桥大型仿自然复合功能湿地示范工程，结合沉水植物滤网强化拦截过滤和自然沉降等作用效果，实现进水总磷浓度约$0.15 \sim 0.2\text{mg/L}$，总磷去除率始终保持在$70\% \sim 80\%$，新型缓释除磷填料布设区域的净化效果维持在$5\% \sim 27\%$。

3）"地温-冰盖协同增温保温"技术的应用形成低温期冰下运行方式，破解越冬运行难题。综合低温植物配置、微生物菌群强化、天然基质保温覆盖等措施，实现低温期，COD_{Cr}、总氮、总磷和氨氮等指标平均去除率分别达到22.64%、47.78%、51.67%和21.58%。

（2）示范工程运行效果

常温期上游来水水质介于Ⅳ～Ⅴ类、平均进水量约$1.1\text{m}^3\text{/s}$，平均水力负荷$0.104\text{m}^3\text{/(m}^2 \cdot \text{d)}$条件下，仿自然湿地系统对$COD_{Cr}$平均去除率达到15.68%；N/P去除率达64.11%和75.59%，超过30%的预期目标。有效破解北方地区仿自然湿地越冬运行难题，实现低温期平均进水量约$0.53\text{m}^3\text{/s}$，平均水力负荷$0.05\text{m}^3\text{/(m}^2 \cdot \text{d)}$，对N/P污染物削减率达到64%、50%。

（3）试验区运行效果

1）平均水力负荷约$0.12 \sim 0.29\text{m}^3\text{/(m}^2 \cdot \text{d)}$运行条件下，采用"水平潜

流湿地+生物塘+水平潜流湿地"组合形式 D~F 系列对 COD_{Cr}、总氮和氨氮的净化效果优于"水平潜流+上行垂直流湿地"组合形式,上述污染物去除率分别达到 52.19%~60.54%、39.37%~49.55% 和 47.29%~59.69%。而对总磷的去除"水平潜流+上行垂直流湿地"组合形式的 A~C 系列更具优势,去除率达到 28.43%~62.02%,原因与两级潜流湿地单元中更大空间的基质材料拦截过滤效果有关。

2)常温期(7~9 月),COD_{Cr}、氨氮、总磷、总氮污染物指标平均去除率分别达到 60%~75%、53%~80%、42%~60% 和 26%~70%;除总磷去除效果外,其他三项指标净化效果均表现为"水平潜流湿地+生物塘+水平潜流湿地"优于"水平潜流+上行垂直流湿地"组合形式。低温期(10~12 月),对上述污染物平均去除率分别降至 21%~40%、-14.29%~46.67%、-10%~60% 和 6.98%~33.6%。两种组合形式的湿地对污染物去除效果的差异明显减小,受微生物活性降低的影响,D~F 系列对 COD_{Cr}、氨氮和总氮的去除优势不再显著;而总磷的去除效果在两级潜流湿地强化截留作用下,使A~C 系列效果较好。

第8章 妫水河世园会与冬奥会水质保障与流域生态修复集成示范

8.1 综合示范区范围

妫水河流域是举办 2019 年世园会与 2022 年冬奥会的所在区域,保障该区域的水质、水量安全,提升水生态环境质量,对赛事的成功举办意义重大。为保障妫水河流域谷家营断面达到"水十条"以及达到世园会和冬奥会期间水质水量协同保障的要求,恢复永定河生态廊道功能,在妫水河流域划定了约 100km² 综合示范区,针对妫水河流域水生态问题最为突出区域,开展水质保障与流域生态修复技术集成研究与综合示范。综合示范区建设内容于 2017 年开始分步实施,并于 2020 年完成全部建设任务。妫水河流域综合示范区总体布局分为冬奥会辐射区域、世园会核心区域及妫水河干支流和河岸带。

8.2 现状及问题分析

8.2.1 区域概况

妫水河发源于延庆区四海镇大吉祥村,沿平原中部流向西南,横贯延庆区盆地,注入官厅水库,全长 74.3km,平均河宽 5 ~ 250m,流域面积 1062.9km²,占延庆区总面积的 52%,流域海拔 394 ~ 1978m,如图 8-1 所示。

综合示范区位于东经 115°51′ ~ 116°1′,北纬 40°25′ ~ 40°32′范围内,总面积 136.65km²,见图 8-1。具体包括妫水河干流、三里河和蔡家河部分区域,涉及延庆镇和张山营镇,面积分布见表 8-1。

表8-1　综合示范区分布范围

编号	位置	面积/km²
1	妫水河干流（延庆镇）	36.03
2	三里河（延庆镇）	14.72
3	三里河（张山营镇）	5.97
4	蔡家河（延庆镇）	24.88
5	蔡家河（张山营镇）	55.05
合计		136.65

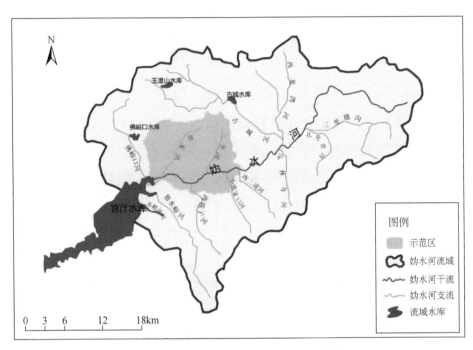

图8-1　综合示范区工程实施范围示意图

8.2.2　"三水"状况分析

8.2.2.1　水资源状况

2016年延庆区地表水资源量为1.63亿m³，其中自产地表水资源量为0.30亿m³，入境水资源量1.33亿m³；地下水资源量0.65亿m³；全区水资源总量为2.28亿m³。人均（不含入境水）水资源量为301m³/人，人均（含入境水）水资源量为721m³/人。

2016 年全区总供水量 5588.44 万 m³，比 2015 年减少 281.95 万 m³。其中地表水供水量为 235.95 万 m³，占供水总量 4.2%；地下水供水量为 4427.92 万 m³，占供水总量 79.3%；再生水供水量为 924.58 万 m³，占供水总量 16.5%。用再生水代替常规水资源，用于园林绿化和河湖生态补水，可有效降低常规水资源的开采数量。2016 年延庆区供水量分类图如图 8-2 所示。

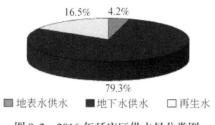

图 8-2　2016 年延庆区供水量分类图

8.2.2.2　水环境状况

妫水河穿越延庆城区，沿河两侧集中分布村镇、机关、学校和旅游景点，人类活动和污水排放造成了妫水河水质严重污染。妫水河的监测断面包括新华营断面、谷家营农场橡胶坝断面、京张公路桥断面。根据北京市生态环境局 2006～2017 年的持续监测，妫水河上段及下段的水质情况均呈恶化的趋势。

2006～2017 年，妫水河河道上段水质为 Ⅱ 类～Ⅲ 类，妫水河新城段水质常年在 Ⅳ 类～劣 Ⅴ 类，官厅水库入口断面水质已处于地表水环境质量标准的劣 Ⅴ 类（图 8-3）。

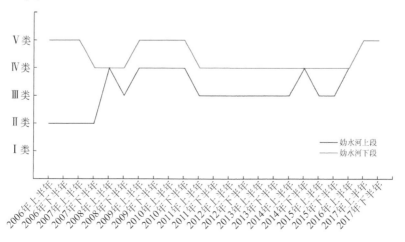

图 8-3　妫水河 2006～2017 年水质变化情况

谷家营断面水质没有明显的好转趋势，水质基本为Ⅳ类或Ⅴ类，十余年间主要超标的指标是 COD、氨氮和总磷；2016 年，新华营断面水质为Ⅳ类，氨氮、总磷超标，随着下游水量的增加，京张公路桥断面水质恢复为Ⅱ类；流经延庆中心城区，到达谷家营断面前，妫水河水质恶化为Ⅳ类，超标的指标主要为 COD、高锰酸盐指数和生化需氧量，如图 8-4 ~ 图 8-6 所示。

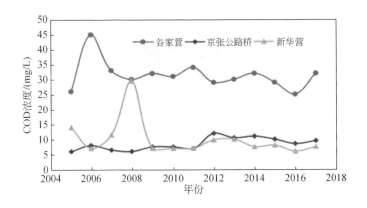

图 8-4　妫水河 2006 ~ 2017 年 COD 浓度变化情况

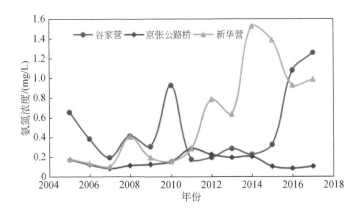

图 8-5　妫水河 2006 ~ 2017 年氨氮浓度变化情况

8.2.2.3　水生态状况

作为典型的北方缺水河流，妫水河生境脆弱，特别是城区段受人为干扰强烈，水生植物群落退化严重。随着延庆社会经济的快速发展，水土资源的过度开发以及全球气候变化，加剧了流域生态状况的恶化。2017 年调查结果显示：妫水河现有水生植物 12 科 12 属 14 种，其中，挺水植物 6 种（占比 42.9%），

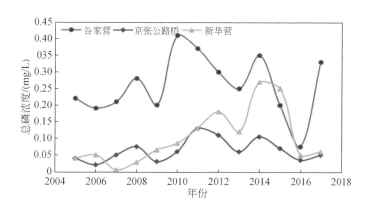

图 8-6 妫水河 2006～2017 年总磷浓度变化情况

沉水植物 6 种（占比 42.9%），浮叶植物 1 种（占比 7.1%），漂浮植物 1 种（占比 7.1%）。不同河段水生植物群落结构存在显著差异。浮游动物有 4 门 22 属 88 种，其中原生动物种类最多，为 42 种，主要以轮虫和原生动物为主，浮游动物平均细胞密度和生物量分别为 5041.58 个/L 和 2.88mg/L。

8.2.3 污染源解析

8.2.3.1 点源污染物分布调查与评价

根据污染源追根溯源报告，在示范区内，延庆镇排水口分布较多，有 63 个；张山营镇（三里河段）排水口总计 18 个，其中 11 个雨水排口、2 个生活排污口、5 个混合排污口，沿岸排口基本上已经实现雨污分流，河道水环境总体较好，无黑臭现象，水质正常。

8.2.3.2 非点源污染负荷产生量调查与评价

根据《北京市延庆区统计年鉴 2017》采用 Johnes 输出系数模型估算非点源污染负荷产生量，结果表明，示范区 COD、氨氮、总氮、总磷的非点源污染负荷产生量分别为 879.08t/a、112.89t/a、204.83t/a、23.01t/a，各乡镇详细结果如表 8-2 所示。

表8-2 综合示范区非点源污染负荷 （单位：t/a）

行政区	COD	氨氮	总氮	总磷
延庆镇	688.05	95.52	168.12	17.85
张山营镇	191.03	17.37	36.71	5.17
总计	879.08	112.89	204.83	23.02

8.2.3.3 示范区污染物排放量及构成

（1）河长制控制单元划分

考虑评估水体对应的汇水区内汇水特征、水环境功能的空间差异性，以及考核断面分布、行政区划等要素的不同，在充分体现水陆统筹原则的基础上，将汇水区内不同水环境功能区/水功能区的水域向陆域延伸，同时结合河长制河长责任区段，将示范区细化为若干个控制单元，以实现空间上的责任分担，便于实施和开展针对性治理措施。整个示范区共划分为9个控制单元，控制单元命名与编码采取名称形式为"序号+河流+行政单位"命名规则。具体划分结果如图8-7、表8-3所示。

图8-7 示范区河长制控制单元划分

表8-3 控制单元划分结果

序号	控制单元名称	河流	行政区	面积/km²
1	1-蔡家河-张山营镇	蔡家河	张山营镇	55.05
2	2-三里河-张山营镇	三里河	张山营镇	5.97

序号	控制单元名称	河流	行政区	面积/km²
3	3-妫水河-延庆镇	妫水河	延庆镇	9.17
4	4-三里河-延庆镇	三里河	延庆镇	14.72
5	5-妫水河-延庆镇	妫水河	延庆镇	10.97
6	6-妫水河-延庆镇	妫水河	延庆镇	4.84
7	7-小张家口河-延庆镇	小张家口河	延庆镇	3.28
8	8-妫水河-延庆镇	妫水河	延庆镇	7.77
9	9-蔡家河-延庆镇	蔡家河	延庆镇	24.88

（2）点源污染物排放量及构成

妫水河点源污染负荷中，COD 共 416.95t/a，其中城区、镇级和村级污水处理厂的各占 53%、37% 和 10%；氨氮共 24.08t/a，其中城区、镇级和村级污水处理厂的各占 45%、32%、23%；总氮共 208.61t/a，其中城区、镇级和村级污水处理厂的各占 52%、37% 和 11%；总磷共 4.31t/a，其中城区、镇级和村级污水处理厂的各占 51%、36% 和 13%。具体信息如表 8-4 所示。

表 8-4　妫水河流域点源污染负荷

名称	COD		氨氮		总氮		总磷	
	负荷/(t/a)	占比	负荷/(t/a)	占比	负荷/(t/a)	占比	负荷/(t/a)	占比
城区污水处理厂	219	53%	10.95	45%	109.5	52%	2.19	51%
镇级污水处理厂	154.03	37%	7.70	32%	77.03	37%	1.54	36%
村级污水处理厂	43.92	10%	5.43	23%	22.08	11%	0.58	13%
合计	416.95	100%	24.08	100%	208.61	100%	4.31	100%

示范区范围内的点源污染负荷中，COD 共 284.26t/a，其中城区、镇级和村级污水处理厂的各占 77%、13% 和 10%；氨氮共 16.03t/a，其中城区、镇级和村级污水处理厂的各占 68%、12% 和 20%；总氮共 142.47t/a，其中城区、镇级和村级污水处理厂的各占 77%、13% 和 10%；总磷共 2.58t/a，其中城区、镇级和村级污水处理厂的各占 77%、13% 和 10%。如表 8-5 所示。

表8-5   示范区点源污染负荷

名称	COD		氨氮		总氮		总磷	
	负荷/(t/a)	占比	负荷/(t/a)	占比	负荷/(t/a)	占比	负荷/(t/a)	占比
城区污水处理厂	219	77%	10.95	68%	109.5	77%	2.19	77%
镇级污水处理厂	37.23	13%	1.86	12%	18.62	13%	0.37	13%
村级污水处理厂	28.03	10%	3.22	20%	14.35	10%	0.29	10%
合计	284.26	100%	16.03	100%	142.47	100%	2.52	100%

(3) 非点源污染物入河量及构成

采用SWAT模型和PLOAD模型，计算得到各控制单元非点源污染负荷，见表8-6。其中，COD负荷最大的是9号控制单元，为31 915.24kg/a；氨氮负荷最大的是9号控制单元，为502.76kg/a；总氮负荷最大的是9号控制单元，为1161.42kg/a；总磷负荷最大的是9号控制单元，为334.65kg/a。

表8-6   妫水河流域各控制单元非点源污染负荷   （单位：kg/a）

控制单元	COD	氨氮	总氮	总磷
1	24 295.32	250.64	695.34	265.62
2	7 062.77	48.00	174.63	63.01
3	15 287.21	231.60	327.68	121.59
4	27 826.81	377.20	518.53	198.30
5	28 598.85	213.60	381.57	160.24
6	11 545.72	102.60	167.92	68.70
7	7 254.67	76.80	116.00	46.19
8	9 967.10	157.01	362.71	104.51
9	31 915.24	502.76	1161.42	334.65
总计	163 753.69	1 960.21	3 905.80	1 362.81

(4) 示范区污染物入河量构成

基于示范区点源污染物调查分析及非点源污染物入河量计算，得到示范区污染物入河量点源非点源占比情况，见表8-7。可以看出，示范区污染主要以点源污染为主，点源污染中COD、氨氮、总氮、总磷所占的比例分别为63.44%、89.10%、97.33%、67.65%。

表 8-7 示范区污染物入河量点源非点源占比情况

污染源	COD	氨氮	总氮	总磷
点源	63.44%	89.10%	97.33%	67.65%
面源	36.56%	10.90%	2.67%	32.35%

(5) 不同控制单元污染物分布特征

基于上述对示范区点源污染负荷与非点源污染负荷的分析与计算，得出妫水河流域不同控制单元的污染负荷，见表 8-8。污染负荷空间分布见图 8-8～图 8-11，示范区流域污染负荷主要集中在 1 号、4 号、5 号、9 号控制单元。

表 8-8 综合示范区不同控制单元污染负荷 （单位：kg/a）

控制单元	控制单元名称	COD	氨氮	总氮	总磷
1	1-蔡家河-张山营镇	24 314.3	251.59	704.83	265.81
2	2-三里河-张山营镇	7 062.77	48	174.63	63.01
3	3-妫水河-延庆镇	15 287.21	231.6	327.68	121.59
4	4-三里河-延庆镇	27 826.81	377.2	518.53	198.3
5	5-妫水河-延庆镇	28 817.85	224.55	491.07	162.43
6	6-妫水河-延庆镇	11 545.72	102.6	167.92	68.7
7	7-小张家口河-延庆镇	7 254.67	76.8	116	46.19
8	8-妫水河-延庆镇	9 967.1	157.01	362.71	104.51
9	9-蔡家河-延庆镇	31 915.24	502.76	1 161.42	334.65

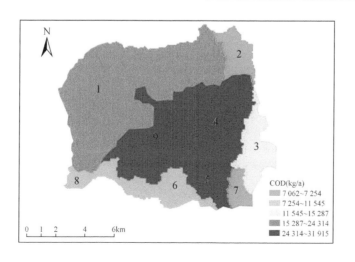

图 8-8 综合示范区 COD 污染负荷分布

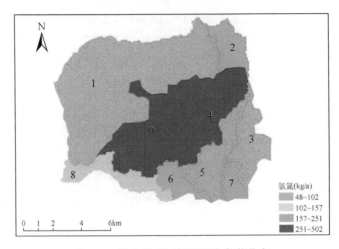

图 8-9　综合示范区氨氮污染负荷分布

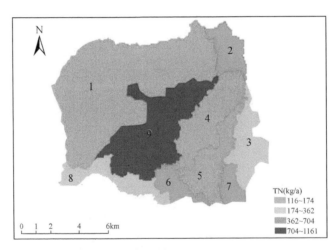

图 8-10　综合示范区总氮污染负荷分布

8.2.4　存在的主要问题

8.2.4.1　区域水资源极度短缺，生态基流得不到保障

妫水河是典型的北方缺水型河流，从 1999 年开始北京市持续干旱，年均降水量 449mm，2009 年仅为 315.4mm，降水减少导致妫水河的来水量锐减。妫水河非雨季主要由夏都缙阳污水处理厂再生水补给，补给量约 3 万 m³/d。妫水河农场橡胶坝至南关桥段水体流动性差，水体几乎处于静止状态。自

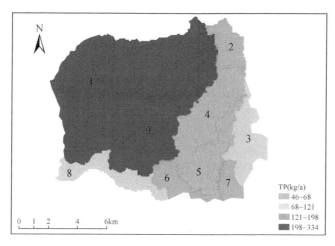

图 8-11　综合示范区总磷污染负荷分布

2003 年开始，为了保障北京市饮用水的需要，将延庆区境内的白河堡水库的优质水调往密云水库，妫水河从此失去了水源补充（图 8-12）。2003 年以前，妫水河基流平均为 $0.75\text{m}^3/\text{s}$，而 2014 年平均基流只有 $0.14\text{m}^3/\text{s}$，汛期出现断流达 30 次。在妫水河主河道和 18 条支流中，目前只有妫水河、三里河常年有水，其余支流基本无水。

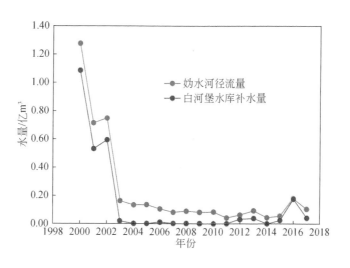

图 8-12　妫水河东大桥水文站 2000～2017 年径流量变化

8.2.4.2　水污染形势严峻，与其功能定位极不匹配

妫水河流域水污染形势严峻，面源污染占比 38%、点源 57%、内源 5%。

妫水河两侧集中分布着村镇、机关、学校和旅游景点，也是延庆区政府所在地，生产生活活动产生的垃圾和面源污染问题突出。农民为了提高作物产量，大量使用化肥、农药，残留在土壤中，在雨期通过地表径流直接对妫水河产生污染，影响了水源安全。妫水河流域的谷家营断面水质多年处于地表水环境质量标准的Ⅴ类，与其Ⅲ类水质目标要求相差甚远。

8.2.4.3 水生态系统退化严重

妫水河来水量不足加剧了生态系统脆弱性，河岸及浅滩区水生植物稀少：①水系连通性差。部分河道由于多年无水，河道形态已无法辨认，被道路、建筑物截断，不能与主河道连通，水资源无法互济，不能有效利用，不能有效促进水环境的净化作用发挥和自净能力提高，不利于形成良性循环的、健康的生态系统。②河道生态系统严重退化，生态服务功能下降，湿地自净功能降低。妫水河流域内仅新城段和三里河进行过生态治理，但由于治理理念落后、管理不善等原因，目前这两处河段均存在植被配置单一、湿地水质净化功能低下和景观功能退化等问题。其余河道植被杂乱，且存在违建、垃圾侵占等现象。③水生植物残体清理不彻底，新城段水体富营养化严重。在江水泉公园和东、西湖等水域中，种植了大量芦苇等净水植物以改善水质，但没有完全收割清理，植物腐败后回到水体中，水中污染物长期积累，在较高的温度和充足的光照下，藻类繁殖速度大大增加，导致水体富营养化加重。

针对妫水河流域面临的问题，基于妫水河流域水环境功能区划要求，结合河长制的推行，加强流域水质目标管理，完善流域污染物控制制度，进一步提升了流域水环境监管和水质保障手段。

8.3 系统解决方案

8.3.1 总体方案框架

综合示范区设立的核心在于"综合示范"，其宗旨是由单一技术应用和单项工程示范转为从流域视角，综合源头控制、过程阻断和末端修复等多项技术和工程，形成相互支撑的技术链条和整装成套技术体系，产生整体区域生态环境效应。妫水河综合示范区应符合永定河一级支流、山区季节性河流生态环境改善的实际需要，科学合理确定妫水河综合示范区的功能定位，更好地服务于世园会及冬奥会等重大活动的举办。妫水河综合示范区功能定位如下。

1）水源涵养功能。妫水河是北京重要的水源地，需加强水源保护和生态涵养工作，严格控制区域内的面源污染产生和入河，并构筑京西北绿色生态廊道，提高河道生态流量。

2）水质保障功能。妫水河综合示范区是举办2019年世园会与2022年冬奥会的所在区域，水质标准等级高，加之"水十条"中各项要求与任务措施均以水环境质量提高为目标，因此，应结合流域水质目标管理内容，以控制单元的治理方案促进流域水质保障功能整体提高。

3）生态支撑功能。妫水河是北京市西北部重要的生态屏障，应以生态保育为前提，开展受损生境的生态修复工作，加强水系干支流连通，提升区域内的生态系统完整性和生物多样性。

妫水河综合示范区建设过程中产出了一套整装成套技术，三项关键技术和若干支撑技术。山区季节性缺水河流源头至末端全过程水质水量协同提升整装成套技术旨在解决典型山区季节性缺水河流水资源、水环境及水生态提升同类型问题，整体体现水量水质协同改善的实施成效。基于妫水河流域特征的流域水质目标管理、面向山区季节性河流多水源生态调度及水质水量保障、妫水河流域农村面源污染综合控制与措施精准配置和基于水质、生态、景观整体提升的河流-湿地生态连通体系构建等关键技术在"十一五""十二五""十三五"研究基础上实现了技术瓶颈的突破，科学指导妫水河综合示范区的工程建设。

通过综合示范区的集成示范，实现妫水河生态流量提升10%、面源污染控制率达到70%、入河污染物削减30%以上、土壤侵蚀模数降至200t/（km²·a），示范区湿地出口断面主要水质指标达到地表水Ⅲ类标准（COD≤20mg/L、氨氮≤1mg/L、总磷≤0.2mg/L、溶解氧≥5mg/L）等治理效果，同时满足谷家营考核断面水质达到"水十条"要求，全面保障妫水河世园会及冬奥会水质水量安全。

同时，妫水河综合示范区通过整合等流域内污染防控的各类技术手段和管理制度，实现区域水生态环境的整体提升，并可将妫水河综合示范区的治理模式推广到同类型流域的生态环境治理工作中，综合示范区解决方案总体方略如图 8-13 所示。

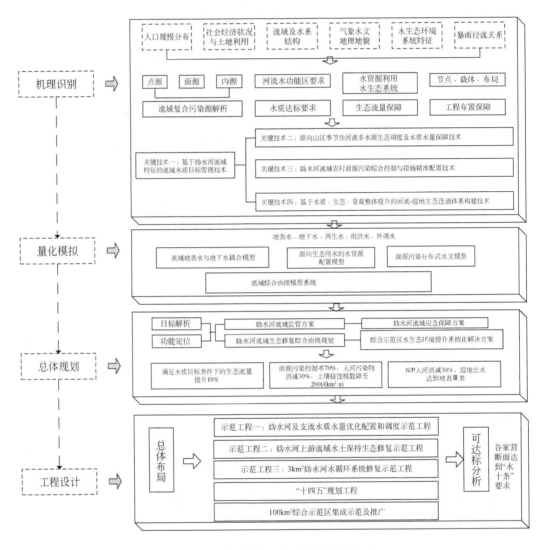

图 8-13 综合示范区解决方案总体方略

8.3.2 污染物管控方案

(1) "河长制"管理

以河长制为抓手，调动多方力量参与水务建设。充分利用河长制强化党政同责、强调流域治理属地责任、覆盖全面、统筹协调能力强的优势，通过市、区级河长督导、加强考核等措施，推动水环境综合治理，特别是要进一步加强河道排污口整治、垃圾堆放等面源污染治理，有力推动水环境改善和保持，确保重要河湖水功能区水质达标率等约束性指标实现《规划》目标，满足人民群众对良好水环境的期待。

2020 年妫水河流域包括各条支流已全面推行河长制，重点对流域周边饭店、别墅区，流域农村污水、垃圾、畜禽养殖污染等进行监控，根据现状调查情况及管理需要，制定负面清单，对建设项目管理、土地开发利用管理、工农渔业管理、旅游业管理、污染物控制、剧毒物管理、限制网箱养鱼等提出明确的管理要求，完善监管职责，明确奖励及惩罚条款，加大监督管理力度。

河长制制度的推行进一步与水质目标管理相结合，进一步落实污染源责任主体，压实属地责任，为全面推行"河长制"提供了技术支撑。

（2）应急管理和管控

针对妫水河流域内潜在的油污泄漏、有机污染物排放、工业事故、面源污染、火灾、洪水等突发性事件，为提高流域突发事件的应对能力，在进行应急能力建设的同时，应不断提升妫水河流域应急管理能力。2020 年完成了妫水河流域应急预案编制、成立应急抢险大队。通过定期进行应急演练，可以及时有效地对突发事件进行处理，保障妫水河流域生态安全稳定。

（3）生态清洁小流域改善措施

1）地下水污染防治。

采取分散处理、导污截污、临时治理等多种手段，综合整治非正规排污口污水直排，杜绝新增非正规排污口，强化属地责任，遏制生活污水对地下水的污染；进一步调整畜牧业产业结构，合理控制水污染物产生总量，实施养殖设施综合改造，提高防渗防漏能力，减少地下水污染风险；污水处理厂严格执行排放标准，严格控制再生水灌溉对地下水污染。

2）农田面源污染防治。

推广测土配方施肥技术，实施土壤培肥地力工程，控制化肥用量，改善土壤团粒结构。推广生物、物理防治和科学施药技术，提高生物农药使用比例，减少化学农药施用量。

3）雨洪水综合利用。

充分利用公园、停车场、居民区、绿化带等设施，建设透水砖、下凹式绿地、雨水花园、植草沟等雨水吸纳、蓄渗和利用工程，打造"海绵小流域"，在提高雨洪水综合利用的同时，通过过滤等方式减少面源污染迁移。

8.3.3 "三水"协同治理方案

8.3.3.1 北方山区河流生态基流保障的多水源配置和调度技术

（1）妫水河生态基流计算

建立针对季节性河流的水文学的河道生态基流计算方法。季节性河流具有水量分布严重不均匀、季节间径流量变化较大、丰水期径流量远高于枯水期的特点，在传统的水文学方法计算丰水期和枯水期河道内生态系统的最小需水量的基础上，采用地表水、土壤水、地下水、河道水耦合模拟技术联合分布式水文模型进行径流还原的生态基流计算方法，可以更加合理地指导季节性河道需水量计算，为针对性地设定水质水量调度目标提供新的方法。

（2）水质水量调度模拟预测模型开发

建立基于 SWAT 分布式框架的小流域水质水量调度模拟预测模型。该模型基于 SWAT 分布式框架，将地表水、地下水、河道多动力场耦合，结合HYDRUS、MODFLOW、EFDC 模型对土壤水、地下水、地表河道水进行模拟，代替 SWAT 中原有的计算模块，提出基于亚松弛技术的土壤水动力学改进收敛算法以及变量传递优化算法，以及考虑多年土地利用类型变化的基本计算单元，形成一套完整的动力学过程的地表水地下水河道多场耦合模型，准确模拟不同调度情景下水质水量变化情况，指导水质水量调度技术工程实践应用。

（3）多水源水质水量联合调度

开发适合于保障山区小流域水质目标和生态基流的多水源调度方案。基于流域面积小、北方山区季节性河流、水资源严重短缺等特征，根据流域水质目标和生态基流要求，结合流域水环境退化机制、水污染源解析、污染物排放量与限值、区域地表水-地下水-河道多场耦合模型等研究成果，以优先使用再生水、充分利用地表水，合理利用外调水为原则，对流域内可调水水资源进行优化配置和调度，实现保障山区小流域水质目标和生态基流的目标。

在综合示范区内大力推广应用再生水利用技术与措施。城镇居民大力推广节水器具，中心城区普及率达到100%，其他地区达到90%以上；工业用水重复利用率达到80%以上，优先安排利用非常规水源和推进焦化、化工、冶金等高耗水企业废水深度处理及回用；农业上大力推广节水灌溉技术，水的有效利用率达到0.75以上；污水处理厂处理后的尾水全部回用，用于工业、农业灌溉、生态和城市用水。

山区小流域季节性河流多水源生态调度及水质水量保障关键技术成果示范。示范河段为妫水河东大桥水文站至官厅水库，长度为20km。妫水河的调水水源主要包括外调水（白河堡水库水）和再生水（城西再生水厂出水）。丰水期和枯水期调度方案分别按白河堡补水从 $0 \sim 2m^3/s$ 的不同情景开展水质水量模拟，根据水质水量同时满足考核指标要求，得到不同情景的多水源调度方案，并对调度方案进行模拟优化得出不同时期最佳方案。开展示范工程第三方监测，对妫水河生态流量提升效果进行评估。

（4）依托工程项目

延庆区的"十三五"水务规划中指出构建新城"一轴、一环、一网、两组团"的水系格局，为延庆世园会、冬奥会打造"湿地绕城、水系互联"的优美水环境。为此，延庆区规划建设了多项水环境整治工程，包括排水、雨水与再生水利用工程、河道治理工程以及水体循环工程。在此基础上，"十四五"时期继续规划了河道治理和水体联通工程，这些工程，可为实现水资源合理配置，提高生态用水提供保障。

8.3.3.2 妫水河流域农村面源污染综合控制与措施精准配置技术

基于"面源污染控制、经济发展、生态效益提升"多个目标，从宏观尺度上确定了张山营小流域生产空间、生活空间和生态空间面积和空间布局。针对生产、生活、生态不同空间，分别进行不同层次面源污染防治技术布设和集成，实现宏观空间格局与微观具体措施协同防控的技术体系。

（1）农村污水治理

按照因地制宜、集中与分散相结合的原则，推进污水处理设施建设，通过城带村、镇带村和联村合建等模式推进农村地区治污。实现全区污水处理设施全覆盖，城乡接合部、集中饮用水源地、妫河两侧1km和重点民俗旅游村有污水处理设施，再生水厂数量和处理规模显著增加的总体格局。

委托运营张山营镇再生水厂，配套建设污水收集和中水回用管网 206km。建成后新增污水处理能力 0.71 万 m³/d，各镇中心区及周边村庄污水实现统一收集、统一处理。

结合延庆区美丽乡村专项行动，开展西羊坊、晏家堡、勒家堡、丁家堡、辛家堡、田宋营、吴庄、龙聚山庄、上阪泉、下阪泉、小河屯村 11 个村庄污水治理工程，并对小河屯景观格局进行升级改造，建设美丽乡村。

（2）生活垃圾处置

综合示范区生活垃圾治理按照"资源化、无害化、减量化"的模式，"源头减量与末端治理"的原则，在有条件的区域建立农村"户分类—村集中—镇转运—集中处置"的固废整治模式，积极完善农村固废分类收集基础设施。对于条件不能满足"分类收集、分类处置"的区域，积极开展生活垃圾集中收集和处置工作，尽量做到生活垃圾零排放。

综合示范区范围内村（镇）垃圾，全部实施自行分类收集和密闭转运，完善垃圾收集设施，增加管理运行人员。按户籍统计每户配备 2 个户用桶；常住人口每 20 个人配备一个垃圾箱、每 100 个人配备 1 个垃圾收集员和 1 辆农用三轮车；每个自然村设垃圾集中堆放点 1 处；每个行政村配置一辆载重 3t 的垃圾密闭转运车。推动建立"户分类、村收集，镇转运，县处理"的垃圾处理模式。

（3）清洁小流域建设

延庆区生态清洁小流域建设涉及 3 个项目，分别为京津风沙源小流域综合治理工程、生态清洁小流域综合治理工程和国家水土保持重点建设工程。治理小流域总条数为 28 条，治理总面积为 258km²，生态清洁小流域达标率达到 62.7%。2015~2022 年围绕世园、冬奥赛区治理小流域 21 条，治理水土流失面积 237km²。其中，综合示范区内建设 11.5km²。

（4）"三生"空间治理

构建妫水河流域的山水林田湖草空间格局优化模型，基于"面源污染控制、经济发展、生态效益提升"多个目标，从宏观尺度上确定小流域生产空间、生活空间和生态空间面积和空间布局。针对生产、生活、生态不同空间，分别进行不同层次面源污染防治技术布设和集成。示范区小流域生产空间主要为农业生产，在农业生产中发展水肥一体化技术，削减肥料使用量并布设节水灌溉措施，在农田及附近沟道布设台田雨水净化技术、林下渗滤沟、农田沿线渗滤沟、道路生态边沟等农田集成防控技术，实现农业面源污染措施拦截过滤；针对生活空间，结合延庆区"三年治污行动计划"和"新三年治污行动计划"逐步实施，在村庄污水得到合理收集处理的同时，集成村庄绿化环境改善、村庄雨洪水梯级收集过滤等技术，控制生活空间面源污染源；针对生态空间，进行生态湿地过滤拦截、水质原位强化生态修复、河道沟岸灌木带等技术集成，实现农村面源污染综合防治技术集成与精准配置。结合生产、生态和生活三大空间，着力打造集面源污染控制、水土保持生态修复、雨洪管理等多功能于一体的"冬奥小镇"，在满足冬奥会及世园会水质要求的同时，大力提升示范区村容村貌，促进冬奥会及世园会周边乡村旅游的发展。实现示范区面源污染控制率达到70%、入河污染物削减30%以上、土壤侵蚀模数降至200t/（km² · a）。

根据优化后的山水林田湖草空间格局进行措施布局，同时基于实验获取的各项措施的标准进行了措施布设，具体见表8-9。

表8-9　示范工程措施布设表

空间位置	布设位置	布设措施
生态空间	蔡家河上游	微生物固定技术+水生植物
		循环再生生态护底
	小河村南	村南湿地区环境整治
生产空间	小河屯村果园	林下生态植草渗滤沟
		台田雨水净化
	小河屯村果园/农田	水肥一体化
	蔡家河上游	农田沿线渗滤沟
		道路生态边沟雨水净化技术
		沟岸灌木带
生活空间	小河屯村	污水收集处理
		畜禽禁养
		村庄绿化治理及改善
		村庄雨水收集及泉水利用
	田宋营村	疏导村庄排水入河

8.3.3.3　微污染水体生态修复与湿地群连通水质保障技术

（1）水系连通构建

循环系统总体布局为：利用现有城北循环管线，从妫水河干流提水，通过

22.6 万 m² 的三里河潜流湿地净化后，分为两个支路，分别为三里河支流和妫水河城区段湿地补水。循环水总量为 0.8m³/s，其中，0.4m³/s 进入三里河，0.4m³/s 沿 G6 辅路右侧边沟流入龙庆路暗沟，自妫水河桥西侧进入妫水河。根据以上循环路由，制定总管循环水潜流湿地净化处理，支路表流湿地净化的水质净化工艺。水循环系统将三里河、明渠及妫水河串联，让妫水河（世园会段）水系"活"起来，加上新建潜流湿地和完善河道及沟渠表流湿地的多重净化，保证延庆城区河道及沟渠水质达到地表水 Ⅲ 类标准，见图 8-14 和图 8-15。

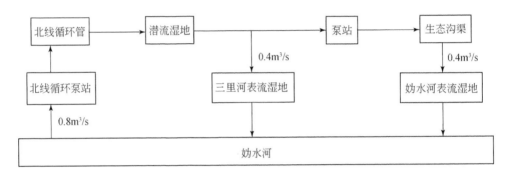

图 8-14　妫水河（世园会段）水循环系统水量分配图

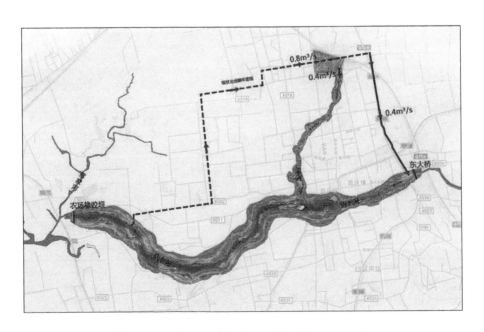

图 8-15　妫水河（世园会段）水循环系统示意图

（2）滨水空间修复

1）河流岸坡修复：主要任务是左岸修建生态护坡，护坡以阶梯式为主，并以可恢复性植被作为护坡景观在岸坡上铺设水平沟、渠，用于坡面雨水收集和综合利用。右岸构建自嵌式生态砼挡墙、格宾网箱生态护坡。

2）构建草灌生态缓冲带：在妫水河河岸至水面范围进行生态修复，沿高程自上而下构建灌木、草和湿生植物，恢复库滨带的完整性和生态拦截净化功能，修复面积为 3000hm^2。

3）生态防护林：在妫水河流域河岸范围内，完善生态防护林建设，在风化、水土流失严重区域构筑绿色屏障，达到防风护沙、保持水土的作用，新建防护林采用多种树种配置、乔灌立体结合的建设模式。延庆区境内生态防护林建设较为完善，对妫水河流域内已建的、达到更新采伐年龄的生态防护林，从经济效益、生态效益等多角度出发，应及时进行防护林采伐更新，推动建立生态防护林更新砍伐机制。

（3）多类型湿地建设

1）妫水河河口表流湿地：为保障妫水河水质，增加河道景观及河道亲水功能，在日上桥建设表流湿地。利用现状河道，经边坡整理、河道平整，在河道设置水面，形成 1.69hm^2 的河道湿地。河道湿地主要按自然坡岸进行整理，河道中间为水面，不进行种植，水底为轻缓微地形，形成水深的不同变化，同时宽度也具有变化，形成水体流速不同的河道湿地，利于生物多样性培育及水质净化功能的发挥。边岸区域种植水生植物，面积 0.37hm^2。

2）三里河潜流湿地：位于孟庄村东侧，现状地形由京包高速、北新路与三里河围成的区域，呈不规则多边形，分为面积相当的六个分区，形成"田"字结构，各分区可独立运行。六个分区统一布水，在北侧三个区与南侧三个区之间设置布水管，水源总管自南侧四、五中间接入布水总管，利用现状循环水剩余水头完成湿地布水（图 8-16）。北侧三个区湿地总体水力流向为自南向北，出水由北侧出水管收集，南侧三个区湿地总体水力流向为自北向南，出水由南侧出水管收集，均自西向东流入湿地东侧三里河。湿地总面积 22.6hm^2，其中，湿地净面积 19.0hm^2，道路面积 3.6hm^2。

3）妫水河（世园会段）表流湿地：东起妫水河干流日上桥，西至农场橡胶坝，在 12km 妫水河沿线布设浅水湾、生境岛、景观节点，形成"水质、生

图 8-16　三里河潜流湿地平面布置示意图

态、景观"综合提升技术展示区。共种植水生植物 33.7hm^2，其中，挺水植物 21.8hm^2，包括芦苇、荷花、千屈菜、菖蒲、水葱和鸢尾等；沉水植物 11.9hm^2，包括金鱼藻、狐尾藻、苦草、微齿眼子菜、轮叶黑藻等。针对世园会对景观高标准要求，以"生态环境保护措施美化水景观"的设计理念，基于不同空间景观格局定位，重点突破景观设计的生态化技术，通过植物色彩配比、植物色彩季节变化等特点进行形象设计和植物配置优化。在生境岛屿设计上考虑了乔灌草结合；通过筛选红黄蓝白色系水生植物，将世园会会徽标识植入 1600m^2 的生态浮岛景观设计，作为世园会核心区的标志性节点，大大提升了世园会段水景观的国际形象，现状如图 8-17 所示。

图 8-17　妫水河（世园会段）表流湿地现状图

（4）关键技术与实施效果

关键技术：河流生态修复与生态景观综合提升技术。该技术主要包括两个部分：一是河流生态修复适用湿地植物群落配置系统，该系统基于妫水河地形地貌、气候条件、水质特征、生态功能等进行横向分区分段，根据河流的水深、土壤基质种类、河岸带宽度、景观功能需求等纵向生境特征进行水生植物种类和修复模式确定。构建了1套水生植物配置系统。共收录水生植物415种，隶属108科、249属，可通过植物色彩配比、植物色彩季节变化等特点进行形象设计和优化。二是河流湿地群水动力-水质模型系统。研发的湿地水质模型中综合考虑水生植物的阻流作用，植物对水体溶解氧提升作用，植物对水体污染物生物降解作用，以及植物生长吸收作用，耦合河流水体的动力过程，实现了湿地植物空间分布、类型、密度等布局下，有机结合水量变动过程，河流湿地水质响应过程的模拟。利用该模型能够指导示范区河流湿地群的构建，大大提升循环系统水体流动性、激活河流湿地功效和潜能，提升水体净化能力，为湿地修复、水量调控、水系连通等综合措施下的湿地设计、优化、及效果评估提供技术支撑。

"十三五"期间，通过实施妫水河世园段水生态治理工程、延庆新城北部水生态治理工程等依托工程，不仅打造了"春有迎春、夏有荷花、秋飘芦花、冬赏雪景"妫水河多样的四季景观，而且，妫水河谷家营断面水质平均达到Ⅲ类水平，有力保障了世园会的成功举办。

(5) 依托项目

为保障妫水河综合示范区的实施成效，为冬奥会胜利召开创建良好的水生态环境提供支撑，"十三五"和"十四五"期间规划实施工程见表8-10。

表8-10　实施效果保障依托项目

序号	项目名称	说明	实施阶段
1	妫水河世园段水生态治理工程	建设地点位于延庆新城西部，起点为日上桥，终点为农场橡胶坝段。建设规模及内容：水生态治理河道12km，维护水面积310hm²	"十三五"期间
2	延庆新城北部水生态治理工程	建设地点位于延庆新城北部。建设规模及内容：三里河潜流湿地位于八里庄村东侧，京包高速、北新路与县014公路围成的三角形区域，总面积22.6hm²，处理规模7.0万 m³/d；妫水河河口表流湿地工程范围沿妫水河日上桥至妫水河公园东湖，面积8hm²；生态沟渠工程上起米家堡桥，沿G6辅路向下至妫水河暗渠，全长共2.04km	

续表

序号	项目名称	说明	实施阶段
3	佛峪口河水生态廊道建设工程	正在建设,预计2020年12月完工	
4	妫水河南部水系连通工程	已完成前期手续,正在协调市发展改革委立项	
5	平原河道综合整治工程	重点解决小张家口河、帮水域河等河道线位被占压问题,对几乎没有河形的河段进行疏挖,确保行洪通道畅通	
6	河湖水生态空间划定及管控规划编制	2021年底前完成	"十四五"期间
7	妫水河"一干九支"水系连通工程	以白河水库南干渠为纽带,实施妫水河"一干九支"水系连通,优化调配水资源,构建区域河道-湖泊-绿地长藤结瓜的生态空间	
8	妫河生态走廊景观提升工程	妫水河两岸实施景观林提升项目,构筑水源保护林带,对原有景观林进行提升,对湿地进行恢复。结合生态景观,科学布置沿线景观节点,建设永妫河生态走廊景观带,修建景观栈道,增强水岸绿地的通达性,打造景观优美的休闲场地	

8.3.4 生态清洁小流域运行管护方案

8.3.4.1 小流域管护标准

对本工程生态修复区的管理,应达到"六不准"的要求:不准施用化肥、不准施用农药、不准倾倒垃圾、不准养殖、不准耕种、不准开矿。通过严格的管理,使生态修复区内封禁治理措施有效地发挥作用,加强林草植被保护,保持土壤,涵养水源。

对本工程生态治理区,应明确责任人,对相关措施进行合理管理。保证边坡防护、村美等苗木的存活和定期补植,合理施用面源污染控制剂,对垃圾定期清运,确保村庄环境整洁,无乱堆乱放垃圾现象,加强对新建公共设施的保护工作,保证各项工程措施正常发挥效用。

对本工程生态保护区的管理,应加强对河道的监督工作,保证达到无乱占河(沟)道现象,无乱采砂石现象,无垃圾堆放,确保河道行洪安全。

其他工程措施：正常运行，防止人为损坏，确保工程长期发挥效益。

8.3.4.2 小流域管护内容

(1) 水土保持设施的日常管护

加强流域内污水处理设施的监管，发现问题及时整改，确保设施正常运行、处理后水质能够达标排放；加强村庄（包括村内和村外）环境保护，定期检查垃圾清运情况，杜绝垃圾的乱堆乱放；加强对梯田、经济林与河岸库滨带等区域的维护管理，发现毁坏及时维修，确保小流域治理措施能够持久发挥效益；监督流域内面源污染防治措施运行情况，减少化肥和农药使用量，减少养殖污染。

(2) 水土保持违法行为的日常监管

对生态清洁小流域要加强日常巡视力度，杜绝毁林开荒现象发生，严格落实区域内开发建设项目水土保持设计、施工、监理、竣工与验收各阶段的水工保持措施。

(3) 生态清洁小流域监测

作为生态清洁小流域建设后期运行管护的重要组成部分，通过小流域内水质监测、水土资源监测与经济社会状况调查等措施，可以及时掌握生态清洁小流域各项关键指标在治理前期、中期与后期的变化，为生态清洁小流域建设提供重要的信息支持。

8.3.4.3 小流域管护主体与职责

(1) 管护范围与主体

本工程的管护范围包括：本次工程新修建的工程、林草措施与小流域内已存在的各项水土保持措施，并加强对沟道、垃圾处置、污水排放等的监督。

根据行政村管理的范围，以村委会为产权责任主体，落实垃圾、污水收集处理设施及其他工程的产权责任，流域所属的乡镇水务站负责监督管理工作。

(2) 小流域管护的组织形式

小流域综合治理工程完成后，由县镇水保部门与村委会签订小流域设施管护责任书，依据实际情况制定管护规章制度，制定乡规民约，并聘用村内相关人员，对小流域进行管护，建立完善的小流域管护制度。

（3）小流域管护职责

对于群众直接受益的农田化肥控制措施等工程由受益农户负责管护；县、镇政府重点负责小流域沟道维护、污水处理和生活垃圾处置等公共设施的运行监督及管护。

各项措施的管护责任由措施所在行政村负责，每个行政村共设两名管护人员，连续管护 3 年。

8.3.5 冬奥会水质安全应急保障方案

8.3.5.1 预防预警

冬奥会水质安全应急保障工作的重点是风险防控，加强预防预警，避免突发性水污染事件发生，坚持"预防为主，防控为重，防患于未然"。

（1）风险防范措施

白河堡水库和佛峪口水库为水华低风险区，持续推进生态系统建设。

推进白河堡水库、佛峪口水库封闭化管理，加强旅游人员的管理，严防人为造成的突发性污染事件发生。

在冬奥会期间，禁止佛峪口水库周边及佛峪口沟沿岸道路危化品车辆行驶，限行路段为：库区周边 X012 县道（京银路-松山大桥段）、佛峪口沟沿岸松阎路、松闫路；加强旅游人员管理，并设置奥运专用道路、公交线路及公交场站。禁止白河堡水库周边及上游 10km 白河沿岸道路危化品车辆行驶，限行路段为：白河堡水库库区周边 S309 省道、S312 省道；加强库区旅游人员管理。

（2）监控预警措施

在白河堡水库和佛峪口水库高风险区、取水构筑物等关键节点加强监控和巡查-警戒视频监控。

佛峪口水库监控区域：佛峪口沟上游至佛峪口水库出库口区段的佛峪口沟及佛峪口水库两岸区域。以佛峪口水库入库口以及"冬奥会延庆赛区造雪引水及集中供水工程"一级泵站为重点，设置警戒视频监控。

白河堡水库监控区域：白河堡水库入库口上游 10km 白河两岸区域及白河

堡水库沿岸区域。以白河堡水库引水涵洞上游沿岸高速公路和佛峪口水库引水起点调节池/提升泵站为重点。

冬奥会期间佛峪口水库、白河堡水库重点防控区域如图 8-18 所示。

图 8-18　冬奥会期间佛峪口水库、白河堡水库重点防控区域

8.3.5.2　应急处置

（1）建立冬奥会应急响应组织体系与管理机构

建立完善的应急响应组织体系，成立应急领导小组全面负责应急管理工作。成立应急协调组、应急监测组、现场处置组、应急物资保障组和后勤支持组，并聘请高级职称人员成立专家顾问组，形成体系完整的应急组织，储备应急物资与人才建设，保障冬奥会期间水质安全。

（2）明确应急处置程序

污染事件发生后，应急响应流程如图 8-19 所示。

（3）突发水污染事件应急处置

充分利用已有水利设施和水处理设施（表 8-11），确定"联合调度、协同处置"的应急处置思路。

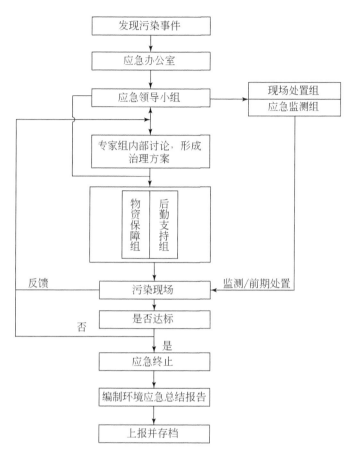

图 8-19　冬奥会水质保障应急流程图

表 8-11　冬奥会水质保障应急处置策略

污染位置	拦截位置	污水暂存地	处置位置	冬奥会水质保障方案	冰封期应急处置适用技术
佛峪口水库	库区下风向	库区	出库口前	暂停佛峪口水库直接供水，由白河堡水库直接供水，保障冬奥会用水需求	（1）散冰、块冰、薄冰情况下：污染下游拦截，以吸附、化学方法为主，进行净化处理。（2）结成厚冰：冰上作业，原位或异位处理污染
白河堡水库	库区下风向	库区	出库口前	暂停白河堡水库直接供水，由佛峪口水库直接供水，保障冬奥会用水需求	
佛峪口沟上游	佛峪口沟	佛峪口沟内	佛峪口水库入库口前		
佛峪口沟下游	佛峪口沟	佛峪口沟内	官厅水库入库口前、入库口湿地		

续表

污染位置	拦截位置	污水暂存地	处置位置	冬奥会水质保障方案	冰封期应急处置适用技术
白河堡水库上游白河	白河	白河内	白河堡水库入库口前		
佛峪口水库引水起点	调节池	调节池	香营乡污水厂	先暂停白河堡水库和佛峪口水库输水,将调节池污染水更新后恢复输水	
冬奥会引水一级泵站前池	前池	前池	张山营镇污水处理厂站	先暂停白河堡水库和佛峪口水库输水,将前池污染水更新后恢复输水	

冬奥会期间突发污染应急处置可利用的污水处理设施见表8-12。

表8-12   冬奥会应急处置水处理设施

序号	主要处理站点	最大处理能力 /(m³/d)	实际处理量 /(m³/d)	可接纳处理量 /(m³/d)
1	张山营镇污水厂一期	2600	1820	780
2	张山营镇污水厂二期	7050	2021 年建成	7050
3	香营乡污水厂	1000	700	300

（4）应急保障

落实冬奥会水质安全应急保障工作责任制度,编制延庆赛区冬奥会水质安全应急保障预案,并开展学习与演练活动。储备应急物资,针对典型的重金属、有机毒物、油类等泄漏风险,储备必要的应急物资,并建立供货商名录,以保障物资充足供应。加强水质污染应急保障队伍建设以及资金保障。

8.4   综合示范区生态监测

8.4.1   定期水质监测

2017～2020 年,对示范区建设前后流入妫水河水域的污染源进行控制、监测，开展水域的定期水质调查和异常水质的控制，并采取各种保护措施保证水质达到标准限值。

（1）监测点位选择

在妫水河流域内从上游到下游选取设置了共计7处监测断面（图8-20），包括白河堡水库出库口（116°9′9.97″E，40°38′1.88″N）、白河堡水库入妫水河处（116°7′30.04″E，40°30′43.59″N）、延庆新城区排污上游100~500m处（116°0′9.31″E，40°27′39.28″N）、延庆新城区排污下游500~1000m处（115°58′25.15″E，40°27′11.02″N）、城西再生水厂排污口下游500~1000m处（115°55′5.95″E，40°26′17.54″N）、谷家营断面（115°53′9.83″E，40°27′5.26″N）和官厅水库入库口处（115°50′38.07″E，40°26′44.15″N），利用GPS导航定位监测断面采样点，确保每次采样地点相同。

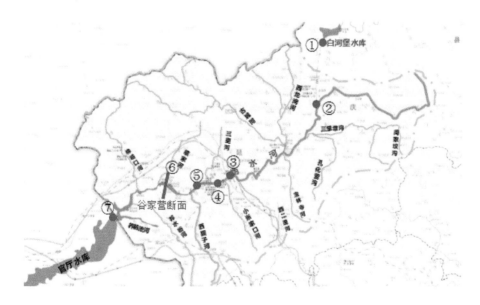

图8-20 水质监测断面布设示意图

（2）监测频次

在2017~2020年对示范区建设前后妫水河流域的7个点位进行持续监测，监测频率为平均每月三次。

（3）监测指标

基于《地表水环境质量标准》（GB 3838–2002），对妫水河流域监测点位进行包括温度、氧化还原电位、pH、溶解氧、COD、BOD$_5$、氨氮、总磷以及总氮等多项水质指标的监测，水质测试方法见表 8-13。

表 8-13　水质测试方法

监测指标	测定方法
COD	快速 COD 测定仪
氨氮	纳氏试剂光度法
总氮	$K_2S_2O_8$ 消解—紫外分光光度法
总磷	$K_2S_2O_8$ 消解—钼锑抗分光光度法
BOD_5	稀释与接种法
温度	便携式多参数测定仪
氧化还原电位	便携式多参数测定仪
溶解氧	便携式多参数测定仪
pH	便携式多参数测定仪

（4）水质监测方案考核指标

保证谷家营断面主要水质指标控制目标达到《国家地表水环境质量标准》（GB3838-2002）Ⅲ类，其中 COD≤20mg/L、氨氮≤1mg/L、总磷≤0.2mg/L、溶解氧≥5mg/L。

通过实施综合示范区水质监测方案，及时对各个监测点主要水质污染指标从 2017~2020 年实施跟踪监测与分析，将示范区建设前后水质变化情况与各个示范工程的建设进程及涉及的技术成果的关系进行积极响应分析，将研究的关键技术及时进行工程规模验证与适用性调整，保障世园会核心区和冬奥会水质水量安全。

8.4.2　降雨工况水质监测

在综合示范区建设前、过程中、完成后分别开展了降雨工况监测，于 2018 年、2019 年、2020 年的 7 月与 8 月期间对典型降雨工况进行水质跟踪监测，评估综合示范区内生态修复治理工程对雨水污染的抗冲击性。

（1）监测点位选择

在妫水河流域内从上游到下游选取设置了共计 5 处监测断面，包括白河堡水库入妫水河处（116°7′30.04″E，40°30′43.59″N）、延庆新城区排污上游 100

~500m 处（116°0′9.31″E，40°27′39.28″N）、延庆新城区排污下游 500~1000m 处（115°58′25.15″E，40°27′11.02″N）、城西再生水厂排污口下游 500~1000m 处（115°55′5.95″E，40°26′17.54″N）和谷家营断面（115°53′9.83″E，40°27′5.26″N），利用 GPS 导航定位监测断面采样点，确保每次采样地点相同。其中，重点监测断面为延庆新城区排污上游 100~500m 处（即东大桥断面）和谷家营断面。

（2）监测频次

在 2018~2020 年期间对示范区建设前后妫水河流域的 5 个点位进行典型降雨工况连续监测，频率为每年不少于 3 次。

（3）采样方式

根据天气预报，提前准备，分组抵达监测点位进行蹲点。从降雨开始计时，每 0.5h 或 1h 采集一次水样，并做水位流速等现场监测。采样直至降雨结束后 2 小时，或水位恢复到降雨前状态。

（4）监测指标

基于《地表水环境质量标准》（GB 3838-2002），对妫水河流域监测点位进行包括温度、氧化还原电位、pH、溶解氧、COD、BOD_5、氨氮、总磷以及总氮等多项水质指标的监测，水质测试方法见表 8-13。

（5）水质监测方案考核指标

保证谷家营断面主要水质指标控制目标达到《国家地表水环境质量标准》（GB3838-2002）Ⅲ类，其中 COD≤20mg/L、氨氮≤1mg/L、总磷≤0.2mg/L、溶解氧≥5mg/L。

通过实施综合示范区降雨工况水质监测方案，对各个监测点主要水质污染指标从 2018~2020 年实施降雨工况监测与分析，将示范区建设前后妫水河水质受雨水影响情况与各个示范工程的建设进程及涉及到的技术成果的关系进行积极响应分析，对综合示范区内生态修复治理工程对雨水污染的抗冲击性进行评估。

8.5 实现预期效益

通过综合示范区内的示范工程建设和示范带动，推动妫水河流域综合运用点源和面源污染控制、生态修复、妫水河生态基流提升等多种手段开展综合治理，最终实现谷家营考核断面水质达到"水十条"要求，保障妫水河生态基流和冬奥会水质安全。

建设面积 136.65km² 的综合示范区，出口断面主要水质指标达到地表水Ⅲ类标准（COD≤20mg/L、氨氮≤1mg/L、总磷≤0.2mg/L、溶解氧≥5mg/L）。同时水土保持生态修复技术实现面源污染控制率达到 70%、入河污染物削减 30% 以上、土壤侵蚀模数降至 200t/(km²·a)。生态基流保障技术提升生态流量 10%。

8.5.1 生态基流提升目标可达性分析

基于妫水河东大桥水文站近 30 年的水文监测数据，计算得出妫水河丰水期的生态流量现状值为 0.707m³/s，枯水期的生态流量现状流量为 0.272m³/s，通过技术成果示范应用，保证 4~9 月生态流量提升 10%，即丰水期生态流量达到 0.77m³/s，枯水期生态流量为 0.3m³/s，断流总天数小于 20 天。

目标一：改善妫水河谷家营断面的水质，考核断面主要指标（COD、氨氮、总磷、溶解氧）达到地表Ⅲ类水水质标准，需补充新水量为 2240 万 m³/a。

目标二：妫水河恢复到丰水期生态流量达到 0.77m³/s，枯水期生态流量为 0.3m³/s，断流总天数小于 20 天，需补充新水量为 1300 万 m³/a。

目标同时满足需补充新水 3500 万 m³/a，通过再生水利用、雨洪地表水利用工程措施应用、优化配置以及白河堡调水工程，可满足水量提升目标，示范工程建设前后生态流量提升核算如表 8-14 所示。

表 8-14 示范工程建设前后生态流量提升核算

序号	工程措施	水量/(万 m³/a)	水质	备注
1	节水措施	100	/	减少妫水河取水量
2	再生水利用	1000	地表Ⅲ类	城西再生水厂出水
3	雨洪水、地表水利用	1000	地表Ⅳ类	
4	地下水利用	0	/	由于需要回补地下水，不利用地下水
5	外调水利用	1400	地表Ⅱ类	
	合计	3500		

8.5.2 污染物管控方案效果分析

不同布局、组合条件下各类工程措施（植被缓冲带、林下植被渗滤沟、河流-湿地群生态连通水体净化修复）和非工程措施（农村综合整治）的污染物管控方案效果如表8-15所示。结果表明：COD在农村综合整治措施下的削减量最大，为66.28t/a，削减率为69.15%；氨氮在农村综合整治措施下的削减量最大，为0.92t/a，削减率为78.78%；总氮在农村综合整治措施下的削减量最大，为1.44t/a，削减率为78.84%；总磷在河流-湿地群生态连通水体净化修复中的种植被措施下的削减量最大，为0.53t/a，削减率为18.24%。详细结果如表8-15所示。

表 8-15 面向措施优化配置的妫水河流域污染物削减量

污染物	削减量/(t/a)					削减率/%				
	植被缓冲带	渗滤沟	河流-湿地群		农村综合整治	植被缓冲带	渗滤沟	河流-湿地群		农村综合整治
			种植被	种植被+循环系统				种植被	种植被+循环系统	
COD	38.66	50.17	45.23	45.36	66.28	66.73	68.04	13.9	13.96	69.15
氨氮	0.36	0.63	0.89	0.44	0.92	74.57	77.53	7.35	3.66	78.78
总氮	0.59	1.01	1.37	1.31	1.44	78.31	78.69	1.22	1.17	78.84
总磷	0.22	0.39	0.53	0.51	0.53	73.94	75.46	18.24	17.36	76.02

8.5.3 面源污染控制目标可达性分析

水土保持生态修复技术成果在张山营小流域开展示范工作，张山营小流域面源污染负荷构成主要为农村生活污水和畜禽养殖，通过技术成果推广应用并结合延庆区"三年"和"新三年"治污行动计划的逐步实施，共同实现消减面源污染源目标。

1）通过对张山营小流域内11个村庄（西羊坊、晏家堡、勒家堡、丁家堡、辛家堡、田宋营、吴庄、龙聚山庄、上阪泉、下阪泉、小河屯）污水进行收集处理，削减74.25%的农村污水污染。通过11个村庄生活污水处理，张山营小流域面源污染物负荷分别减少 18.32% 和 24.71%。

2）通过畜禽禁养政策执行，畜禽养殖场关停政策致使张山营小流域面源污染负荷减少 22.05%~57.24%。

3）施行施肥量削减与滴灌技术推广，使张山营小流域面源污染负荷减少 3.60%~15.07%。

4）基于山水林田湖草空间格局优化，面源污染控制增加 35%。

综上所述，通过源头控制（生活污水处理+畜禽禁养+生态台田-植草沟）-过程拦截（渗滤沟+雨洪水收集利用+植被缓冲带）-末端治理（生态湿地+水源地保护+河道护底）+景观提升，最终实现 COD 削减率为 78.20%，氨氮削减率为 73.50%，总磷削减率为 75.50%。

8.6　小　　结

建设面积 136.65km² 的综合示范区，集中示范妫水河生态基流保障的多水源配置和调度技术、妫水河流域妫水河上游流域水土保持生态修复技术、低温地区仿自然功能型湿地构建关键技术以及河流-湿地生态连通及微污染水体净化技术，综合示范区涵盖 10km² 的水土保持生态修复示范区、3km² 的妫水河水循环系统修复示范区，并结合城西再生水处理厂、妫水河世园段生态修复工程等依托项目建设，示范出口断面主要水质指标达到地表水 Ⅲ 类标准（COD≤20mg/L、氨氮≤1mg/L、总磷≤0.2mg/L、溶解氧≥5mg/L），保障世园会及冬奥会水质水量安全。

附　图

示范工程图册

示范工程（含示范区）整体布局

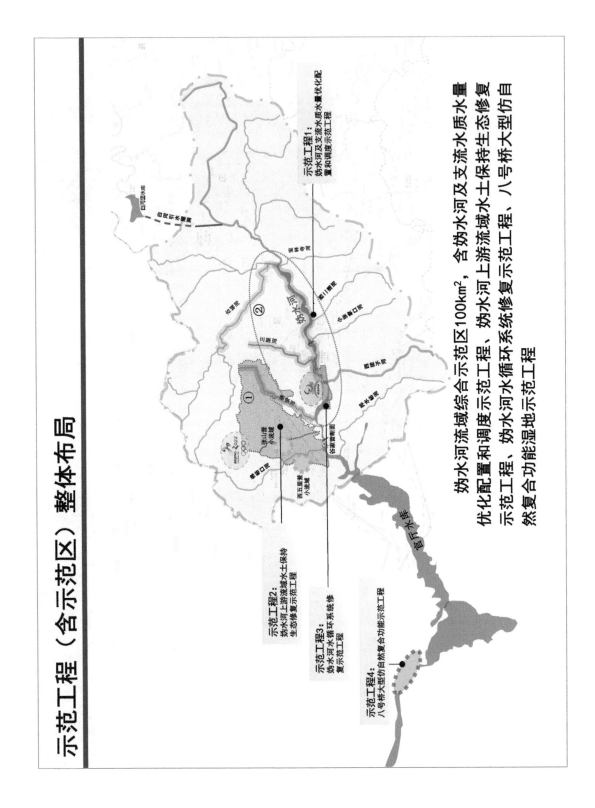

妫水河流域综合示范区100km²，含妫水河及支流水质水量优化配置和调度示范工程、妫水河上游流域水土保持生态修复示范工程、妫水河水循环系统修复示范工程、八号桥大型仿自然复合功能湿地示范工程

示范工程1：
妫水河及支流水质水量优化配置和调度示范工程

示范工程2：
妫水河上游流域水土保持生态修复示范工程

示范工程3：
妫水河水循环系统修复示范工程

示范工程4：
八号桥大型仿自然复合功能示范工程

妫水河上游流域水土保持生态修复工程示范

示范工程控制面积——11km²

示范工程：妫水河上游流域水土保持生态修复工程示范；

示范区域：张山营小流域，小流域面积为53.3km²；

示范技术：污染迁移路径留能力提升技术

　　　　　面源污染控制措施景观功能提升技术

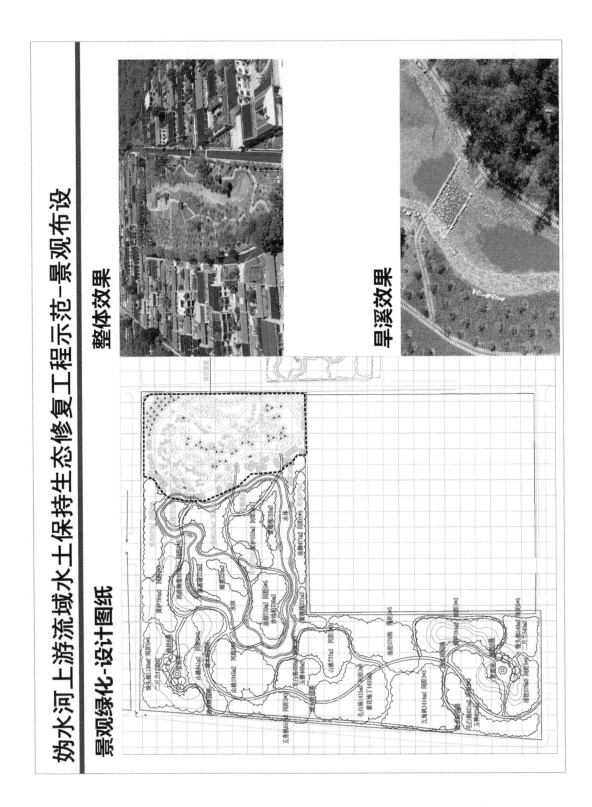

妫水河上游流域水土保持生态修复工程示范-景观布设

整体效果

旱溪效果

景观绿化-设计图纸

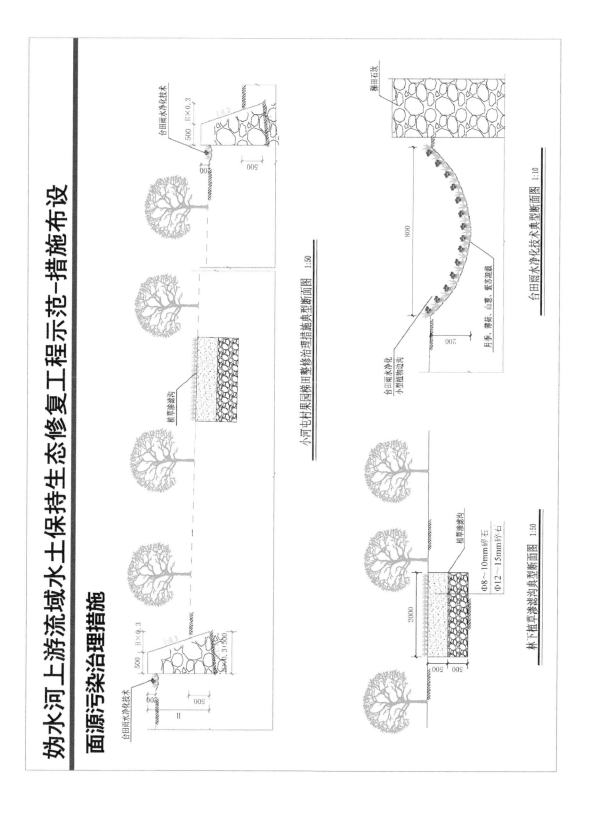

妫水河上游流域水土保持生态修复工程示范一措施布设

面源污染治理措施

台田雨水净化技术

台田雨水净化技术

小河屯村果园梯田整修治理措施典型断面图 1:50

台田雨水净化技术典型断面图 1:10

林下植草渗滤沟典型断面图 1:50

梯田石坎

台田雨水净化小型植物边沟

月季、薄荷、山葱、紫花苜蓿

植草渗滤沟

Φ8～10mm碎石
Φ12～15mm砾石

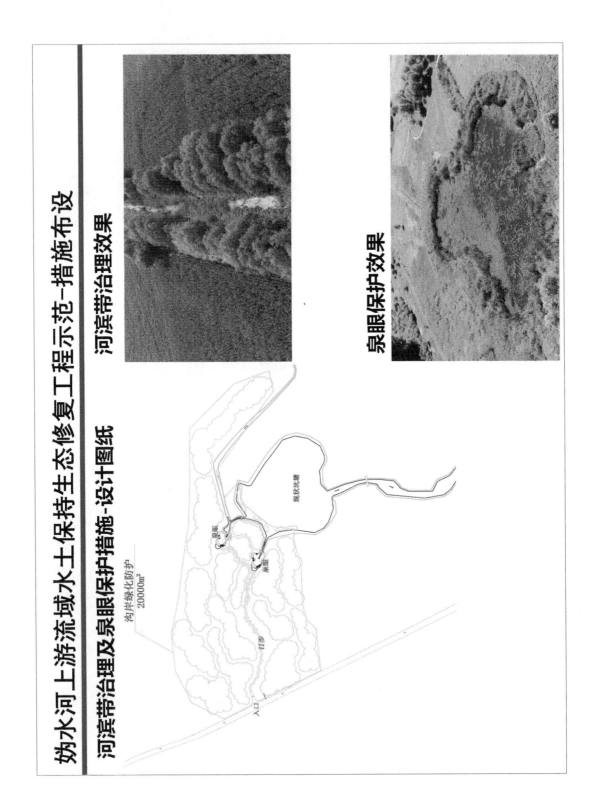

妫水河上游流域水土保持生态修复工程示范一措施布设

河滨带治理效果

泉眼保护效果

河滨带治理及泉眼保护措施-设计图纸

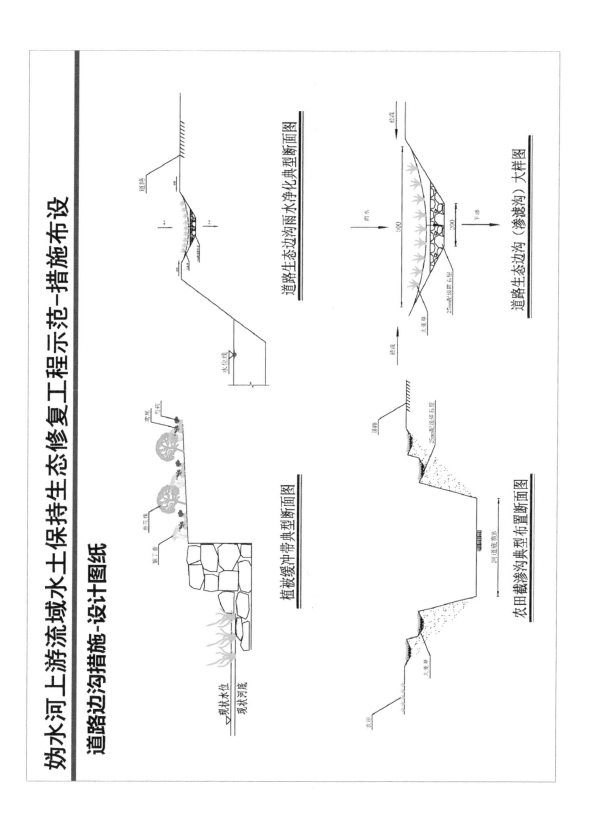

妫水河上游流域水土保持生态修复工程示范-措施布设

道路边沟措施-设计图纸

植被缓冲带典型断面图

道路生态边沟雨水净化典型断面图

农田截渗沟典型布置断面图

道路生态边沟（渗滤沟）大样图

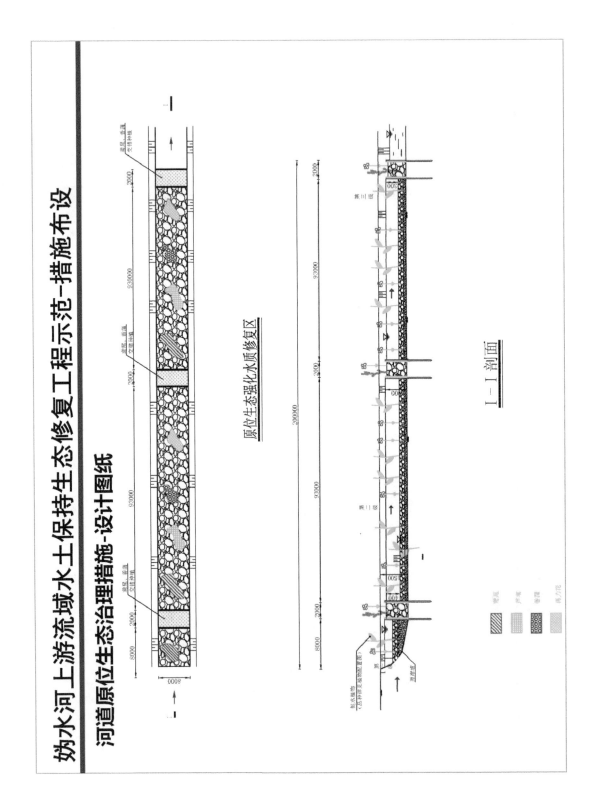

妫水河上游流域水土保持生态修复工程示范-措施布设

小流域实景图

妫水河及支流水质水量优化配置和调度示范工程

□ **工程名称**：妫水河及支流水质水量优化配置和调度示范工程

□ **建设地点**：妫水河及其支流

□ **建设规模**：主调水渠道起点为白河堡水库，经过白河引水渠道、连通渠、妫水河干流至官厅水库。示范河段为妫水河东大桥水文站至谷家营国控断面，全长20km。

□ **建设周期**：2018年10月～2019年2月

□ **运行周期**：2019年4月～2019年9月

□ **考核指标**：以生态基流为本底提升妫水河生态流量10%。

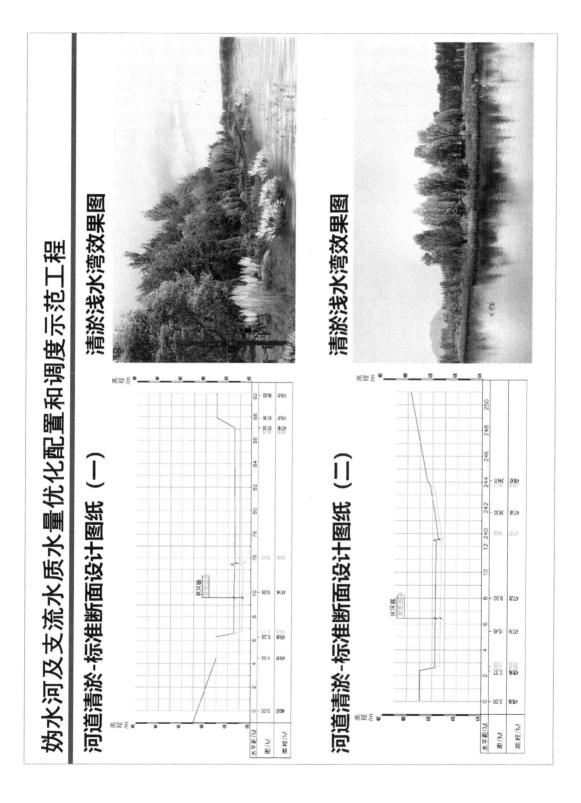

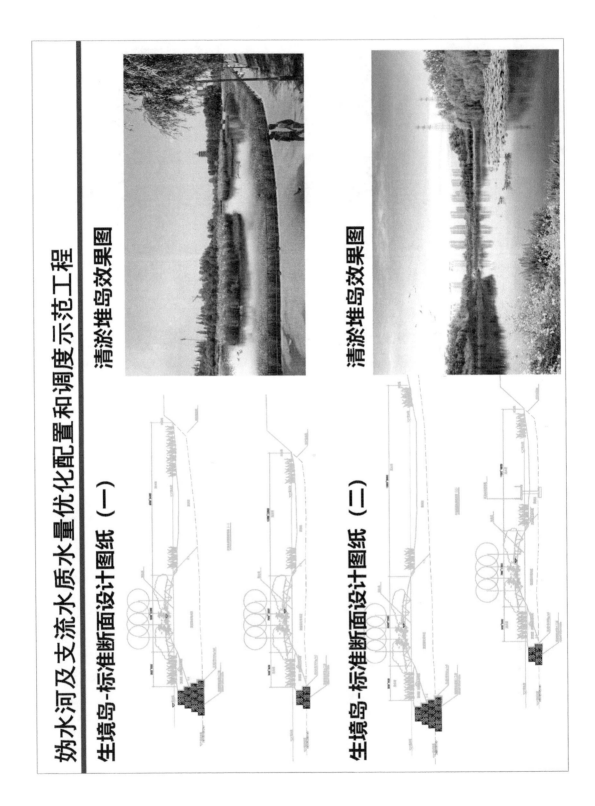

妫水河及支流水质水量优化配置和调度示范工程

清淤堆岛效果图

生境岛-标准断面设计图纸（一）

清淤堆岛效果图

生境岛-标准断面设计图纸（二）

妫水河及支流水质水量优化配置和调度示范工程

木栈道-标准设计图纸（三）

木栈道实景图

妫水河及支流水质水量优化配置和调度示范工程

妫水河调水整体效果图

妫水河及支流水质水量优化配置和调度示范工程

妫水河调水实景图

妫水河水循环系统修复示范工程

整体布置

- **湿地群形态**：潜流湿地+沟渠+河滨带+沿途表流湿地，其中潜流湿地总面积约22.6万m²
- **净化途径**：水循环+湿地+自净
- **示范及研究区域**：虚线框图+管线

妫水河水循环系统修复示范工程

三里河潜流湿地区域位置

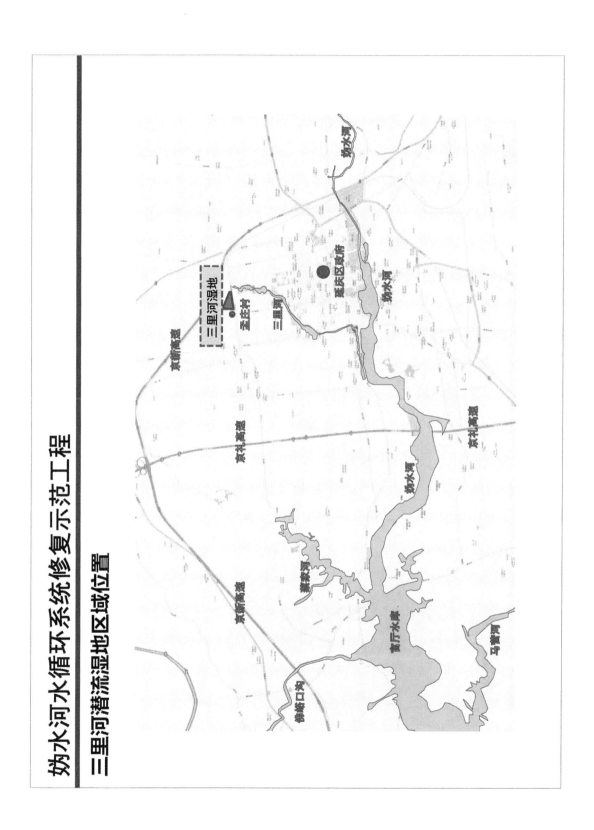

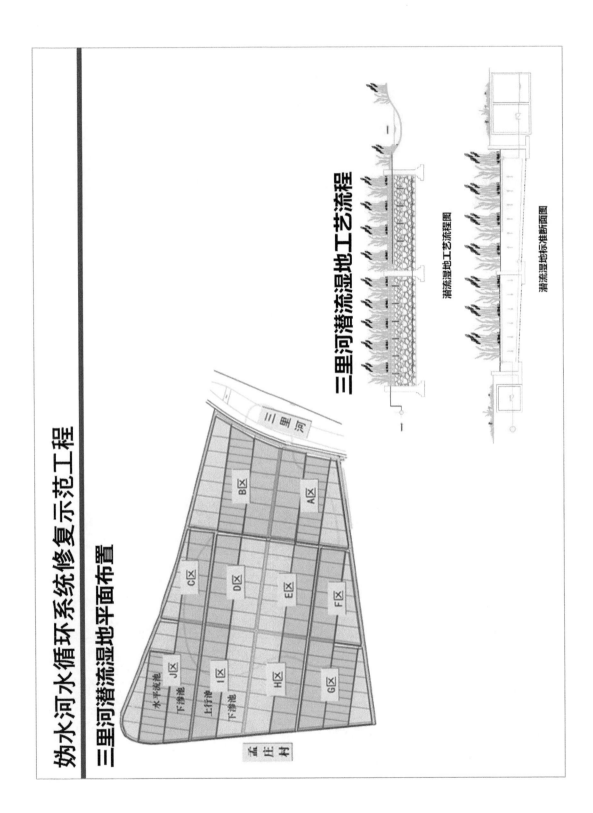

妫水河水循环系统修复示范工程

三里河潜流湿地平面布置

三里河潜流湿地工艺流程

妫水河水循环系统修复示范工程

三里河潜流湿地节点布设

三里河潜流湿地出入口布设

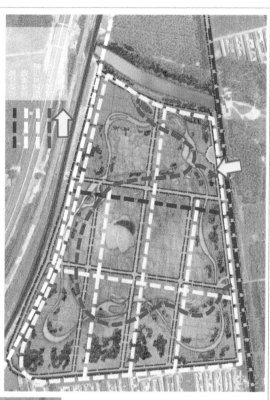

妫水河水循环系统修复示范工程

三里河潜流湿地整体效果

工程建成后，新增公园面积23万m²，为游人进行鸟类知识的科普，呼应延庆世园会，并为北京海绵城市建设做贡献。

妫水河水循环系统修复示范工程

三里河潜流湿地实景效果

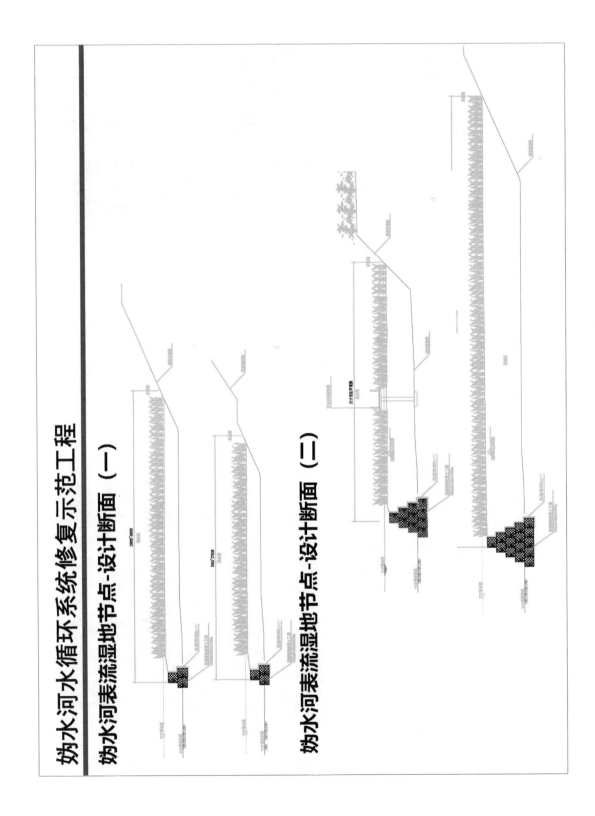

妫水河水循环系统修复示范工程

妫水河表流湿地节点-设计断面（一）

妫水河表流湿地节点-设计断面（二）

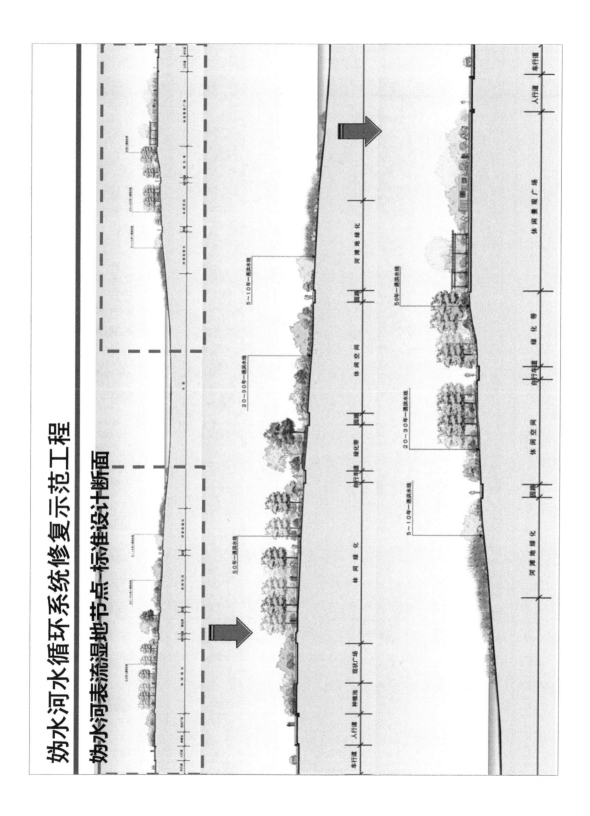

妫水河水循环系统修复示范工程

妫水河表流湿地湿地节点标准设计断面

妫水河水循环系统修复示范工程

妫水河表流湿地节点-标准设计断面

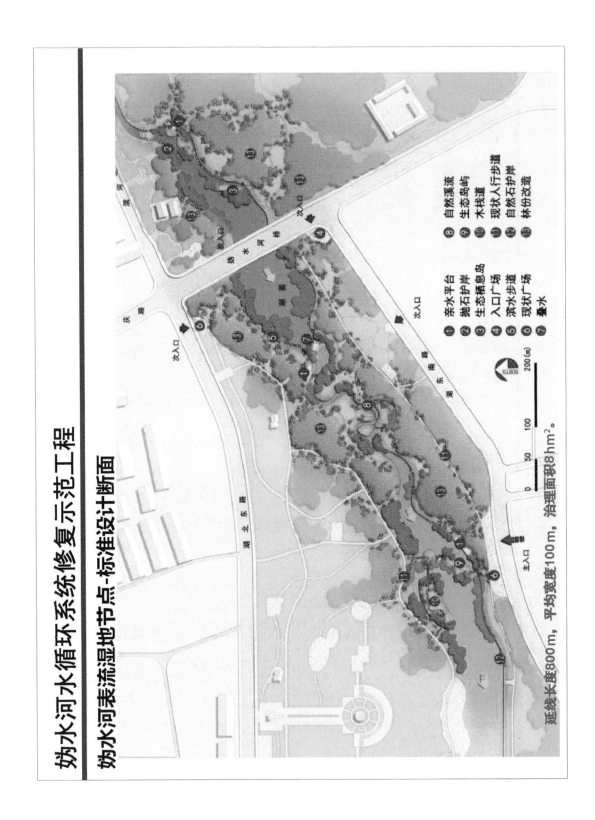

① 亲水平台　⑧ 自然溪流
② 抛石护岸　⑨ 生态岛屿
③ 生态栖息岛　⑩ 木栈道
④ 入口广场　⑪ 现状人行步道
⑤ 滨水步道　⑫ 自然石护岸
⑥ 现状广场　⑬ 林份改造
⑦ 叠水

延线长度800 m，平均宽度100 m，治理面积8 hm²。

妫水河水循环系统修复示范工程

妫水河表流湿地实景效果

八号桥大型仿自然复合功能湿地示范工程

整体布置

新建水文测流断面
1号拦水坝
溪流湿地
1号进水闸
3号进水闸
2号拦水坝
溪流湿地
5号进水闸
河道湿地
生物塘湿地
生物塘湿地
3号拦水坝
生物塘湿地
生物塘湿地
八号桥水文站
未端出水闸
示范湿地
鸟岛湿地
湖泊湿地
鱼鳞湿地
管理区
森林湿地
2号进水闸
4号进水闸

功能分区：

> 第一处理区以漫流式表流湿地为主，模拟天然湿地特征，形成溪流特征湿地。面积35.2万㎡。

> 第二处理区以漫流式表流湿地为主，形成岛屿滩涂特征湿地（第二处理区）。面积48.8万㎡。

> 第三处理区以单元式表流湿地为主，形成梯田特征湿地。面积71.5万㎡。

八号桥大型仿自然复合功能湿地示范工程

实景效果

整体布置

八号桥大型仿自然复合功能湿地示范工程

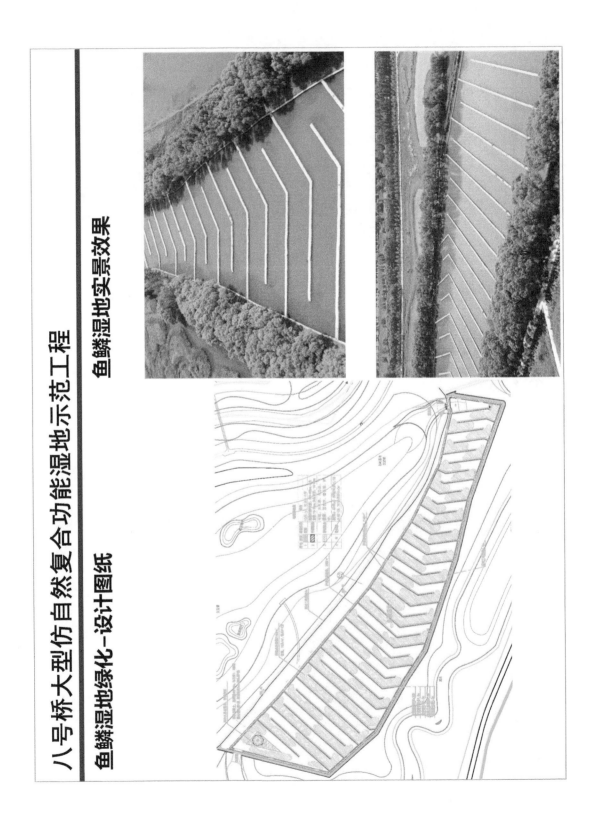

八号桥大型仿自然复合功能湿地示范工程

鱼鳞湿地实景效果

鱼鳞湿地绿化-设计图纸

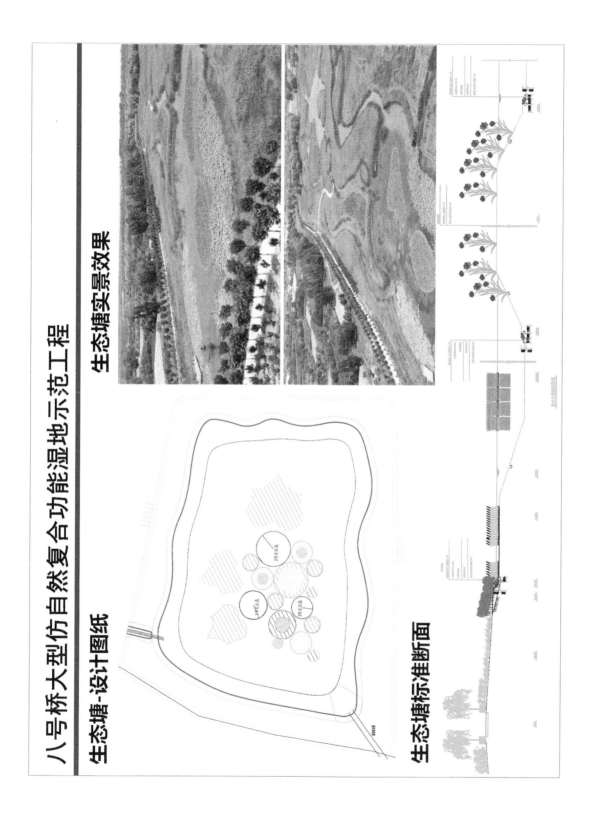

八号桥大型仿自然复合功能湿地示范工程

生态塘实景效果

生态塘-设计图纸

八号桥标准断面

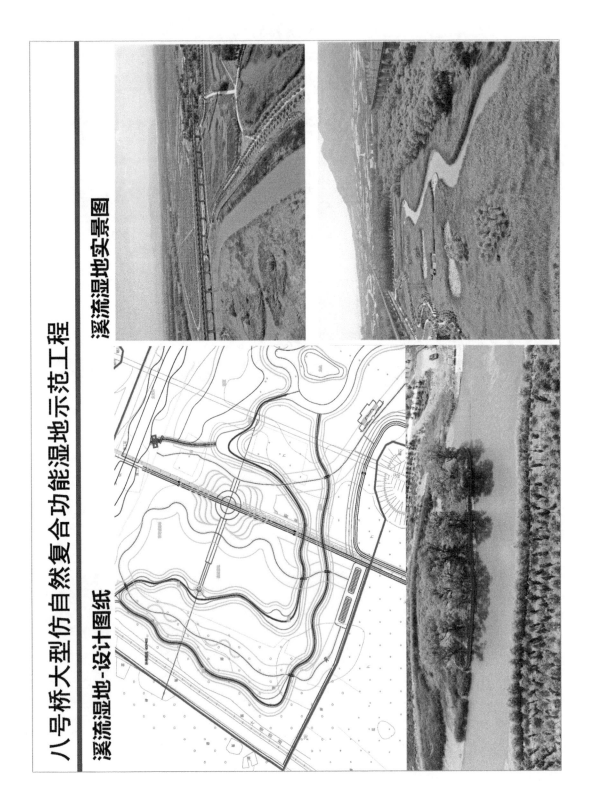

八号桥大型仿自然复合功能湿地示范工程

溪流湿地实景图

溪流湿地-设计图纸

八号桥大型仿自然复合功能湿地示范工程

岛屿湿地断面图

岛屿湿地实景图

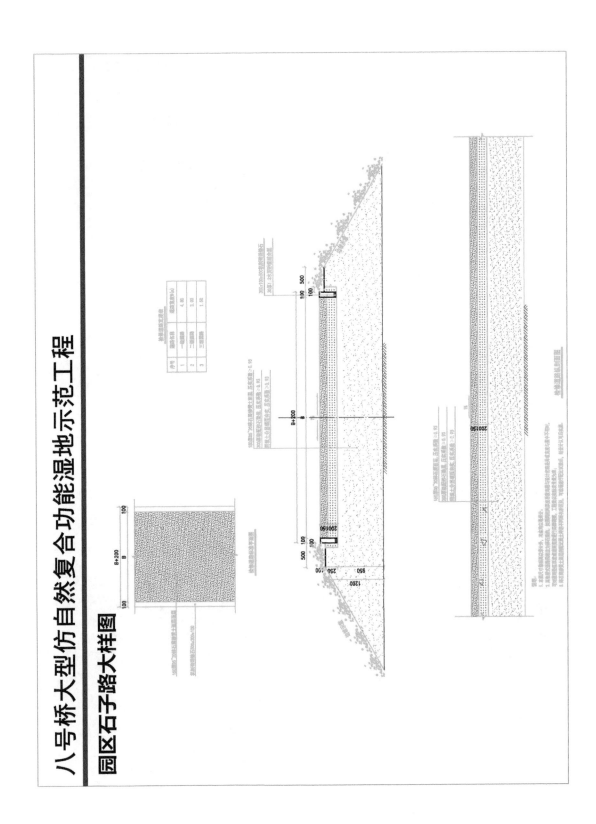

八号桥大型仿自然复合功能湿地示范工程

八号桥湿地整体效果

八号桥大型仿自然复合功能湿地示范工程

八号桥湿地实景效果